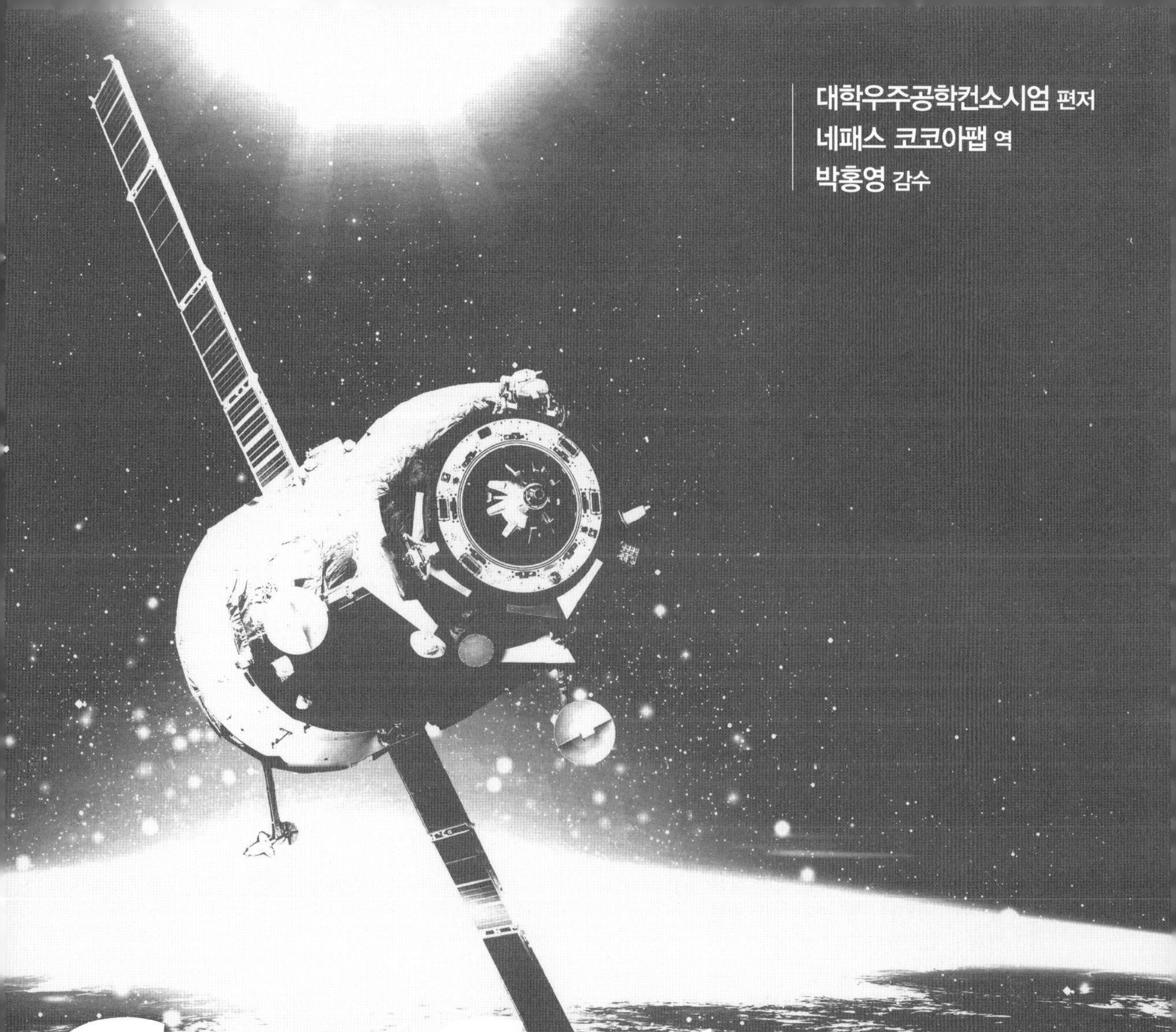


대학우주공학컨소시엄 편저
네패스 코코아팹 역
박홍영 감수


# CanSat

## 나만의 인공위성 프로젝트

**당신이 상상한 모든 것을 우주로 쏘아 올리십시오.**

**초소형 인공위성 프로젝트 해설서**


홍릉과학출판사

CanSat_超小型模擬人工衛星

by Daigaku Uchuu Kougaku Consortium(University Space Engineering Consortium, UNISEC)

Original Japanese language edition
CanSat-Choukogata Mogi Jinkou Eisei
Edited by Daigaku Uchuu Kougaku Consortium(University Space Engineering Consortium, UNISEC)

Published by Ohmsha, Ltd.
This Korean Language edition co-published by Ohmsha, Ltd. and HongReung Science Publishing Company through Gaon, Seoul.


---

# CanSat 나만의 인공위성 프로젝트

**인 쇄**: 2018년 3월 10일 초판 인쇄
**발 행**: 2018년 3월 20일 초판 발행
**편저자**: 대학우주공학컨소시엄
**역 자**: 네패스 코코아팹
**감 수**: 박홍영

역자와의 협의하에 인지생략

**발행인**: 송 준
**발행처**: 홍릉과학출판사
**주 소**: 01093 서울시 강북구 인수봉로 50길 10
**등 록**: 1976년 10월 21일 제5-66호

**전 화**: 02-999-2274~5, 903-7037
**팩 스**: 02-905-6729
**e-mail**: hongpub@hongpub.co.kr
**http://**www.hongpub.co.kr
**ISBN**: 979-11-5600-467-7 93550

**정 가**: 29,000원

# CanSat_들어가며

본서는 문부과학성 · 우주 이용촉진 조정위탁 비로 2012년 말부터 2014년 말까지, NPO 법인 대학우주공학 컨소시엄(UNISEC)이 실시한 위탁 사업인 「캔위성·초소형 위성을 이용한 창조적 과학기술인 육성 네트워크 구축」의 일환으로 집필한 것이다.

캔위성(CanSat)이란, 이름 그대로 음료수 캔 크기의 초소형 모의 인공위성이다. 본서에서는 캔위성 프로젝트에 참가하고자 하는 분(특히 이공계 학생)을 대상으로, 개발의 의의와 마음가짐, 필요한 기술이나 지식을 체계적으로 제시함으로써 프로젝트가 보다 많은 결실을 맺도록 지원하는 것을 목적으로 한다. 캔위성 프로젝트 참가를 계기로 큐브위성(10cm 입방으로 1kg의 초소형 위성)을 비롯한 실제 위성 개발이나 운용 등 향후의 우주 개발에 참가하는 것, 더 나아가서 우주 이용의 저변 확대를 목표로 한다.

본서의 각 장과 절은 상기의 위탁 사업 관계자가 집필했다. 일본은 세계에서 선도적으로 캔위성이나 큐브위성을 개발하고 있으며, 집필진에는 그 선구가 된 멤버를 포함하여, 일본에서 하이브리드 로켓을 이용한 교육·연구를 리드해 온 연구자, 실제로 초소형위성이나 그 탑재기술을 독자적으로 개발한 연구자, JAXA의 우주기 개발을 담당하고 있는 연구자로 구성되었다. 그 의미에서 일본뿐만이 아닌, 세계에서 캔위성을 교재로 우주공학의 교과서를 집필하는데 어울리는 구성원이라고 생각된다.

## [ 본서의 구성과 집필담당 ]

| | 본서의 구성 | | 집필담당 |
|---|---|---|---|
| 1장 | 캔위성의 개요와 매력 | | 나카스카 싱이치(中須賀真一) |
| 2장 | 캔위성과 위성의 비교 | | |
| | 2.1 | 위성과의 공통점/차이점 | 나카스카 싱이치(中須賀真一) |
| | 2.2 | 캔위성에서 배우는 위성개발의 기초 | |
| | 2.3 | 캔위성의 개발 옵션 | |
| | 2.4 | 팀 구성하기 | |

| 본서의 구성 | | | 집필담당 |
|---|---|---|---|
| 2장 | 2.5 | 시스템 엔지니어링 | 꼬다케 나오히코(神武直彦) |
| 3장 | 캔위성 본체 조립 | | 사하라 히로노리(佐原 宏典) |
| 4장 | 캔위성의 미션과 서브시스템 | | |
| | 4.1 | 캔위성의 미션 | 사하라 히로노리(佐原 宏典) |
| | 4.2 | 명령 및 데이터처리계의 설계 | 기무라싱이치(木村真一) |
| | 4.3 | 전력계의 설계 | |
| | 4.4 | 통신계의 설계 | 야마자키 마사히코(山崎政彦) |
| | 4.5 | 센서의 이용 | |
| | 4.6 | 액추에이터의 이용 | |
| | 4.7 | 구조계의 설계 | 사카모토 히라쿠(坂本啓) |
| | 4.8 | 지상국 설계 | 야마자키 마사히코(山崎政彦) |
| 5장 | 사전검증 | | 미야자키 야스유키(宮崎康行) |
| 6장 | 필드실험 | | |
| | 6.1 | 필드실험의 개요 | |
| | 6.2 | 로켓실험 | 나카다 하루노리(永田晴紀),<br>와다 유타카(和田豊) |
| | 6.3 | 기구실험 | 미야자키 야스유키(宮崎康行) |
| 7장 | 필드실험 후의 작업과 프로젝트 자기평가 | | 나카스카 싱이치(中須賀真一) |

본서의 전반부는 캔위성의 개요에 대하여 해설한 후에(1장, 2장), 실제로 캔위성의 하드웨어 개발 키트(kit) 「i-캔위성」을 제시하고 그 조립순서를 해설한다(3장). 3장까지는 캔위성 본체의 기초를 배울 수 있다. 실제로 i-캔위성을 개발하면서 본서를 읽어 보면, 보다 이해가 빠를 것이다. 다음에는 캔위성을 구성하는 각각의 서브시스템에 대하여 해설한다(4장). 조금 전문적인 해설도 포함되어 있으나, 장래에 초소형위성을 개발하고자 하는 독자들이 반드시 보았으면 하는 내용이다. 후반에서는 캔위성으로 필드실험을 하기 전의 준비작업(5장)과 실제 필드실험 방법의 사례(6장), 실험 후의 데이터처리나 프로젝트의 자기평가에 대하여 해설한다(7장). 그리고

8장은 아두이노를 이용하여 캔위성을 만드는 방법을 알아본다. 캔위성 프로젝트는 단순한 개발, 실험만으로 만족하는 것은 아니다. 중요한 것은 캔위성에서의 경험을 어떻게 다음으로 연결하는가 하는 것이다. 그러한 의미에서 7장의 내용은 캔위성을 개발하고 실험한 독자에게 대단히 중요한 장이 될 것이며, 반드시 반복해서 읽어보기 바란다.

또한 본서 사양 상의 제한으로 상세한 이론이나 데이터는 실을 수가 없었다. 개개의 상세한 정보에 대해서는 저자의 홈페이지 및 p.209에 제시한 홈페이지를 참조하기 바란다. 특히 i-캔위성의 부품 입수절차나 우주공학관련 강습회와 훈련강습의 신청절차에 대해서는 UNISEC 홈페이지에 상세히 나와 있다.

본서의 집필에 있어서 옴(ohm)사 잡지부 분들에게 많은 도움을 받았다. 또한 UNISEC 사무국의 가와시마(川島)씨, 도키와 타케오(常盤猛男)씨에게는 위탁사업 자체의 운영을 부탁했다. 그리고 전 UNISEC의 사무국장인 안도 에미코(安藤恵美子)씨는 본서의 기획을 비롯한 다양한 면에서 중심이 되어 활동해 주셨다. 이점 깊은 감사를 드린다.

2014년 7월

대학우주공학 컨소시엄 집필자 일동

# CanSat_역자 머리글

캔셋이란 캔위성이라고 불리우며, 1998년 스탠퍼드대학의 로버트 트윅(robert twiggs) 교수에 의해 제안된 교육용 위성모사 프로그램 위성으로, 위성의 역할을 모사하는 구조계, 전력계, 데이터처리계, 통신계, 탑재체 등의 기능을 음료수 캔 내에 구현한 데서 이름의 유래를 찾을 수 있습니다. 발사 및 임무 운용에 필요한 위성구성요소를 매우 단순화하여, 고공에서 짧은 시간 동안 위성처럼 운용하는 것이 특징입니다.

캔위성은 실제 위성처럼 우주로켓에 실려 지구궤도에 투입되는 것을 목표로 하지는 않습니다. 기구(balloon)나 소형 과학로켓 등을 활용하여 상공 수백 미터 고도까지 캔위성을 올려준 후, 캔위성을 분리하고 캔위성에 달린 낙하산을 전개하여 캔위성이 서서히 고공에서 낙하하는 동안 마치 위성처럼 사전에 계획된 일련의 임무를 수행하는 방식을 취합니다.

이러한 캔셋을 이용한 체험교육은 우주기술의 대중화 및 학생들의 교육의 목적으로 해외에서는 이미 상당한 기간 동안 저변확대가 이루어져 오고 있습니다.

미국의 경우 학생들이 제작한 초소형위성을 아마추어 로켓그룹(AEROpAC)에서 제작한 발사체를 이용하여 고도 4 km까지 올린 후, 분리된 캔위성을 고공에서 구동하여 목표지점까지 도달하게 하거나 착륙 후 지상 구동하여 목표지점까지 귀환하게 하는 경연으로 ARLISS(A Rocket Launch for International Student Satellite)라는 국제대회가 널리 알려져 있으며, 또한 대학생팀을 대상으로 하는 국제대회로서 2009년부터 미국천문학회와 미국항공우주학회가 공동으로 개최하는 AAS/AIAA Cansat Competition이 있습니다.

유럽의 경우에는 우주개발 프로그램의 일환으로 유럽항공우주국(ESA)이 후원하는 경연대회뿐만 아니라, 2010년 전후로 유럽 내 개별국가(네덜란드, 스페인, 스코틀랜드, 이탈리아, 프랑스)가 주최하는 캔위성 경연대회까지 널리 확산되어 있으며 최근에는 벨기에, 체코, 덴마크, 그리스, 아일랜드, 포르투갈, 스웨덴, 영국 등도 교육 및 저변확대를 위해 캔 위성 경연대회를 준비하고 있습니다.

일본의 경우, 2007년부터 일본우주청(JAXA)과 대학우주공학컨소시엄(UNISEC)이 공동으로 주최하고 있는 '국제 캔샛 워크샵'이 유명하며. 청소년 및 대학생들의 많은 관심과 참여를 이끌고 있고, 위성 기능 및 운용에 대한 이해를 제공하고 있습니다.

이처럼 캔위성은 우주개발 꿈나무 육성 및 저변확대에 매우 유익한 교육적 효과를 지니고 있어, 해외 캔위성 경연대회는 최근 상당한 인기 속에 치러지고 있는 추세입니다.

국내에서는 미래창조과학부가 후원하고 KAIST가 주관하는 캔위성체험경연대회가 매년 열리고 있으나 많은 보다 체계적인 내용을 바탕으로 한 전문 안내서는 아직 출판되지 않은 상태입니다. 이에 코코아팹과 홍릉과학출판사, 그리고 국내 캔위성 교육을 주도하는 그룹과의 협업을 통하여 일본의 우수한 캔위성 도서를 국내로 라이센싱하여 번역 및 출판하고자 하는 시도가 있었고 이 책이 그러한 일련의 활동에 대한 첫 번째 결과물입니다.

이 책이 위성임무를 모사하는 인공위성 체계에 대한 학생들의 이해 증진과 위성교육용 교재 및 위성 기술의 대중화에 기여하고, 캔위성을 제작하는 창의 활동을 통하여 인공위성의 임무를 스스로 부여해 보고 과학적인 사고와 문제 해결 능력을 향상 시키는 활동으로 발전하며 우주기술에 대한 저변확대와 캔 위성에 대한 국내의 관심 증진, 그리고 4차 산업혁명 시대에 학생들의 창의력과 상상력을 표현할 수 있는 체계적인 가이드로서의 역할을 할 수 있게 되기를 기대합니다.

2017년 7월

코코아팹 일동

# CanSat_감수의 글

1957년 최초의 인공위성인 스푸트니크1호가 발사된 지 60년이 지나가고 있는 요즈음 인공위성은 위치도 알려주고, 날씨도 알려주고, 다른 나라의 방송도 볼 수 있게 해 주는 등 우리의 생활에 밀접하게 다가와 있습니다. 하지만 인공위성 개발은 일부 소수의 전문가에 의해 이루어지고 있어서 인공위성이 어떻게 구성되었으며, 인공위성을 어떻게 개발하는 지에 대해서는 어렵게만 느껴질 수 있습니다.

캔위성은 쉽게 생각하면 깡통 위성, 즉 생활 주변에서 쉽게 접할 수 있는 음료수 캔으로 만든 위성인으로, 사람들이 위성에 대해 쉽게 이해하도록 알려주기 위해 만들어진 모의 위성입니다. 이러한 생각은 1998년 밥 트윅 교수에 의해 시작되었고, 우리나라에서는 2012년부터 우주기술의 대중화 및 우주꿈나무 육성이라는 목표로 정부 주관으로 캔위성 체험. 경연대회를 매년 개최하여 학생들에게 다양한 체험 기회를 갖게 하고 있습니다.

이 책은 일본의 캔위성에 대한 번역본으로 캔위성의 개요, 설계, 개발, 검증, 시험 및 시험 후 작업 과정을 상세하게 기술하고 캔위성에 대한 전반적인 이해에 도움이 되도록 구성되어 있습니다. 하지만 번역본의 내용을 이용하여 국내에서 캔위성을 제작해 보는 것은 일본에서 직접 부품을 구입해야 하는 어려움이 있기에, 이 책은 추가적으로 국내에서 구매 가능한 아두이노 보드 오렌지보드 메가컴팩트를 이용하여 캔위성을 직접 제작할 수 있도록 배려하고 있습니다.

이 한 권의 책으로 캔위성을 이해하시는데 도움이 되길 바라며, 우주를 향한 끊임없는 도전으로 새로운 꿈과 가치를 만들어 가실 수 있는 계기가 되길 바랍니다.

2017.07

KAIST 인공위성연구소
위성연구개발2실 실장
박 홍 영

# CanSat_추천사

세계는 급속하게 변해가고 있습니다.

4차 산업혁명을 맞이하고 있는 이 시대에는 인간의 두뇌가 중심이 되고 있습니다. AI, IoT, 빅데이터... 예전에는 들어보지도 못한 생소한 단어들이 이제 우리사회의 보통명사가 되어가고 있는 만큼, 지금은 더욱 더 새롭고 창의적인 사고와 행동이 요구되는 때입니다. 그럼에도 불구하고 아직도 우리의 현실은 입시 지옥에 갇힌 주입식 교육과 암기식 교육에 얽매임으로써, 우리나라의 미래를 짊어지고 나갈 젊은이들의 무한한 가능성과 창의성, 그리고 창조적 정신세계가 그 싹을 틔우지 못한 채 획일화되고 고정된 틀 속에 갇히고 있습니다.

이런 시기에 국내 최초로 캔위성(CanSat)에 대한 도서가 출간된다고 하니 참으로 반가운 일이 아닐 수 없습니다. 특히 우리나라의 미래를 이끌어나갈 인재양성을 위해 '한국과학우주청소년단(YAK)'을 창단하여 우주 과학 분야에 대해 꿈을 꾸고 있던 학생들이 직접 배우고, 체험하고, 도전할 수 있는 계기를 만들어 주었을 뿐 아니라, 지금도 다빈치 프로그램으로 영재청소년들의 창의적이고 감동적인 사고력과 표현력을 양성시키는데 온 힘을 기울이고 있는 사람으로서, 이제 막 체험과 경연으로 눈을 뜨기 시작한 캔위성(CanSat)에 대해 알찬 정보를 알려줄 수 있는 도서출간은 참으로 기쁜 일이 아닐 수 없습니다.

캔위성(CanSat)에 대해서 우리나라는 아직 발전 단계에 머물러 있지만, 유럽, 미국, 일본 등의 선진국에서는 캔위성 체험 · 경진대회가 지속적으로 개최되고 있으며, 관심도 나날이 높아지고 있습니다. 이 책이 우주과학분야에 도전하고 싶은 이들의 호기심을 해결해주는 열쇠가 되리라 확신합니다. 이번 출간을 계기로 국내 우주과학분야에 대한 저변이 더욱 확대되고 누구에게나 우리의 미래이자 희망인 우주과학에 대한 꿈을 실현할 수 있게 되길 기원합니다.

이 상 희 박사<br>
전 한국과학우주소년단 총재<br>
전 과학기술처 장관<br>
11 · 12 · 15 · 16대 국회의원

# CanSat_CONTENTS

# 8 장 아두이노 오렌지보드 메가컴팩트를 이용한 캔위성(CanSat) 만들어보기 / 273



# 찾아보기 / 307

# 1장

# 캔위성(CanSat)의 개요와 매력

"캔위성"이라는 말을 처음으로 접하는 독자도 있을 것이다. 1장에서는 먼저 캔위성에 대한 역사와 필드실험의 모습을 함께 서술하며, 캔위성의 개요와 매력에 대해서 이야기하고자 한다. 우선 본 내용을 읽고, 캔위성이란 것이 무엇인지를 파악하기 바란다.

## 1.1 캔위성이란?

「캔위성」이란 캔(can)의 형태를 한 초소형 위성모형모델을 말한다(Can Satellites의 약칭). 통상적인 위성이 구비하는 필요기기 ― 마이크로컴퓨터(microcomputer), 센서(sensor), 액추에이터(actuator), 송신기기, GPS 등 ― 를 캔 안에 담은 것이다. 등장 초기에는 350mL 음료수 캔 크기가 일반적이었으나, 후에 「오픈 클래스(open class)」라는 보다 커다란 모델도 등장하게 되었다(그림 1.1.1). 현재는 발사수단에 따라서 크기나 무게 별로 몇 가지 종류로 나뉘어져 있다.

**그림 1.1.1** 오픈 클래스(open class)의 캔위성(직경 150mm, 4,000mL 상당)

일정하게 정해진 기간 내에 무엇인가를 개발하고, 실험하여 결과를 평가하는 프로젝트 형식의 학습은 공학계열의 대학과 학부에서 요즘 흔히 진행되고 있다. 캔위성도 이와 같은 프로젝트 형 학습의 도구로 이용할 수 있으며, 실제로 많은 공학계열의 연구실에서 캔위성 프로젝트를 매년 실시하고 있다. 캔위성 프로젝트란 초소형위성의 개발프로젝트를 단시간에 경험할 수 있으며, 우주공학의 기초지식을 배울 수가 있다.

350mL 캔 크기와 오픈 클래스(open class) 등의 크기 제약 속에서 미션계(Mission: 위성에 주어진 독자적인 미션을 수행하기 위한 기능)와 그것을 지원하는 버스(Bus: 위성이 우주에서 동작하기 위하여 필요한 기능)를 설계하고 개발한다. 개발된 캔위성은 로켓과 기구를 사용하여 높은 지점까지 들어 올린 다음에 낙하시키면서 소정의 미션(예를 들면, 환경계측, 상공에서 영상을 촬영하여 지상으로 송신 등)을 수행한다. 미션에서 취득한 실험데이터는 지상국에 실시간으로 무선 전송하는 임무 이외에도 캔위성 내부에 탑재된 메모리에 저장하며, 회수 후에 메모리를 꺼내어 확인한다. 이와 같이 개념설계, 인터그레이션(integration: 통합)과 지상시험, 실제적인 필드실험까지를 1년 안에 실시하여 위성개발 과정을 경험할 수 있는 점이 캔위성 학습의 특징이다.

또한 다른 하나의 특징으로 생애주기비용이 매우 적게 드는 것을 들 수 있다. 캔위성은 작고, 궤도상에 쏘아 올리는 것은 아니나, 기술적으로는 어엿한 위성이다. 실제의 위성개발에서 직면하는 다양한 문제의 해결을 도모할 필요가 있다. 이러한 특징을 활용하여 일부 대학과 초·중·고등학교에서는 캔위성의 개발을 시도하고 있다. 캔위성으로 배양된 기술을 바탕으로, 장래에 실제 궤도 상 위성의 개발과 운용에 성공한 경우가 많다.

### 1.1.1 캔위성의 탄생

캔위성이 탄생한 것은 1998년. 그 해 11월에 하와이에서 개최된 대학우주시스템 심포지엄(USSS: University Space Systems Symposium)에서 스탠포드(Stanford) 대학 우주개발연구소의 밥 트윅(Bob Twiggs)교수(그림 1.1.2)가 콜라 캔을 보여주면서 「이것으로 위성을 만들자」라고 이야기한 것이 시초이다.

**그림 1.1.2** 밥 트윅(Bob Twiggs)교수

처음에는 몇몇 대학에서 350mL 캔 크기의 초소형위성을 만들어, 그것들을 한데 모아 우주로 발사하였으며, 다음 해에 USSS에서 운용 시범을 하자는 실험 컨셉(그림 1.1.3)이 제안되었다. 그러나 발사의 기회를 확보하는 것이 곤란했었기 때문에 고공(sub orbital)발사 실험 이벤트 「ARLISS(A Rocket for International Students Satellites)」에 참가하여 매년 1회 실시하는 것으로 변경되었다. ARLISS 실험은 미국의 아마추어 로켓 그룹인 「AEROPAC」가 제공한 하이파워(high power)의 모델로켓(그림 1.1.4)에 캔위성을 탑재하여 고도 12,000필드(약 3.6km)까지 쏘아 올린 다음에 방출한다. 캔위성은 낙하하면서 다양한 실험을 하게 된다. 예를 들면, 실제 궤도가 아니더라도 개발한 시스템을 실제 환경과 가까운 상황에서 실험할 수 있는 귀중한 기회라고 할 수 있다. AEROPAC의 대부분이 자원봉사자라고 할 수 있는 분들의 협력 덕분에 이와 같은 실험환경을 매년 제공받을 수가 있다.

**그림 1.1.3** 최초의 캔위성 실험 컨셉(1998년)

**그림 1.1.4** AEROPAC의 하이파워(high power) 로켓 개략도

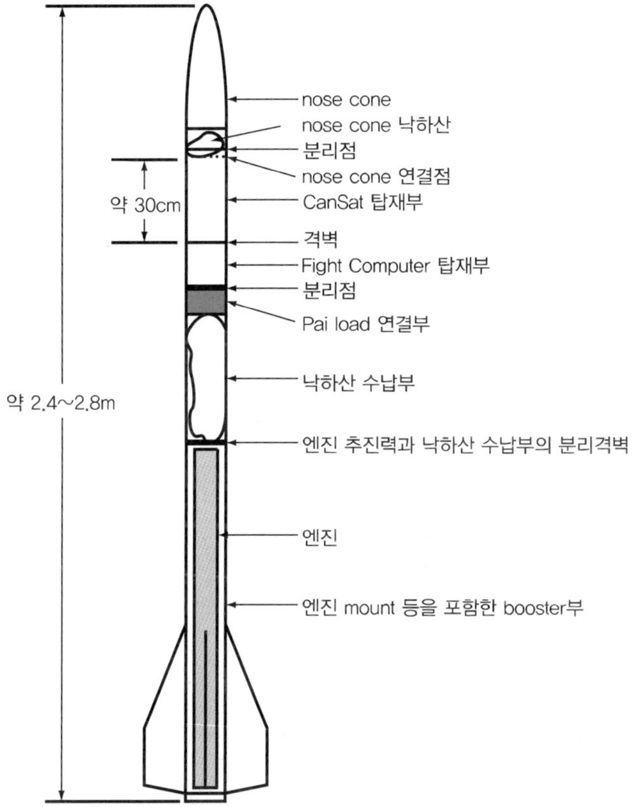


## 1.1.2 실험 이벤트 “ARLISS”

최초의 ARLISS는 1999년 9월 11일에 미국 네바다(Nevada)주 북부 블랙 록(Black Lock)사막에서 실행되었다. 일본에서는 동경공업대학이 각각 3대의 캔위성을 개발하여 참가하였으며, 미국은 애리조나(Arizona) 주립대학과 케네디(Kennedy) 중학교가 참가하였다. 캔위성은 로켓에서 방출되면 낙하산을 펼치고 약 15~25분 동안 낙하한다. 그 사이에 실제의 위성 미션에 준하는 다양한 실험이 진행된다.

예를 들면, 1999년 도쿄대학의 캔위성 팀은 탑재 프로세서, 메모리, 업링크·다운링크 통신, 태양광 발전과 배터리 충전, 센서, 액추에이터(Actuator: 리액션 휠(reaction wheel)), 니크롬(Nichrome)선에 의한 와이어 커터(Wire Cutter), 실시간 동영상 발송과 송신 등 초소형위성의

버스(Bus)실험을 한 사이클 실시하였다.

ARLISS는 1990년부터 매년 1회 개최되며, 참가하는 국가와 대학도 매년 증가하고 있다. 2012년에는 일본에서 12개 대학과 1개 고등학교가 참가하였으며, 한국에서는 1개 대학, 미국에서는 2개 대학이 참가, 총 100명을 넘는 학생이 모였다. 단순히 캔위성의 필드실험뿐만이 아니라 국내외의 학생과 교류한다는 것만으로도 ARLISS는 귀중한 기회이다. 본서에서 캔위성의 기초를 배운 후에 꼭 ARLISS에 도전하길 바란다.

ARLISS에 대한 상세한 사항은 홈페이지(http://www.arliss.org)에서 확인할 수 있다.

### 1.1.3 실험 이벤트 "컴백 경연(Comeback Competition)"

또 하나, 캔위성의 대표적인 실험 이벤트를 소개한다.

「컴백 경연」은 도쿄대학의 나카스카 싱이치(中須賀真一)교수가 2001년에 제안한 경연이다. 컴백 경연은 캔위성(컴백 기계)이 로켓에서 분리된 후에 인간의 개입 없이 목표지점에 돌아오는 능력을 겨룬다. 목표지점에 가장 가까이에 귀환한 컴백 기계가 우승하게 된다. 일반적인 컴백 기계는 GPS로 현재 위치와 속도(위치정보의 차이) 정보를 얻어서, 미리 등록해 놓은 목표지점과의 차이를 피드백(feedback)하고 이를 제어 신호로 이용한다.

예컨대, 파라 포일(Para foil)의 경우에 파라 포일(Para foil)의 한쪽 끝부분을 서보 모터(Servomotor)로 끌어당기면서 키(梶)를 당겨 진행방향을 변경하는 것이다.

이와 같이 날아서 돌아오는 캔위성을 플라이 백 타입(fly back type)(그림 1.1.5 왼쪽)이라고 한다. 또한 2002년 이후에는 착륙한 후에 낙하산을 제거하고 지상으로 이동하여 돌아오는 런백 타입(run back type)(그림 1.1.5 오른쪽)도 개발되었다. 두 컴백 기계의 경우 모두 목표지점 쪽으로 미리 GPS에서 측정한 위도와 경도를 온 보드(on board) 메모리에 등록되어 있다.

**그림 1.1.5** fly back type(왼쪽)과 run back type의 사례

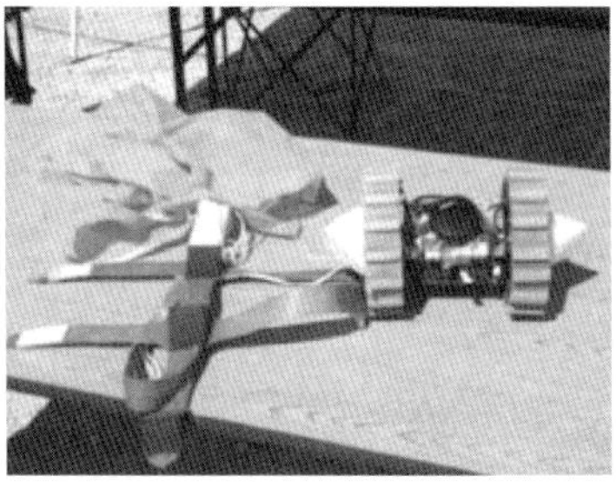

컴백 경연은 일반적인 캔위성의 발사실험과 비교하면 다음과 같은 점에서 실천효과가 높다.

- ○ 컴백 기계에 탑재하는 시스템은 온 보드 컴퓨터(on board computer), 메모리, 통신기기, 배터리, 센서/액추에이터(Actuator) 및 구조체 등 실제의 위성 버스(Bus)시스템과 똑같은 기능이 요구되며, 모든 기능이 정상적으로 동작하고서야 비로소 좋은 성적을 올릴 수가 있다.
- ○ 컴백 기계는 일단 로켓 측에 전달된 후에는 유지관리가 불가능하며, 동작은 모두 "자율적으로" 이루어져야 한다(위성과 동일). 따라서 실제로 발생할 가능성이 있는 강풍과 불규칙한 지면으로 떨어져 버리는 등 다양한 상황을 예상하여 대책을 생각해 둘 필요가 있다.
- ○ 경연형식이기 때문에 참가 동기가 매우 높다.

컴백 경연은 2001년에 처음으로 ARLISS에서 개최되어 현재까지 지속되고 있으며, 2002년에는 일본에서도 열기구에서 컴백 기계를 떨어뜨리는 방식으로 처음 실시되었다.

### 1.1.4 기타 실험 이벤트

일본 국내에서는 2005년부터 아키다(秋田)현 노시로(能代)시에서 「노시로(能代) 우주 이벤트」가 매년 8월에, 한국에서는 매년 봄 KAIST 인공위성연구센터 주관으로 '캔위성 체험대회(consat.lxaist.ac.kr)'가 개최되고 있다. 이 이벤트는 하이브리드 로켓(hybrid rocket)이나 모델로켓 발사실험과 함께, 캔위성의 필드실험도 진행된다. 또한 이 행사에서는 헬륨(Helium)기구를 사용한 캔위성의 컴백 경연도 실시하고 있다. 이들 필드실험은 UNISEC(University Space Engineering Consortium: 대학우주공학 컨소시엄)이 운영하고 있다. 또한, 일부 대학에서는 각 대학에서 개발한 모델로켓이나 하이브리드 로켓(hybrid rocket)으로 캔위성 발사에도 도전하고 있다.

고등학생 중심의 실험 이벤트인 「캔위성 고시엔(甲子園)」도 인기이다. 매년 경연(컴백 경연과는 다름)을 실시하고 있으며, 우승팀은 그 해 ARLISS에 초대된다.

또한 부정기적이기는 하지만, 국제적인 실험 이벤트도 개최하고 있다. 예를 들면, 2005년도에 후쿠오카(福岡)에서의 IAC(International Astronautically Congress)에서는 규슈대학(九州大學)에서 국제 컴백 경연이 실시되었다. 또한, 2007년에는 JAXA의 스폰서로 세계 최초의 캔위성 워크숍이 개최되어, 많은 국가에 캔위성의 의의와 실천효과가 전달되었다.

해외에서도 캔위성에 대한 관심이 확산되고 있다. 유럽에서는 앞에서 이야기한 워크숍에 자극을 받아, 일부 국가에서 ESA(Europe Space Agency)의 지원 하에 학생들의 캔위성 활동이 전개되고 있다(자세한 내용은 http://www.cansat.eu/ 참조). 그 이외에도 신흥국을 중심으로 많은 국가에서 캔위성을 기반으로 한 노력이 진행되고 있다.

### 1.1.5 CLTP에의 참가

많은 대학은 캔위성 개발기술이나 경험을 다양한 실험 이벤트를 통하여 습득하고 있으며, 이를 활용하여 2011년부터는 해외에 캔위성 교육 프로그램을 제공하기 시작했다. 이 프로그램을 「CLTP(CanSat Leader Training Program)」이라고 한다. CLTP에서는 캔위성 프로그램을 통한 공학교육을 자국에서 실시하고자 하는 해외의 대학교원이나 연구자가 일본의 호스트대학에 초대되어, 1개월 과정을 수강한다. 학습을 통하여 캔위성 교육의 노하우를 배우고, 귀국 후에 자국에서 캔위성 교육을 실시하는 것이다. 최초의 CLTP는 2011년에 시작되었으며, 2013년까지 4회 개최되었다. 표 1.1.1은 지금까지 실시된 CLTP에서의 호스트대학과 참가국을 보여준다.

**표 1.1.1** 과거의 CLTP 호스트대학/참가국

| 프로그램명 | 호스트대학 | 제공기간 | 참가국(인원) | 주요 참가국 |
|---|---|---|---|---|
| CLTP1 | 와카야마(和歌山)대학 | 2011년2월~3월 | 10개국(12명) | 알제리, 멕시코, 페루, 도루코 등 |
| CLTP2 | 니혼(日本)대학 | 2011년11월~12월 | 10개국(10명) | 인도네시아, 베트남, 중국, 싱가포르 등 |
| CLTP3 | 슈도(首都)대학 도쿄(東京) | 2012년7월~8월 | 9개국(10명) | 이집트, 리투아니아, 몽골, 브라질 등 |
| CLTP4 | 게이오(慶應)대학 | 2013년7월~8월 | 6개국(9명) | 앙골라, 방글라데시, 몽골, 필리핀 등 |

캔위성 프로젝트를 경험한 다음에는 CLTP의 TA(Teaching Assistant)를 권장한다. 자신이 공부한 것을 제3자에게 전달함으로써 이해를 증진시킬 수가 있다. 또한, 일본 학생에게 있어서도 해외 교육생들에게 지식을 전달함으로써 통상적인 학교생활에서는 좀처럼 얻을 수 없는 경험과 다양한 피드백(feedback)을 얻을 수가 있다. 물론, 영어회화의 경험도 쌓을 수가 있다.

CLTP에 대한 상세한 사항은 홈페이지(http://www.cltp.info/)를 참조하기 바란다.

# 1.2 캔위성 실험에 필요한 것

캔위성 필드실험을 실시하기 위해서는 다음에 제시하는 것을 실시하는 날까지 개발하고 준비한다.

## 1.2.1 캔위성 본체

먼저, 요구되는 크기, 무게의 조건을 충족하는 캔위성 본체를 준비한다. 조건은 이벤트마다 정해져 있는데, 예를 들면 ARLISS에서는 350mL 음료수 캔 크기(무게제한은 통상 350g 정도), 또는 오픈클레스 크기(147mm×240mm 이하로 무게는 1kg 이하)가 된다. 350mL 음료수 캔 크기의 경우에는 로켓 1대에 3개의 캔위성을 탑재하여 쏘아(그림 1.2.1)올릴 수 있다. 오픈 클레스는 로켓 1대에 캔위성 1개가 딱 들어맞는 크기이다. 캔위성 본체에 부속물(낙하산, 파라 포일(Para foil), 안테나 등)이 있어도 상관은 없으나, 로켓 측에서 제공된 커리어(원통형의 캔위성 수납 부. 크기는 내경(148mm×240mm) 속에 캔위성과 함께 넣을 수 있어야 한다. 이와 같이 크기나 무게의 조건은 캔위성을 어떠한 수단으로 고공까지 운반할 것인가, 하는 수단에 의존하여 결정된다.

**그림 1.2.1** 커리어에 캔위성을 탑재하는 모습(ARLISS에서의 발사)

또 하나, 캔위성 본체의 중요한 요구조건은 "안전"이다. 고공에서 방출되는 캔위성은 자유낙하의 경우 매우 빨리 낙하산 등이 펼쳐진다고 하더라도 빠르게 낙하하여 지면에 도달한다. 따라서 확실하게 낙하산이나 파라 포일(Para foil), 또는 다른 낙하감속장치를 장착하여 캔위성이 손상되지 않고, 안전하게 착륙되어야 한다.

### 1.2.2 지상국

실시간으로 캔위성의 데이터를 지상으로 전달하기 위해서는 지상국의 설치가 필요하다. 통상적으로 필드실험을 하는 경우에는 사막과 같은 곳에서 실시된다. 외부로부터의 전력공급이 아니라, 지상국은 스스로 공급하는 방법을 생각하여야 하는 경우가 대부분이다. 그림 1.2.2는 1999년의 ARLISS에서 준비한 지상국의 구성도이다. 이 지상국은 소형타입의 안테나, 아마추어 무선 송신기기, PC 및 그 위에 탑재된 소프트웨어로 구성되었다.

PC는 저장된 데이터를 보존/표시함과 동시에 캔위성에 명령송신기도 갖춘다. 송신기에 따라서는 소형이라고 하더라도 아마추어 무선 3급 면허가 필요하나, 3장에서 소개하는 XBee 무선모듈 등 특정 소전력 무선기기를 사용하면 면허는 필요하지 않다.

**그림 1.2.2** 1999년의 ARLISS에서 준비한 지상국의 간략도

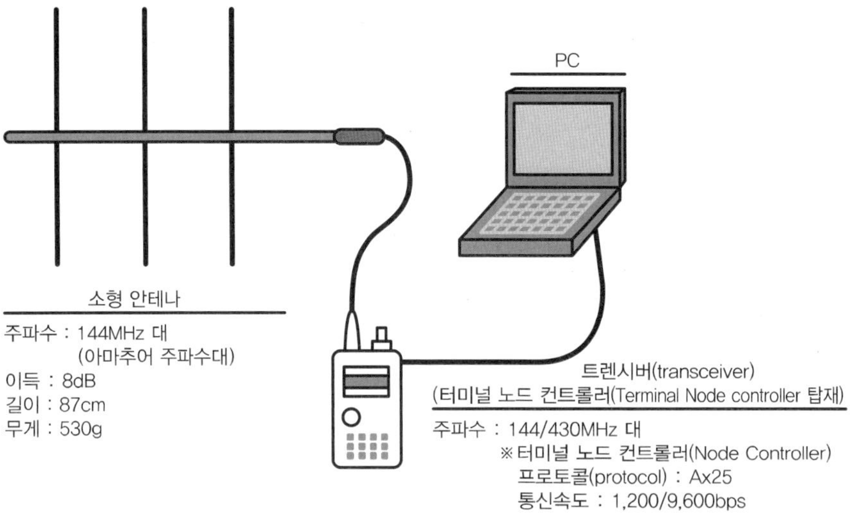

## 1.2.3 발사수단

캔위성의 발사수단도 미리 정해 둘 필요가 있다. 캔위성을 고공까지 쏘아 올려, 낙하시키는 것에는 몇 가지 방법이 있다. 주된 것을 다음에 열거한다.

### (1) 빌딩 등 높은 곳에서 낙하

가장 간단한 것은 높은 빌딩이나 탑에서 캔위성을 낙하시키는 방법이다. 단, 낙하 중에 캔위성이 빌딩이나 탑에 부딪히지 않도록 충분한 주의가 필요하다.

### (2) 헬륨(Helium) 기구/무인비행기에서 낙하

헬륨(Helium) 기구를 사용한 방법도 있다. 헬륨(Helium) 기구에 캔위성을 탑재한 곤돌라를 매달아 어느 정도의 높이까지 올려, 무선 조정기로 곤돌라에서 캔위성을 낙하시킨다. 단, 기구를 잡아매는 줄은 강풍 등으로 인하여 흔들릴 가능성이 있기 때문에, 안전성을 고려하여 2줄 이상(redundant)으로 한다.

예를 들면, 체적 $1m^3$의 헬륨(Helium) 기구는 약 1kg의 페이로드(payload: 무게)를 들어 올리는 계산이 된다. 그림 1.2.3과 같이 곤돌라의 하부 문을 무선으로 조정하여 개방하는 구조가 흔히 사용된다. 같은 방법으로 무인비행기(UAV: Unmanned Aerial Vehicle)를 이용한 방법도 최근에는 사용된다.

**그림 1.2.3** 헬륨(Helium) 기구에 의한 투하법의 모델 그림

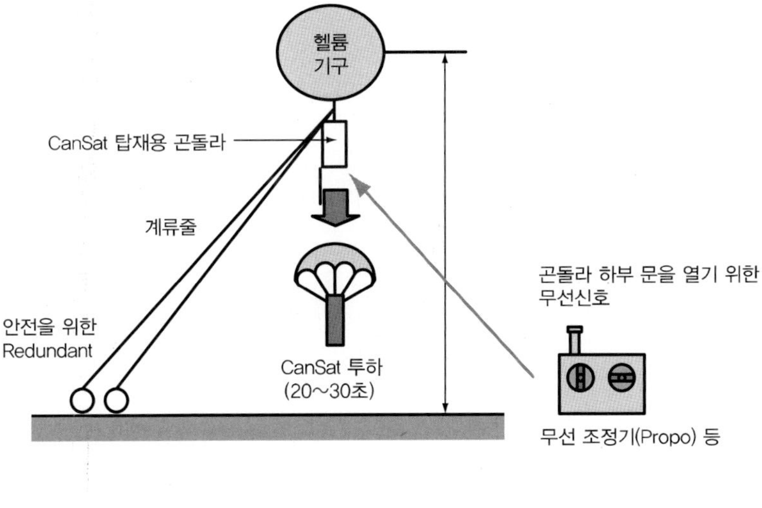

### (3) 로켓에 의한 방출

로켓으로 어느 정도의 높이까지 올려서 방출하는 방법도 있다. 그림 1.2.4는 ARLISS에서의 로켓 발사에서 캔위성 방출까지의 과정을 나타낸 것이다.

로켓 발사 시에는 커다란 진동과 가속도, 그리고 로켓에서 방출될 때에는 화약 때문에 커다란 충격이 캔위성에 전달되기 때문에 이러한 충격에 견딜 수 있는 본체를 개발하여야 한다. 로켓에 의한 발사는 실제의 위성발사와 아주 유사한 환경이기 때문에 좋은 경험이 된다.

**그림 1.2.4** 로켓에 의한 발사방법의 모델 그림(ARLISS의 경우)

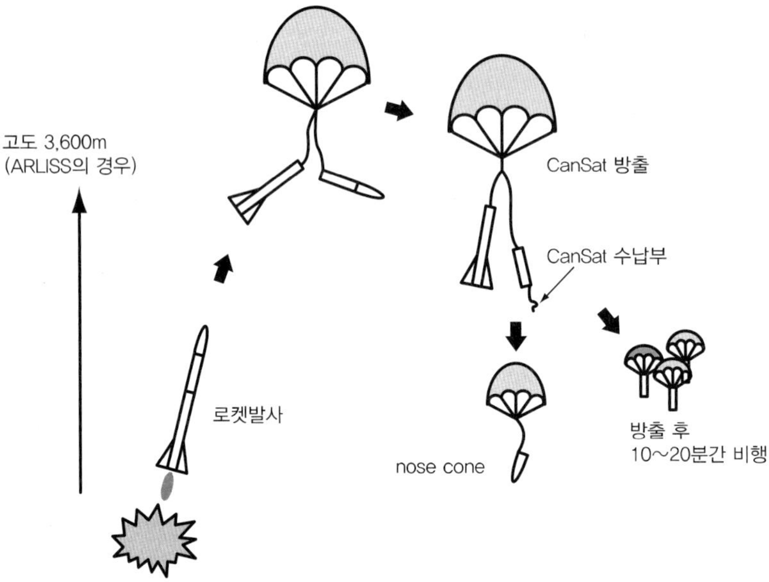


### (4) 사람에 의한 낙하

사람이 항공기, 헬리콥터, 열기구를 타고 상공까지 이동하여, 그곳에서 캔위성을 투하하는 방법도 있다. 2002년에 처음으로 일본 내에서 실시된 컴백 경연에서는 500m 고도의 기구에서 컴백 기계를 투하하였다(그림 1.2.5).

**그림 1.2.5** 열기구에서 투하(2002년 군마(群馬)현 이타쿠라(板倉)마을에서 열린 컴백 경연)

## 1.3 캔위성의 미션(Mission)

로켓으로 캔위성을 간단하게 쏘아 올리는 것만으로는 배울 수 있는 것은 그리 많지 않다. 중요한 것은 미션을 결정하여, 그것을 실시하는 것으로 미션의 창출은 캔위성 프로젝트의 중요한 프로세스 중 하나이다. 미션은 다음과 같은 사항을 감안하여 검토하자.

### (1) 실현 가능할 것

미션은 재미가 있어야 함과 동시에 팀의 능력 범위 내에서의 “실현가능”할 필요가 있다.

예를 들면, ARLISS처럼 개발 마감(발사) 날짜가 미리 정해져 있는 경우에는 그 때까지 마무리하여야 한다. 무엇보다도 먼저, 활용할 수 있는 인적자원을 확보하는 것이 중요하다. 또한, 입수 가능한 부품, 도구, 기계, 사용할 수 있는 시설은 무엇인가를 생각하고, 그 범위 내에서 할 수 있는 미션을 검토하자.

### (2) 간단한 것부터 도전할 것

처음으로 도전하는 경우에는 처음부터 무리하지 말고, 간단한 미션부터 시작하도록 하자. 중요한 것은 "설계한 대로 동작하는 것을 개발하는 것"이다. 초보적인 차원에서부터 시작하여 서서히 목표를 높여 가는 것이 중요하다.

### (3) 여유 있는 일정을 설정할 것

캔위성의 개발에서는 예상외의 과제나 문제가 계속적으로 발생하는 것이 보통이다. 개발(설계, 제조, 체크, 시험, 수정 등)에 필요한 시간은 예상의 2배 이상 걸린다고 생각하여야 할 것이다. 일정은 충분히 여유를 확보해 두자.

### (4) 모든 시험을 할 것

설계, 개발한 모든 부분을 어떠한 시험으로든지 사전에 확인할 것. 달리 표현하면, 마지막 비행실험 이외에서는 확인할 수 없는 설계는 하지 않는다.

처음으로 캔위성 프로젝트를 실시하는 경우에는 자신의 능력 범위, 또는 소정의 시간 속에서 어떠한 일이 가능하며, 무슨 일이 가능하지 않은지를 판단하는 것은 쉽지 않다. 따라서 가능한 한 심플하고 간단한 미션을 먼저 설정하고, 그것이 성공할 것 같은 확신이 설 때에 서서히 미션의 난이도를 높여가도록 하자. 구체적으로 어떠한 미션이 캔위성에 적합한지에 대해서는 2장 이후에 상세하게 해설한다.

2 장

# 캔위성(CanSat)과 위성의 비교

2장에서는 캔위성과 실제 위성을 비교하여 그 차이를 서술한다. 1장에서도 언급한대로 캔위성은 위성의 모형모델이며, 개발에서도 유사한 점이 많다. 미리 위성과의 공통점과 차이점을 이해한 다음에 개발을 함으로써 자신이 무엇을 배울 것인가를 확실히 파악할 수 있을 것이다.

# 2.1 위성과의 공통점/차이점

캔위성은 실제의 위성과 공통 기능을 다수 지니고 있다. 사람이 탑승하여 조작하는 것이 아니라, 원거리에서 조작하는 점도 같다. 즉 캔위성의 개발경험은 그대로 위성공학으로 연결된다. 캔위성과 위성이 무엇이 공통되고, 무엇이 다른가를 염두에 두고 개발을 하게 되면 보다 많은 것을 배울 수 있을 것이다. 그래서 본 절에서는 먼저, 캔위성과 위성의 공통점/차이점에 대하여 언급한다.

## 2.1.1 시스템 구성

그림 2.1.1은 캔위성과 위성시스템의 공통된 구성 사례이다. 어느 시스템도 C&DH계(Command and Data Handling: 명령 및 데이터처리), 미션계, 전력계, 통신계, 자세 · 궤도제어계로 구성된다. 다른 점은 열 제어계와 통신계의 취급이다. 인공위성에서는 열 제어계가 필요하나, 일반적인 캔위성에서는 필요하지 않다. 또한 캔위성의 경우 기체회수 후에 온 보드(on board)의 데이터가 직접 추출되기 때문에 통신계는 필요하지 않을 수 있다.

또한, 자세 · 궤도제어계의 유무는 미션계의 요구에 의존하는 점도 공통이다.

**그림 2.1.1** 캔위성/위성 시스템 구성사례

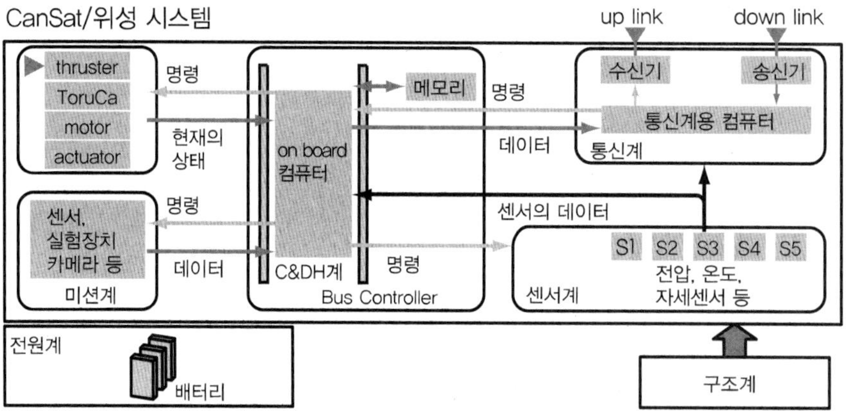

### 2.1.2 비수리계일 것

캔위성, 위성 모두 일단 발사된 후에는 사람이 수리할 수 없는 "비수리계"이다. 그렇기 때문에 시스템 설계는 캔위성도 상당히 어렵다. 비수리계임을 항상 의식하면서 개발에 임하는 것은 실제의 위성개발로 연결되는 아주 좋은 훈련이 된다.

비수리계의 개발에서 중요한 요건은 시스템 외부로부터의 작용이나 고장에 강해야 한다. 또한, 설계한 각 기능에 대해서는 발사하기 전에 시험을 통하여 충분한 확인이 필요한 점도 공통된다.

### 2.1.3 지상국의 기능

캔위성과 위성은 모두 원거리에서 조작하기 때문에 지상국에 요구되는 기능은 공통된다. 지상국 구축에서의 최우선 과제는 지상 측에서 위성(캔위성)의 상태를 확인할 수 있도록 하는 일이다. 단, 위성에서 지상국으로의 통신속도는 한정되어 있다. 당연히 모든 정보를 다운링크할 수는 없기 때문에 어떠한 정보를 다운링크할 것인가의 선택은 중요하게 된다. 더욱이 다운링크한 정보를 PC 등에 알기 쉽게 표시하고, 위성의 현재 상황을 곧바로 이해할 수 있는 구조 만들기도 요구된다.

또한, 위성의 경우에는 지상에서의 명령을 업링크 명령으로 송신할 필요가 있다(캔위성에서도 명령을 송신하는 경우가 있다). 캔위성의 지상국은 그림 1.2.2에서 나타난 것과 같이 상당히 단순한 구성이지만, 그래도 위성과 교신하는 과정은 캔위성에서 학습하는 것이 충분히 가능하다.

### 2.1.4 개발프로세스

위성의 개발프로세스는 통상적으로 「Phased Approach」라고 부른다. 구체적으로는 기본설계와 BBM(Bread Board Model: 시험 모델)의 개발, PDR(Preliminary Design Review: 기본설계회의), 상세설계와 EM(Engineering Model: 시험모델)의 개발, CDR(Critical Design Review: 상세설계회의), FM(Flight Model: 비행모델)의 개발과 발사 전 작업의 순서로 개발을 진행한다. 이 프로세스는 캔위성에서도 똑같다. 개발에서는 높은 차원의 프로젝트 관리가 필요한 점도 공통된다.

### 2.1.5 미션의 창출과 정의

미션의 창출과 정의는 어느 것에서도 중요한 작업이다. 1장에서 언급한 바와 같이 "재미있고 선진적"이며, "실현가능"한 미션을 창출하고자 한다. 미션은 개념뿐만이 아니라, 요구조건을 상세화한다(그것이 위성과 캔위성 설계의 전제가 된다). 또한, 설계 전에 미션 순서를 명확하게 하는 것도 필요하다(상세사항은 4.1절 참조).

### 2.1.6 로켓 발사

캔위성을 로켓으로 발사하면 가속도, 진동, 충격환경 등 실제의 위성과 유사한 환경조건이 수반된다. 이러한 환경에 견딜 수 있는 시스템을 생각하는 것은 위성 개발로 연결되는 좋은 훈련이 된다. 또한, 진동시험이나 충격시험은 캔위성도 필요하며, 시험 및 결과의 피드백 방법도 배울 수 있다.

또한, 캔위성을 기구에서 방출하는 경우에는 이러한 환경에 노출되지 않기 때문에 반드시 전용시스템을 생각하고, 진동시험이나 충격시험을 할 필요는 없다. 그러나 캔위성 개발을 위성 개발을 위한 훈련이라고 생각한다면 로켓의 경우와 마찬가지로 설계 및 시험을 실시해도 좋을 것이다.

### 2.1.7 캔위성과 위성의 차이점

캔위성과 위성의 차이점에 대해서도 언급해 두자. 이들 항목은 캔위성 개발을 거쳐 위성 개발로 진행할 때에 추가 훈련이 필요하다.

#### (1) 우주환경에 대한 준비

우주환경 특유의 무중력, 방사선, 진공, 열 환경, 적외선, 원자상태의 산소 등에 대한 대응은 위성 특유의 현상이다. 따라서 이들에 대한 환경시험은 캔위성에서는 필요 없다.

#### (2) 미션의 수준

캔위성으로 실시 가능한 미션은 한정되어 있으며, 위성으로 가능한 미션의 극히 일부분이다. 미션 기간도 캔위성은 수초에서 수분으로 위성과 비교하면 상당히 짧다. 따라서 캔위성 미션은 단시간이라도 충분히 의미 있는 것으로 생각할 필요가 있다.

### (3) 열제어 시스템의 준비

열제어 시스템은 위성에 있어서 중요한 계의 하나이지만, 일반적인 캔위성에서는 필요하지 않다.

### (4) 발전 시스템의 준비

태양전지에 의한 발전은 위성에서는 중요한 기능 중 하나이다. 한편, 미션기간이 짧은 캔위성에서는 통상적으로 배터리만으로 조달되기 때문에 태양전지는 필요 없다.

### (5) 가격과 개발기간

위성은 캔위성에 비해 많은 비용과 개발기간이 걸리는 것은 말할 필요도 없다. 위성 개발은 빨라야 몇 년이 걸리며, 발사하고 나서는 수리를 할 수 없는 「단판 승부」이기 때문에 비용과 시간을 낭비하기 않기 위해서라도 항상 확실한 계획을 세우고, 상황에 따라서는 적절히 수정하면서 행동할 필요가 있다.

이에 비하여 캔위성은 통상적으로 실험 후에 회수할 수 있기 때문에, 실패한 경우는 그 원인을 찾아낼 수가 있다. 또한 전체 시스템은 위성에 비해 아주 간단하기 때문에 개발비용과 기간도 짧으며, 초심자도 알기가 쉽다. 정해진 예산과 기간 속에서 프로젝트를 여러 번 반복할 수 있는 것은 캔위성의 커다란 장점이라고 할 수 있다.

## 2.2 캔위성에서 배우는 위성개발의 기초

앞에서 언급한 바와 같이, 캔위성을 개발한다는 것은 위성 개발의 기초를 배우는데 연결된다. 여기에서 캔위성 개발을 통하여 배우는 것들을 다시 나열해 보자.

(a) 미션의 정의와 운용 순서의 도출
(b) 위성의 양식과 설계
(c) 전력과 무게의 버짓(budget) 해석
(d) 서브시스템의 설계와 제조
(e) 개발프로세스(BBM/EM/FM Phase나 review 등)와 프로젝트 관리
(f) 조립, 통합 및 시험(Assembly, Integration and Test: AI&T라고 함)
(g) 현장 시험을 어떻게 실시할 것인가(로켓이나 기구 등)
(h) 지상국에서의 운용(업링크와 다운링크, 정보의 표시)

위의 3번째(c)에서 언급한 전력 버짓 해석에 대해서 좀 더 자세하게 해설하고자 한다.

그림 2.2.1 왼쪽에 위성의 전력 버짓 해석그래프, 그림 2.2.1 오른쪽에 캔위성의 전력 버짓 해석그래프를 보여 준다. 두 경우 모두 처음에 해야 할 작업은 각 기기의 동작상황(ON/OFF)을 시간 축 위에 정리하여, 필요한 전력량의 시간변화를 어림잡을 수 있다.

**그림 2.2.1** 위성의 전력 버짓 해석(왼쪽)과 캔위성의 전력 버짓 해석(오른쪽)

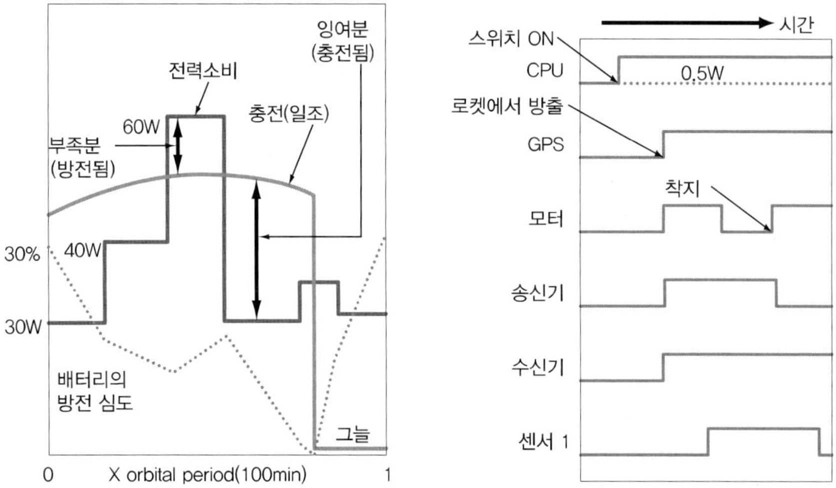


위성의 경우는 발생전력과 소비전력에 대한 2개의 곡선이 얻어진다. 2개의 차이는 배터리에 대한 충전(발생이 많은 경우)이나 방전량(소비가 많은 경우)을 의미한다. 즉, 배터리의 DOD (Depth of Discharge: 방전심도. 배터리의 전체 용량에 대한 소비한 양의 비율)가 변화하는 것이다. 위성은 궤도를 한 바퀴 돈 후에 DOD가 원래의 상태로 되돌아(발생전력과 소비전력의

적분 값이 일치)오는 것과 같이 태양전지의 면적이나 위치를 설계하여야 한다. 또한 배터리의 총 전력용량은 가장 DOD가 클 때에(통상적으로는 밤의 마지막 시점)도 20~30%가 되도록 설계하는 것이 보통이다.

## 2.3 캔위성의 개발 옵션

캔위성의 개발은 기계의 수준에 따라 다양한 옵션을 설정하는 것이 가능하다. 표 2.3.1에 추가옵션의 사례와 거기에서 배울 수 있는 요소를 정리하였다.

**표 2.3.1** 캔위성 개발의 추가옵션 사례

| 프로젝트 개요 | | 추가옵션 | |
|---|---|---|---|
| a | 캔위성의 키트(kit)를 조립하고 로켓/기구로 필드실험 실시. 미션은 키트에 들어 있는 것만 실시 | a1 | 독자의 기기를 스스로 만들고, 미션추가 |
| b | 미션을 창출하고, 서브시스템 기기를 구입하거나 개발.<br>지상실험과 로켓/기구로 필드실험 실시 | b1 | 얼마간의 서브시스템 기기를 스스로 설계, 개발 |
| | | b2 | 모든 서브시스템 기기를 스스로 설계, 개발 |

S: 제한된 효과 Y: 커다란 효과

| | 미션창출 | 구조설계 | 시스템 해석 | 서브시스템 설계 | 프로젝트 관리 | AI&T |
|---|---|---|---|---|---|---|
| a | – | – | – | – | S | S |
| a1 | S | S | S | – | S | S |
| b | Y | Y | Y | – | Y | Y |
| b1 | Y | Y | Y | S | Y | Y |
| b2 | Y | Y | Y | Y | Y | Y |

주) AI&T: Assembly, Integration and Test

가장 초보적인 프로젝트는 캔위성의 개발 키트를 구입하고, 미션도 개발 키트로 준비된 것만으로 한정해서 조립, 통합, 시험 및 필드실험(그 결과해석도 포함)을 실시하는 방법일 것이다(표 2.3.1의 a에 상당).

이것은 쉬운 반면에, 극히 한정된 학습효과 밖에 얻을 수 없다. 그래서 추가옵션으로 미션만큼은 독자적인 아이디어로 설계하고 개발한다. 이에 따라 미션창출, 구조설계, 시스템해석 등의 측면에서 학습효과를 얻을 수가 있다. 합리적인 비용으로 진행되면서 단기간에 많은 것을 배울 수 있는 옵션이기는 하지만, 이를 실시하기 위해서는 설비나 지식에서 많은 지원이 필요하다. 독자적인 미션을 설계하고 개발하기 위한 부품이나 가공기계(프로젝트를 시작하기 전에 무엇이 필요한지를 예측하지 못하는 경우도 많다)를 준비하여야 하며, 이러한 설비를 자신들이 자유롭게 사용할 수 있는 환경이 필요하다. 또한 미션창출의 가이드, 사용하는 전자기판이나 구조계의 설계가 가능한 경험이 풍부한 지원자(지도교원 이나 선배학생)도 필요할 것이다.

대학 또는 연구소에서 근무하고 계신 독자는 이러한 지원을 얻을 수 있는 환경이 학교 내에 있는지를 먼저 확인하자.

표 2.3.1의 b에 열거한 사례는 키트를 사용하지 않기 때문에 구조설계나 시스템 해석은 스스로 실시하여야 한다. 기기(예를 들면, 센서, 액추에이터(actuator), 배터리, CPU, 통신기 등)를 모두 구입하는 경우에는 시스템 차원에서의 설계와 해석, AI&T(Assembly, Integration and Test)에 집중할 수가 있다. 그러나 개발 키트를 사용하는 것보다도 훨씬 높은 차원의 기술과 지식이 필요하게 된다. 또한 추가 옵션으로 일부 기기를 스스로 개발함으로써 서브시스템을 설계하고 개발하는 능력이 단련된다. 모든 서브시스템의 기기에 대한 설계와 개발을 실시하면 최대한의 학습효과를 얻을 수 있으나, 당연히 요구되는 준비와 기술도 다양한 분야에 걸쳐 있다.

자신의 기술과 지식 및 경험, 또한 사용할 수 있는 설비나 지원을 해줄 수 있는 지도자 등의 상황을 감안하여 최적의 추가옵션을 선택하기 바란다. 그리고 3장에서 소개하는 캔위성의 개발 키트(i-캔위성)는 표 2.3.1의 a1에서 보여준 차원을 가정하고 있다.

# 2.4 팀 만들기

캔위성 프로젝트는 여러 명이 팀을 이루어 실시하는 것이 보통이다. 그를 위하여 멤버를 모은 후에 실시한다. 각 멤버의 작업 분담은 매우 중요하다고 할 수 있다. 작업 분담은 다음과 같이 기술적인 면과 관리적인 면에서 검토하자.

## 2.4.1 기술적인 면에서의 작업분담

기술적인 면을 기준으로 한 작업분담은 표 2.4.1에서와 같이 캔위성 시스템의 서브시스템을 기준으로 하면 좋다. 각 서브시스템 담당자 수는 요구되는 작업의 부하를 고려하여 결정한다. 통상적으로 미션계와 C&DH계는 작업부하가 높기 때문에 인원이 넉넉하게 할당된다. 만약에 팀 전체의 인원이 적은 경우에는 복수의 서브시스템을 정리하여 대응하는 경우도 있다. 예를 들면, 통신계와 지상국은 같은 팀으로, C&DH계와 센서는 같은 팀으로 대응하는 등의 조치이다.

**표 2.4.1** 캔위성의 주된 서브시스템

| 주된 서브시스템 | 개요 |
|---|---|
| 미션계 | 미션기기, 다른 시스템과의 인터페이스 |
| C&DH계 | 캔위성 전체의 명령 및 데이터처리 |
| 전력계 | 배터리, 배전 등 |
| 통신계 | 송신기, 수신기, C&DH계와의 인터페이스 |
| 센서 | 온도, 압력, GPS(위도 · 경도 · 고도), 가속도, 태양광, 자이로(gyro: 각속도), 자외선, 소리, 열적외 등 |
| 액추에이터 | 모터, 니크롬선과 히터에 의한 절단, 자석, 착륙 충격의 이용, 바네(bane: 탄력), 중력 등 |
| 구조 · 부속시스템 | 낙하산, 파라 포일 등 |
| 지상국 | 휴대 안테나, PC, 통신용 소프트웨어 |

### 2.4.2 관리적인 면에서의 작업분담

표 2.4.2에 제시한 바와 같이 관리작업에 대해서도 팀 멤버 각각이 분담할 필요가 있다. 통상적으로 위성개발을 하는 조직에서는 이러한 작업은 관리부분에서 하기 때문에 개발측이 하지는 않는다. 한편, 캔위성은 이러한 것들도 스스로 실시하여야 하는 경우가 대부분이기 때문에 경험을 쌓을 수가 있다.

**표 2.4.2** 캔위성의 주된 관리

| 주된 관리 | 개요 |
|---|---|
| 프로젝트관리 | 프로젝트 전체의 관리. 특히, 일정이나 업무관리 |
| 서브프로젝트관리 | 프로젝트관리 보좌 |
| 재무관리 | 자금조달, 예산관리 등 |
| 부품 · 기기조달 | 물품구입, 구입처와의 납기나 금액조달 등 |
| 문서관리 | 내외를 위한 정보관리, Web 제작 등 |
| 섭외 · 홍보 | 인가신청, 규제대응, 홍보, 아웃 리치(outreach) 등 |

## 2.5 시스템 엔지니어링(Systems Engineering)

캔위성 프로젝트 전체를 보다 체계적으로 취급하는 수단으로 「시스템 엔지니어링」 분야를 공부할 것을 권장한다. 시스템 엔지니어링의 정의에 대해서는 International Council on Systems Engineering(INCOSE)의 「INCOSE Systems Engineering Handbook」(http://www.incose.org/)를 참조하기 바란다. 여기에서는 캔위성 프로젝트에서 시스템 엔지니어링을 적용하기 위한 순서를 정리한다.

### 2.5.1 시스템 엔지니어링 프로세스

캔위성 프로젝트를 성공시키기 위해서는 다양한 활동을 할 필요가 있지만, 이것들을 주로 다음의 3가지 프로세스로 정리할 수 있다.

### (1) 시스템 디자인

먼저 시스템과 관련된 이해관계자를 명확하게 하고, 수요자로부터 추출된 요구사항을 분석한다. 그 다음에, 요구되는 기능과 성능에 대하여 시스템을 구성하는 요소를 나누고, 그것의 사양을 명확하게 하며 구성요소간의 인터페이스를 명확히 한다.

### (2) 검증과 타당성 확인

시스템 엔지니어링 활동이 시스템에 대한 요구에 대하여 제대로 이루어지고 있는지, 또는 고객의 요구에 맞는 시스템의 실현이 잘 진행되고 있는지 평가한다.

### (3) 시스템 엔지니어링 관리

시스템에 요구되는 품질이나 개발 일정, 개발 비용을 충족시키기 위하여 각각의 활동 계획과 실시, 평가, 개선을 한다.

이들 3가지는 V모델이라는 프로세스로 제시할 수가 있다(그림 2.5.1). V모델의 왼쪽은 요구가 설계로 세분화되어 하위의 요구가 되는 것을 보여 주고 있다. 오른쪽은 시험과 조직으로 서브시스템이 통합되어 시스템으로 되어 가는 모습을 보여 주고 있다. 시스템, 서브시스템, 구성요소 차원에서의 설계와 시험을 중간에서 연결하고 있는 것이 시험계획이다.

캔위성 프로젝트로 대체하면 미션을 구성하기 위한 캔위성 전체시스템에 대하여 캔위성 본체나 지상국이 서브시스템에 해당된다. 또한, 캔위성 본체를 하나의 시스템으로 볼 경우에는 명령 및 데이터 처리계, 전력계, 통신계 등이 서브시스템, 전지나 무선통신모듈, GPS 수신기가 구성요소에 해당된다.

**그림 2.5.1** V모델

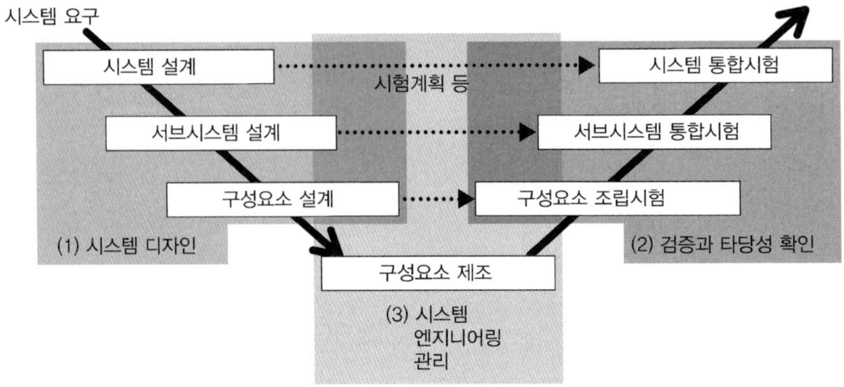


## 2.5.2 캔위성 프로젝트에 적용

캔위성 프로젝트에 시스템 엔지니어링을 적용하는 경우에는 다음 절차를 따르게 될 것이다.

### (1) 미션 정의

「캔위성으로 무엇을 실현하고자 하는가」에 대한 대답을 명확하게 하는 것이 미션의 정의이다. 그 때에는 멤버 각각의 대답을 공유하는 것에서 시작하고, 그 다음에 팀으로서의 미션 정의를 결정한다.

### (2) 요구분석

미션이 결정되면 그것에 필요한 것(미션요구)을 명확하게 한다. 그리고 그 미션 요구를 만족시키기 위한 시스템을 생각하고, 시스템에 대한 요구를 결정한다.

그런 다음에 그 시스템의 요구사항을 만족시키기 위한 방법을 결정한다. 그것이 시스템 설계이다. 시스템 설계는 필요한 서브시스템과 각각의 서브시스템이 충족할만한 요구(서브시스템 요구)를 결정한다.

이어서, 서브시스템의 요구를 만족시킬 수 있는 구성요소를 결정하고 각각의 구성요소에 대한 요구(구성요소 요구)를 결정한다. 이와 같이, V모델의 왼쪽에서 일정한 수준에 대한 설계를 마치면, 그 한 단계 아래 수준의 설계에 대한 요구가 정해진다. 실제 설계에서는 이러한 작업을 위에서 아래로 반복한다.

요구분석 시에는 이하의 6가지로 분류해서 생각하면 참고하기 쉬울 것이다. 그 때에, 그 시스템(혹은 서브시스템 등)에 무엇을 어디까지 요구할 것인가, 하는 경계를 명확하게 하고 사양서로 정리하는 것이 중요하다.

- ○ 기능 요구: 시스템이 목적을 실현하기 위하여 지녀야 할 기능에 대한 요구
- ○ 성능 요구: 시스템이 목적을 실현하기 위하여 지녀야 할 성능에 대한 요구
- ○ 외부 인터페이스 요구: 시스템과 외부와의 인터페이스에 대한 요구
- ○ 환경 요구: 시스템이 동작하는 환경에 관한 요구
- ○ 리소스(resource) 요구: 시스템이 목적을 실현하기 위하여 지녀야 할 자원에 관한 요구
- ○ 물리적 요구: 시스템에 대한 용적, 크기, 무게 등의 물리적인 요구

요구 사양은 개발과정에서 변경되는 경우가 있다. 개발 도중에 생각 이외로 개발이 순조롭게 진행되어 새로운 미션을 추가하고자 생각하는 경우도 있을 것이며, 개발 일정이 늦어지거나 비용의 초과로 일부 미션을 단념해야 하는 경우 등도 생기며, 미션의 변경에 따라 요구사항의 추가나 삭감이 생긴다.

### (3) 구조설계

구조는 일반적으로 「구성요소의 설계나 진화를 좌우하는 구성요소의 구조, 구성요소 간의 관계와 그 원리나 지침」으로 정의되어 있다. 구조 설계는 시스템에 요구되는 기능과 성능에 대하여 시스템을 구성하는 요소로 배분하고, 구성요소의 사양을 명확하게 하며, 구성요소 간의 인터페이스를 명확화 한다.

캔위성 프로젝트에서 구조설계 단계에서의 구체적인 작업은 주로 기능설계와 물리설계의 2가지로 나뉜다. 기능설계는 시스템의 요구기능을 분할하여, 그 기능을 구성하는 하위기능으로 대체하는 작업을 한다. 물리설계는 기능설계에서 분할된 하위기능을 시스템을 구성하는 요소로 할당작업을 한다. 예를 들면, 「비행 중의 위도와 경도, 고도를 지상국에 보낸다」는 요구의 경우에 위도측정이나 지상국에 보내는 기능이 기능설계로, 위도를 측정하는 기능을 GPS 수신기에 할당하는 작업이 물리설계이다.

### (4) 검증과 타당성 확인

검증(Verification)이란 「제대로 제품이 완성되었는가, 상위 사양에 따라 하위 사양이 되어 있

는가」를 확인하는 과정이며, 타당성 확인(Validation)은 「고객을 만족시키는 제품으로 되었는지」를 확인하는 것이다. 캔위성의 경우는 개발자와 고객이 동일한 경우가 대부분이기 때문에 검증을 중점적으로 하게 될 것이다. 검증의 목적은 요구분석에서 도출된 「기능」이 제대로 작동하는지를 확인하는 것이며, 그 방법으로는 Inspection(조사), Analysis(분석), Demonstration(실증), Test(시험)를 들 수 있다.

3장에서 캔위성 본체의 조립을 공부한 후에 4장, 5장에서는 캔위성에 대한 시스템 엔지니어링을 보다 구체적으로 살펴보도록 하자.

Column

# i-캔위성의 입수방법

3장에서는 캔위성의 입문용 키트 「i-캔위성」에 대하여 설명한다. 실제로 조립하기 위해서는 부품을 구입하여, 프린트기판용 도면을 작성하고, 도면에 따라 프린트회로 기판을 제작할 필요가 있다. 입수 방법은 여러 가지가 있으므로, 자신들의 상황에 맞추어 선택하도록 하자. 또한, i-캔위성에 관한 질문은 UNISEC 사무국에서 메일(info@unisec.jp)로 접수를 받고 있다. 그리고 i-캔위성에 관한 최신정보는 UNISEC 홈페이지(http://www.unisec.jp/c3st/)를 참조하기 바란다.

| | |
|---|---|
| 부품구입 | (a) 전문점이나 통신판매에서 필요한 만큼 구입한다. |
| | (b) 전문점이나 통신판매에서 정리하여 구입한다. |
| | (c) UNISEC의 홈페이지를 통하여 구입한다(예정). |
| 프린트회로기판용 도면제작 | (a) 3장에 제시한 회로도를 바탕으로 회로 CAD소프트웨어 등으로 프린트기판용 도면을 작성한다. |
| | (b) UNISEC의 홈페이지를 통하여 도면데이터를 다운로드한다. |
| 프린트회로기판 제작 | (a) 도면데이터를 프린트기판전용 기판가공기계로 읽어 들여서 기판을 스스로 만든다. |
| | (b) 전문업자에게 도면데이터를 보내어, 기판제작을 주문하여 제작을 의뢰한다. |

【부품구입】

i-캔위성에서 사용하는 부품은 책 뒷부분에 제시한 표와 같다. 부품에 따라서는 단종되어 대체된 신제품이 판매될 수도 있기 때문에, 구입 시에 제고나 신제품에 대하여 확인하도록 하자. 또한, 2014년 7월 현재, UNISEC에서는 i-캔위성의 신 버전을 개발 중이다. 350mL의 캔위성용 카메라 모듈을 신규 개발하고, 그것에 맞는 배터리도 3장에서 언급한 것과 다른 것을 사용할 것을 검토하고 있다. 따라서 표에서는 카메라와 배터리에 대해서는 제품번호 등을 빈칸으로 두고 있다.

또한, 표에는 「구입단위」라는 항목이 있다. 일반적으로 전자제품은 낱개로 판매하지 않고, 10개나 100개 단위로 밖에 구입할 수 없는 경우가 대부분이다. 이러한 경우에 낱개로 구입할 수 있는 부품을 포함하여 몇 대 분의 부품을 대량으로 구입하면, 한대 분의 금액이 싸지기 때문에 UNISEC에서는 부품세트 판매를 계획하고 있다. 시기는 아직 확정되지 않았으므로 필요한 시기에 UNISEC의 홈페이지를 체크해 보기 바란다.

【프린트기판용 도면제작】

프린트기판용 도면을 제작하기 위해서는 전용회로 CAD 소프트웨어가 필요하다. 소프트웨어로는 예를 들면, 무료 버전도 일종의 「Eagle」(http://www.cadsoftusa.com/)나 「Circult Maker」(http://circultmaker.software.informer.com/), 가장 높은 기능이라고 하는 「Altlum Designer」(http://www.altlum.com/jp/) 등이 있다. 대학에 따라서는 소프트웨어의 라이선스계약을 체결하고 있는 경우도 있으므로 확인해 보도록 하자.

【프린트기판제작】

스스로 제작하기 위해서는 고가의 기판가공기계가 필요하기 때문에, 전문업자에게 발주할 것을 권장한다. 예를 들면 「P판닷컴」(http://www.p-pan.com/)은 캔위성뿐만이 아니라, 초소형위성의 기판제작에도 이용하고 있는 대학이 많다. 기판제작도 1대 분만 발주할 것인가, 함께 발주할 것인가로 금액이 달라진다. 예를 들면, 100대 분을 정리하여 구입하게 되면 1대당 2,600엔 정도이지만, 1대만 주문하게 되면 수만 엔이 소요된다. 단, 기판에 관해서도 제품세트와 같이 UNISEC에서는 통신판매를 예정하고 있다.

# 캔위성 대회 소개 자료

## 1. 캔위성 대회 개요

캔위성 경연 대회는 국내에서는 생소하지만 해외에서는 이미 수차례 개최된 적 있는 이름있는 대회입니다. 미국에서는 ARLISS(A Rocket Launch for International Student Satellites), AAS/AIAA와 같은 캔위성 경연 대회가 있으며, 프랑스에는 Cansat France, 노르웨이에는 Norwegian Pilot CanSat Competition, 스페인에는 International CanSat Competition과 같은 대회가 있습니다.

위에 나열된 대회는 각각 주어진 임무가 있으며 그 임무에 맞게 캔위성을 제작하여 캔위성을 낙하시키면서 그 임무를 정확하게 시연하게 하는 것이 대회의 목적입니다.

국내에도 이런 캔위성 대회가 있는데 국내 캔위성 경연 대회는 2012년에 처음으로 시작하고 매년 개최하여 올해로 5회째를 맞고 있습니다.

캔위성 경연 대회는 미래창조과학부와 KAIST 인공위성연구센터에서 주관하고, 한국항공우주연구원에서 후원하며 전남 고흥군청에서 협찬을 지원하고 있습니다.

## 2. 캔위성 대회의 목적

캔위성 경연 대회의 목적은 아래와 같습니다.

1. 인공위성 체계에 대한 학생들의 이해 증진, 위성 교육 및 위성 기술의 대중화
2. 캔위성을 설계, 제작, 시험하는 창의적 과학체험 활동을 통해 스스로 부여한 탑재체 임무를 해결해 나가는 과학문제 해결능력 함양 및 창의적 과학문화 확산
3. 초소형 캔위성 경연대회를 통한 우주기술 체험홍보, 우주기술 꿈나무 육성 및 우주기술 저변확대
4. 유럽, 미국, 일본 등 해외 캔위성 국제 경연대회로의 관심 증진, 해외 대회 참여 활성화, 우주분야 민간 국제 교류 확대

## 3. 캔위성 참가부문 및 참가 자격

캔위성 대회는 2~3명의 팀을 이루어서 참가해야 하는데 크게 슬기부와 창작부로 나눠집니다. 슬기부의 경우에는 고등학생끼리 팀을 이루어서 참가할 수 있고, 창작부는 대학생에게 참가자격이 부여됩니다.

이때 슬기부는 지도교사로부터 지도를 받아야 하기 때문에 1명의 지도교사의 참여가 필수로 요구되고, 창작부는 지도교사의 참여가 필요하지는 않지만 지도를 받아야하기 때문에 참가신청서에는 지도교사를 작성해야 합니다.

| 부문 / 항목 | 슬기부 | 창작부 |
|---|---|---|
| 참가자격 | 고등학생 | 대학생 |
| 팀구성* | 지도학생 : 1명<br>+팀원(학생) : 2~3명 | 팀원(학생) : 2~3명 |

## 4. 캔위성 대회 세부 일정

캔위성 경연 대회는 매년 5월경에 참가신청 접수를 마감하고 3개월 동안 1차 평가, 2차 평가를 거쳐 8월 초순에 경연대회와 최종결과발표를 마치게 됩니다.

슬기부에서는 1차 선정팀(최대 20팀)에게는 캔위성 기본키트가 제공되고, 2차 선정팀(최대 10팀)에게는 사전 교육 및 확장임무구현비(최대 30만원)가 지원됩니다.

창작부에서는 1차 선정팀(최대 20팀)에게는 창작임무구현지원비(최대 20만원), 2차 선정팀(최대 10팀)에게는 창작임무구현비(최대 80만원)가 지원됩니다.

| 항목 \ 부문 | 슬기부<br>(고등학생) | 창작부<br>(대학생) |
|---|---|---|
| 1차 평가 | 최대 20팀 선발 | 최대 20팀 선발 |
| | ▼ | ▼ |
| 지원사항 | – 캔위성 기본키트 제공 | – 창작임무구현비 최대 20만원 지원 |
| | 온라인 교육지원(공통) | |
| | ▼ | ▼ |
| 2차 평가 | 최대 10팀 선발 | 최대 10팀 선발 |
| | ▼ | ▼ |
| 지원사항 | – 사전교육(1일) 무료 참가<br>– 확장임무구현비 최대 30만원 지원 | – 창작임무구현비 최대 80만원 지원 |

## 5. 캔위성 대회 포상

대회의 포상은 아래와 같이 이루어집니다.

| 구분 | 슬기부(고등학생) | 창작부(대학생) |
|---|---|---|
| 최우수(1팀) | – 미래창조과학부장관상<br>– 상금 150만원 | – 미래창조과학부장관상<br>– 상금 300만원 |
| 우수(2팀) | – KAIST 총장상<br>– 상금 100만원 | – KAIST 총장상<br>– 상금 200만원 |
| 장려(2팀) | – 항공우주연구원장상<br>– 상금 50만원 | – 항공우주연구원장상<br>– 상금 100만원 |

위 계획은 언제든지 경연대회 심사결과에 따라 변동이 가능합니다.

그 밖에 최우수상 수상팀에게는 해외경연대회에 참가할 수 있게 지원하며, 모든 수상팀 외 모든 참가팀에게는 수료증이 발급됩니다.

3

장

# 캔위성(CanSat) 본체 조립

캔위성의 개요를 이해했다면 이제는 캔위성 개발에 착수하자. 3장에서는 입문용 키트 "i-캔위성"을 사례로 캔위성 본체의 조립 순서를 제시한다. 입문용 키트의 조립이라고는 하지만, 어느 정도의 전자공학에 대한 지식이 필요하다. 또한 등장하는 부품의 이름이나 용어에 낯설지도 또는 당혹스러울지도 모른다. 이러한 용어를 이해하고 익숙해지는 것도 캔위성 또는 위성개발에 필요한 기술이 된다. 키트 조립과정을 통하여 캔위성의 회로에 대한 이해가 깊어지고 납땜 기술도 향상될 것이다.

# 3.1 입문용 키트 "i-캔위성"이란

조립 작업에 들어가기 전에 본 장에서 해설하는 입문용 「i-캔위성」(그림 3.1.1)에 대해서 설명하고자 한다. i-캔위성은 원래 CLTP3용(CLTP에 대해서는 1장 참조)으로 준비된 것이다(i-캔위성 Ver. 1). i-캔위성은 일본의 표준적인 350mL 캔을 구조 체로 캔의 윗면을 개봉하여, 그 안에 수납할 수 있도록 설계되어 있다.

**그림 3.1.1** i-캔위성의 외관(사진은 Ver. 3 상당)

본서에서는 i-캔위성 Ver. 4(이하, i-캔위성이라 함)에 근거하여 설명한다(i-캔위성의 입수 방법에 대해서는 p.29의 Column 및 p.265~267의 제품리스트 참조). 또한, i-캔위성의 제품리스트나 회로도, 조립 시의 유의점은 UNISEC 홈페이지(http://www.unisec.jp/c3st)의 동영상을 통하여 확인할 수 있기 때문에 참고하기 바란다. 또한 본서에서는 i-캔위성의 조립에 필요한 공구 등도 소개하고 있지만, 반드시 같은 공구를 사용할 필요는 없다. 예산에 맞게 나름대로 궁리하면서 실시하자.

## 3.1.1 i-캔위성의 전체 구성

i-캔위성은 5층의 기판으로 구성된다. 위에서부터 통신계인 COMM(Communication), 전력계

인 PWR(Power), 유저 기판인 USR(User), 메인 기판인 OBC(On Board Computer). 카메라 탑재부인 CAM(Camera)의 순이다(그림 3.1.2). 메인 기판인 OBC에는 i-캔위성을 위하여 개발한 PIC-Board가 탑재된다.

PIC-Board의 "PIC"은 마이크로 칩 테크놀로지(Microchip Technology)사의 PIC 마이크로컴퓨터를 지칭한다.

**그림 3.1.2** i-캔위성의 기판구성

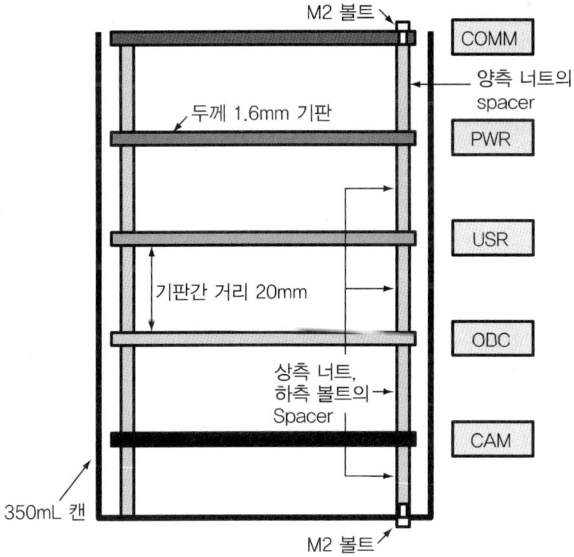


각 기판에는 i-캔위성 특유의 연구가 되어 있다. 각각의 기판이 육안으로 쉽게 구별할 수 있도록 기판에 색을 칠한 절연제(resist)의 색이 다르다.

COMM은 파랑, PWR은 빨강, USR은 무광택 검정, OBC와 PIC-Board는 녹색, CAM은 검정이다(그림 3.1.3). 모든 기판에는 스페이서(spacer) 부근에 「캔위성 2013 COMM」과 같이 명칭이 인쇄되어 있다. 이름이 새겨져 있는 면을 「윗면」, 반대측을 「아랫면」이라고 한다. 기판은 최종적으로 350mL 캔에 수납하기 위하여 크기는 모두 직경 53.4mm로 통일되어 있다. PIC-Board의 크기는 OBC 위에 탑재될 수 있는 43.2mm×30.5mm이다.

기판은 두께 1.6mm의 표준이 사용되고 있다. 각 기판은 20mm 또는 30mm의 스페이서를 통해 연결하고, COMM 기판의 높이가 350mL 캔의 상부 면과 거의 동일하게 된다.

**그림 3.1.3** 각 기판의 모습

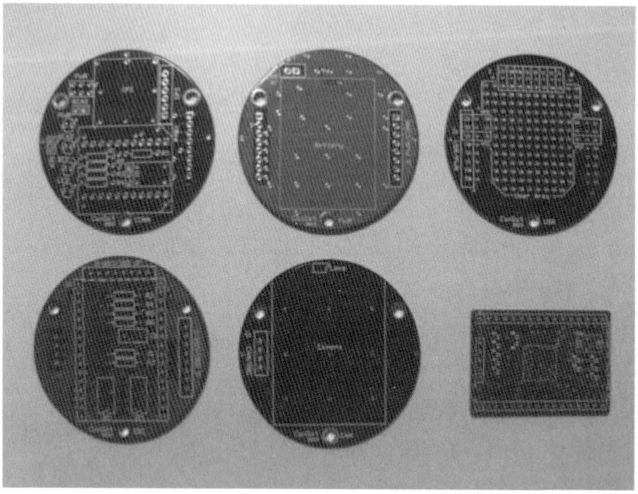

위 왼쪽부터 COMM, PWR, USR,
아래 왼쪽부터 OBC, CAM, PIC-Board

스페이서의 암수의 구조는 그림 3.1.2에 제시된 대로이다. COMM 상면은 볼트로 스페이서를 고정한다. 캔의 밑면은 CAM 아래의 스페이서를 캔 밑면에서 볼트로 고정한다. 또한, 스페이서와 기판 위의 소자와의 기계적 간섭을 회피하기 위하여 볼트나 스페이서의 규격은 모두 M2로 통일되어 있다.

i-캔위성의 낙하산은 구체에 고정한다. 낙하산과의 분리 감지는 낙하산을 펼칠 때 끈의 인장으로 COMM 상부의 분리 감지용 핀에 접속된 점퍼 소켓(jumper socket)을 뽑아내는 것으로 실시한다. i-캔위성의 무게는 기체와 낙하산 및 USR 위에 탑재되는 사용자 자신이 선정한 부품을 제외한 모든 전자부품, 기계, 스페이서 나사를 탑재한 상태에서 약 125g이 된다. 또한 일부 기계의 고정은 양면테이프를 사용하기 때문에 그 사용량에 따라 다소의 증감은 있다.

## 3.1.2 각 기판의 탑재 부품/인터페이스

각 기판의 탑재 부품과 인터페이스(I/F)도 확인해 두자. 전력공급 방식은 CAMM 이외의 모든 기판에서 공통이다. 각 기판 위에는 0V의 기준전압이 되는 접지(GND)와 3.3V로 조절된 전원전압(VCC)과를 커넥터를 통하여 PWR에서 공급한다. 전류는 배터리의 VCC측에서 나와 GND측으로 돌아오기 때문에 일반적으로 GND측은 「리턴(return)」, VCC측은 「핫(hot)」이라고 불린다. USR에서도 이 전력을 사용할 수 있으나, 소비전류는 PWR 상의 배터리 능력(특히 소비전류량)을 초과해서는 안 된다.

각 기판의 특징은 아래에 정리하였다. 그림 3.1.4 및 그림 3.1.5를 참조하면서 읽어보기 바란다.

**그림 3.1.4** 각 기판의 탑재부품 이미지

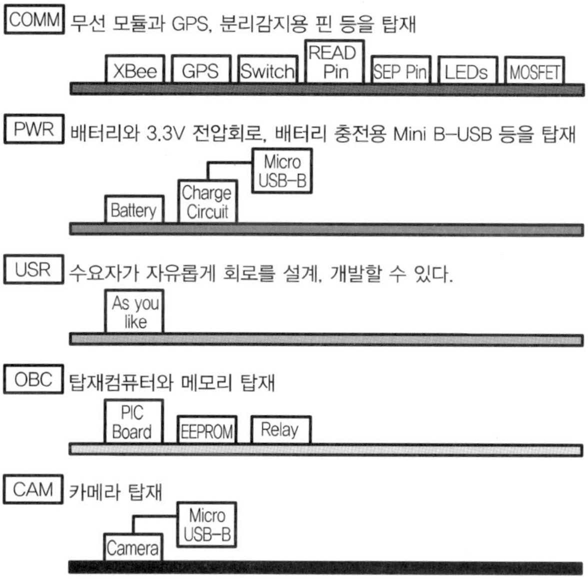


**그림 3.1.5** 각 기판의 인터페이스 이미지

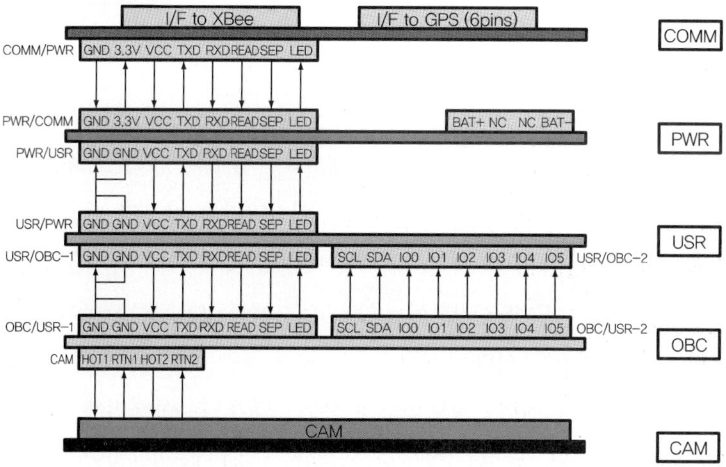

### (1) COMM

COMM에는 외부와의 통신을 하는 기기(XBee, GPS) 이외에, 전원스위치(Switch), 데이터 분석모드 전환 핀(READ Pin), 분리감지 핀(SEP Pin)과 표시기(LEDs), 통신기에 전원공급을 ON/OFF하는 전계방출 형 트랜지스터(MOSFET)가 탑재되었다.

인터페이스는 3가지의 종류가 있다. 즉, 무선모듈 XBee 통신계와 정보를 교환하기 위한 I/F to XBee, GPS와 정보를 교환하기 위한 I/F to GPS, 그리고 바로 아래의 기판 PWR과 전력이나 정보를 교환하기 위한 COMM/PWR이다. 또한 일반적인 캔위성 경기규정인 「캔위성이 분리될 때까지는 전파방사를 하는 통신기의 전원을 OFF 상태로 할 것」을 준수할 수 있도록 전원 전환 구조를 하드웨어 상에서 실시한다.

구체적으로는 XBee 통신기의 전력공급은 점퍼 소켓을 끼우며, SEP Pin이 단락상태일 때는 OFF, SEP Pin이 절연상태일 때는 On이 되도록 FET에서 스위칭(Switching)을 하는 구조이다. 또한 마이크로컴퓨터에 적절한 프로그램을 작성함으로써 소프트웨어에서도 XBee 통신기기 전원의 ON/OFF를 전환할 수 있다.

### (2) PWR

PWR에는 리튬 폴리머 배터리(Battery)와 충전회로(Charge Circuit)가 탑재된다.

인터페이스에는 배터리를 충전하기 위한 Mini_B USB 단자와 윗면에는 COMM과의 전력 · 정보를 교환하는 PWR/COMM, 아랫면에는 USR과의 전력 · 정보를 교환하는 PWR/USR을 갖춘다. 배터리 충전은 PC나 충전기를 사용한다. 충전 중에는 하부의 적색 LED가 켜지고, 충전이 완료되면 꺼진다.

### (3) USR

USR에는 사용자 자신이 자유롭게 전자제품이나 기기를 탑재할 수 있도록 간격 2.54mm의 표준 피치(pitch) 캔이 준비되어 있다. 또한 OBC 상의 PIC-Board의 8단자를 사용자 단자를 사용하고 있다. 단자의 내역은 I2C($I^2C$) 통신의 클럭 라인(SCL) 및 데이터 라인(SDA)의 2단자, 디지털 I/O 또는 A/D 변환 입력이 가능한 6단자(RA0/AN0=IO0, RA1/AN1=IO1, RA5/AN4=IO2, RE0/AN5=IO3, RE0/AN6=IO4, RE2/AN7=IO5)이다.

인터페이스에는 윗면의 PWR과의 사이에 전력 · 정보를 교환하는 USR/PER, 아랫면에 OBC와의 정보교환을 하는 USR/OBC-2를 준비한다. 단, $I^2C$ 통신을 사용하는 경우에는 ID=0이 OBC상의 메모리(EEPROM)로 점유되어 있는 것에 유의한다($I^2C$ 통신의 상세에 대해서는 3.2.3항이나 4.2.2항을 참조).

### (4) OBC

OBC에는 PIC-Board 이외에 데이터의 해독이 가능한 1,024kbit(128kb)의 메모리(EEPROM)와 CAM 위에 카메라의 스위칭 그리고 촬영을 위한 포토모스릴레이(Relay)가 탑재된다.

인터페이스는 USR과의 사이에 전력 · 정보를 교환하는 OBC/USR-1과 정보를 교환하는 OBC/USR-2, 바로 아래는 CAM 상에 탑재되는 카메라 조작을 위한 CAM을 가진다.

### (5) CAM

CAM에는 카메라가 탑재된다. 단, i-캔위성의 키트에 포함되는 카메라는 내부에 리튬 폴리머 배터리를 가지고 있으며, 전력공급이나 GND는 i-캔위성으로부터 독립되어 있다. 카메라의 배터리 충전은 i-캔위성 배터리와는 별도로 카메라의 Mini-B USB를 통할 필요가 있다.

# 3.2 전기회로의 기본

i-캔위성의 조립은 전기회로의 지식이 꼭 필요하다. 본 절에서는 전기와 회로에 관한 기본사항에 대하여 해설한다.

## 3.2.1 저항 값의 계산방법

소자에는 전압을 부하함으로써 작동하는 것과 전류를 공급함으로써 작동하는 것(전류소자)이 있다. 전류소자를 작동시키는 경우에는 규정전류를 공급한다. 만약 최대정격보다 큰 전류를 공급한 경우에는 소자에 돌이킬 수 없는 손상을 초래할 수가 있다. 소자에 공급하는 전류를 제한하기 위해서는 전류제한저항을 직렬로 연결한다. 예를 들면, 전원전압이 5V에서 규정전류가

10mA인 소자에 10mA(=0.01A)의 전류를 흐르게 하기 위해서는 5V÷0.01=500Ω의 저항을 연결하면 좋다.

그런데 LED처럼 소자 내부에 전압이 흘러버리는 경우도 있다. 이러한 현상을 순방향 전압강하라고 한다. LED는 규정전류의 크기와 순방향전압 강하에 대하여 카탈로그에 순방향정류(Forward Current), 순방향전압(Forward Voltage)으로 각각의 값이 기재되어 있다. 이들 값에서 LED에 접속하여야 할 전류제한저항은 다음의 계산식에서 구할 수 있다.

전류제한저항 = (전원전압 − 순방향전압) ÷ 순방향전류

예를 들면, 순방향전류가 10mA, 순방향전압이 2V의 LED인 경우에 전원전압을 5V로 한다면 전류제한저항은(5V-2V)÷0.01A=300Ω이 된다.

### 3.2.2 풀업(pull-up) 저항과 풀다운(pull-down) 저항

디지털회로나 일부 아날로그 회로에서는 어느 지점에서의 전압(전위)이 부정이 되지 않도록 대책을 강구하는 것이 바람직하다. 예를 들면, 디지털회로에서는 전위(통상적으로는 VCC와 GND 중 하나)는 논리(1/0 또는 H(High)레벨이나 L(Low)레벨로 나타나는 진위 값)를 나타낸다. 따라서 만약에 전위가 부정한 경우에는 논리가 부정이 되며, 의도하지 않은 동작이 되어버린다. 이와 같은 상태는 기동 시에 마이크로컴퓨터의 단자나 순간적으로 발생하는 전위의 흔들림으로 종종 발생한다. 그래서 어떤 단자도 부정한 상태가 되지 않도록 미리 규정의 논리를 회로상에 결정해 둔다. 구체적으로는 그림 3.2.1에 나타난 바와 같은 풀업 저항, 또는 풀다운 저항을 사용한다. 어떤 단자에서 규정의 논리를 1로 하고자 하는 경우에는 풀업 저항을 통하여 VCC에 연결하는 풀업을, 0으로 하고자 하는 경우에는 풀다운 저항을 통하여 GND에 연결하는 풀다운을 각각 채용한다.

**그림 3.2.1** 풀업(pull-up) 저항(왼쪽)과 풀다운(pull-down) 저항(오른쪽)

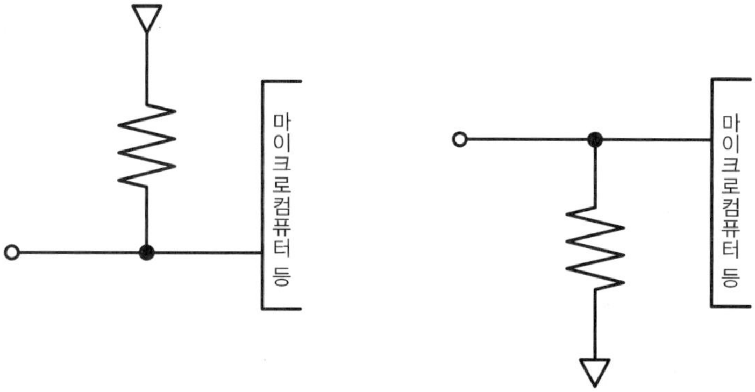


그런데, 그 어느 것도 규정 논리가 아닌 상태(풀업된 단자의 논리가 0인 경우 등)는 풀업 저항 또는 풀다운 저항에 얼마간의 손실전류가 흘러 버린다. 이 손실전류를 억제하기 위해서는 풀업 저항(풀다운 저항)의 저항 값을 줄여주면 된다.

풀업이나 풀다운 회로에서는 어떠한 종류의 필터를 형성하기 위해 단자의 논리변화에 대하여 다소 시간지연이 발생한다. 이 시간을 단축하기 위해서는 풀업 저항(풀다운 저항)의 저항 값을 크게 해 주면 된다.

이와 같이 저항 값은 손실전류와 지연시간과의 상반되는 조건을 감안하여 적절한 값을 결정할 필요가 있다. 일반적으로는 10kΩ이나 47kΩ 등이 사용되지만, $I^2C$ 통신과 같이 2~5kΩ이 요구되는 것도 있기 때문에 주의가 필요하다.

## 3.2.3 RS-232C 통신과 $I^2C$ 통신

RS-232C 통신은 시리얼 통신(1개의 라인에서 1bit씩 보내고 받는 통신방식) 인터페이스 규격이다. 비동기식과 클럭(clock) 동기식이 있으며, 일반적으로 클럭 동기식이 통신속도가 빠르다. 비동기식의 경우는 흐름제어를 실시하는 것과 하지 않는 것이 있다. 흐름제어를 하지 않는 비동기식은 기준전압이 되는 GND와 송신(TXD), 수신(RXD) 총 3개로 통신한다. 비동기식은 간단하기 때문에 자주 사용된다(상세사항은 4.2.2항을 참조).

i-캔위성에서는 PIC-Board 상의 마이크로컴퓨터에 시리얼 통신 단자가 1계통 밖에 없으나, GPS로 부터는 수신만, XBee 통신기에는 전송만으로 한정함으로써 1계통으로 2개의 소자와 송수신을 한다. 비동기식의 경우는 통신속도는 4,800bps~38,400bps 등이 흔히 사용된다.

RS-232C 통신에서는 논리를 나타내는 전압이 PC(RS-232C 수준)와 마이크로컴퓨터(TTL 수준)와는 다르다. 양자간 통신을 하는 경우에는 레벨 컨버터(Level Converter, MAX232나 ADM3202 등)를 통해 수행된다.

I$^2$C 통신은 버스방식에 의한 시리얼 통신의 규격이다. 이 규격은 클럭 라인(SCL)과 데이터 라인(SDA)의 2개의 라인으로 통신한다. 통신속도는 표준적으로 100kbps로 빠르며, 또한 소자에 ID를 할당함으로써 하나의 버스에 복수의 소자를 배치하여 통신할 수 있다. 단, 하나의 소자가 통신을 하는 중에는 버스가 점유되기 때문에 복수의 소자가 통신을 하는 경우에는 통신의 순서를 규정하는 등의 노력이 필요하다. 또한 통신을 하고 있는 2개의 소자는 마스터(master)와 슬레이브(slave)의 관계에 놓인다.

통상적으로는 클럭 라인, 데이터 라인 모두 일단 L 수준으로 떨어진 경우에는 자력으로 H 수준으로 돌아가지 못하기 때문에 각각의 라인은 외부저항으로 풀업을 시행할 필요가 있다.

## 3.3 납땜의 기본

기판에 소자를 부착시키기 위해서는 「납땜」을 한다. 납땜은 융점이 낮은 금속(납)을 납땜 인두로 용해하여, 응고시킴으로써 소자를 고정하는 작업인 것이다. 여기에서는 납땜의 요령에 대하여 설명한다.

### 3.3.1 작업대 준비

납땜은 세세한 부품을 장착하기 때문에 작업을 시작하기 전에 작업대를 정리 정돈하는 것이 좋다. 필요한 부품 및 공구를 즉시 찾아서 사용할 수 있으면 조그마한 부품의 손실을 방지하고 작업효율도 높아진다. 회로도나 부품의 시방서 등과 같은 자료도 즉시 참고할 수 있도록 하자. 작업대의 사례를 그림 3.3.1에 제시한다.

**그림 3.3.1** 작업대의 사례

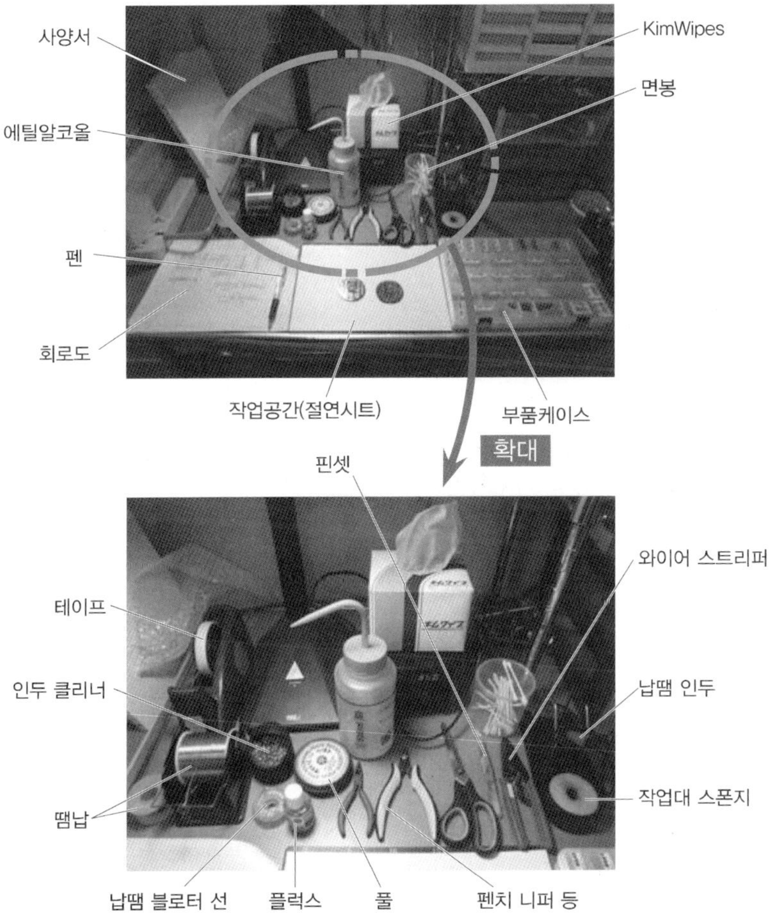


## 3.3.2 부품의 관리방법

작업에서 사용하는 부품은 그림 3.3.2와 같이 하나의 케이스 또는 종류별 케이스에 수납하면 좋다. 부품케이스 뚜껑에 소자의 이름이나 부품번호 등을 붙여두는 것도 효과적이다.

**그림 3.3.2** 부품케이스의 사례

부품마다 세세하게 분류한다.

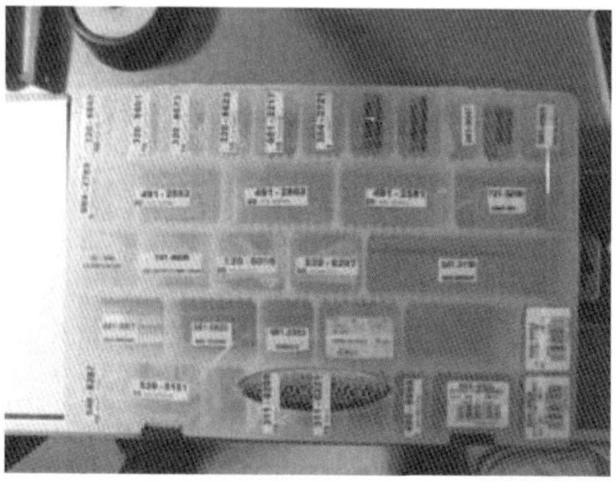
이름이나 부품번호를 붙여둔다.

각각 부품의 사양이나 카탈로그는 하나의 파일에 수납해 둔다. 전자파일은 편리하기는 하지만, 전원을 얻을 수 없는 야외에서의 작업도 가정할 수 있다. 종이 파일로 준비해 두면 야외에서도 작업이나 사양을 확인할 수 있기 때문에 꼭 준비해 두자.

## 3.3.3 납땜 인두의 손질

납땜 인두는 전원을 켜면 선단부가 고온이 된다. 선단부의 온도와 모양은 납땜의 정밀도를 좌우하기 때문에 와트(watt) 수와 선단부 부품을 확인하여 적절한 것을 선택한다. 이에 덧붙여 온도제어 기능이 있는 납땜은 납땜을 하는 소자에 따라서 즉시 온도를 변경할 수 있는 것이 편리하다.

납땜을 지속적으로 실시하면, 선단부에 납 찌꺼기가 남고, 플럭스(flux)나 풀이 눌어붙어 있기도 한다(그림 3.3.3 왼쪽). 이들은 납땜의 신뢰성을 떨어뜨리기 때문에 자주 제거하는 것에 유의하자. 제거는 작업대에 놓여 있는 스폰지로 인두의 선단 부를 단시간에 냉각시키면서 문지르는 방법과 그림 3.3.3 오른쪽과 같이 금속 수세미와 같은 인두청소기로 인두를 세척하는 방법 등이 있다.

**그림 3.3.3** 납땜 인두 끝 부분의 얼룩과 관리의 사례

남아 있는 땜납

인두청소기를 사용하여 세척

## 3.3.4 납땜 요령

납땜을 할 때에는 납땜이나 소자를 장시간 가열하는 것을 피하면서, 확실히 소자와 기판이 잘 붙을 수 있는 효율적인 용해와 응고 기술이 요구된다.

그림 3.3.4에 제시한 각각의 단계마다 약 1초 정도 지속하는 것이 좋을 것이다. 그림의 4단계에서 땜납의 모양이 정규분포와 같은 모양이 되면 성공이다. 땜납의 모양이 찌그러지거나 상부가 커진다거나 또는 기판과의 접촉부가 작아지거나 하면 불량 납땜이 된다. 불량 납땜은 신뢰성을 현저히 떨어뜨릴 뿐만 아니라, 캔위성이나 인공위성을 발사할 때에 거의 확실하게 손상된다. 충분히 주의하여 작업하도록 하자.

또한 모양뿐만이 아니라, 표면의 상태도 중요한 포인트이다. 요철이 없고 광택을 내는 상태임을 확인한다(그림 3.3.5). GND에 연결되도록 비교적 커다란 프린트 패턴(print pattern) 부분은 열이 매우 빠르게 전도되기 때문에 온도를 올리기가 어려워 납땜을 하기가 쉽지 않다. 불량 납땜이 되지 않도록 특히 주의하기 바란다.

**그림 3.3.4** 납땜의 단계. 각각 1초 정도 실시

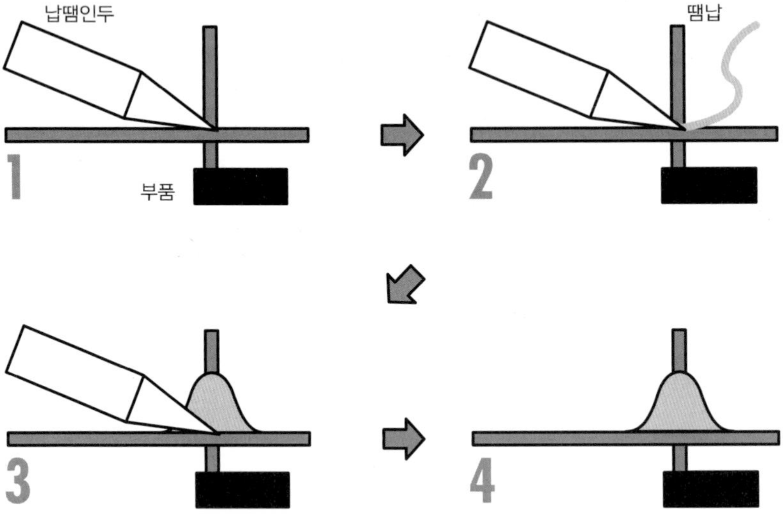


**그림 3.3.5** 양호한 납땜의 모습

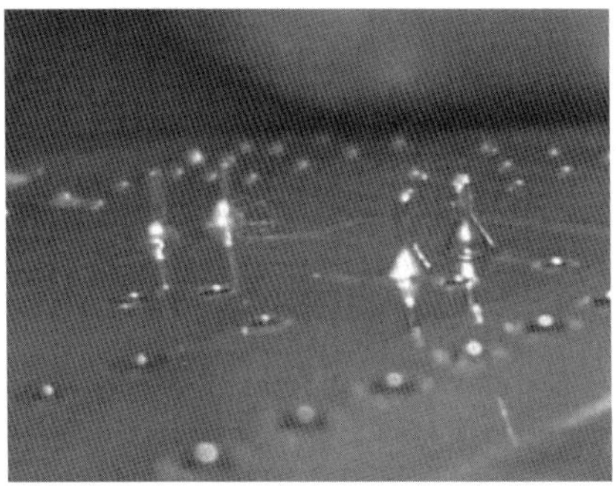

부품의 납땜 사례

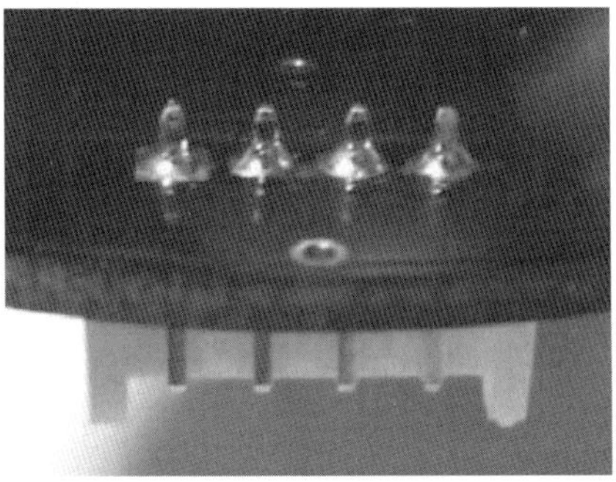

커넥터의 납땜 사례

기판이나 부품의 표면모습에 따라서는 납이 잘 부착되지 않는 경우가 있다. 이때에는 기판이나 부품의 납땜 부에 미리 적은 양의 납을 올려 두어 「예비 납땜」을 하거나 그림 3.3.6과 같이 납땜을 하기 쉽게 플럭스나 풀을 소량 바른 다음에 납땜을 하는 방법으로 대처하자. 다량으로 사용하는 것이나 장기간에 걸쳐서 매우 높은 신뢰성이 요구되는 장소에서의 사용은 자제하도록 한다.

**그림 3.3.6** 플럭스(왼쪽)나 풀(오른쪽)을 바르는 모습

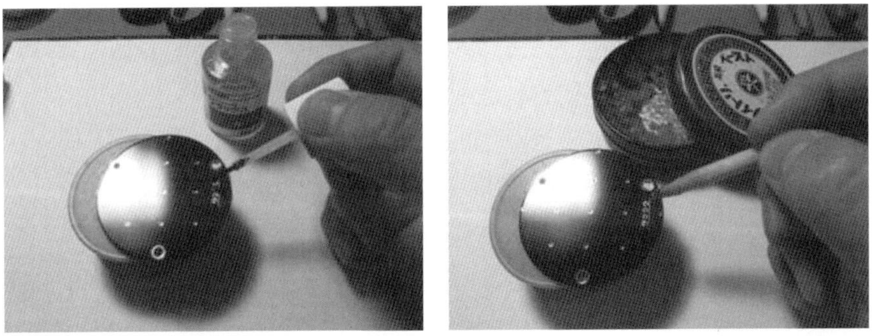

플럭스(왼쪽)나 풀(오른쪽)을 사용하는 경우뿐만이 아니라, 통상적인 납땜에서도 땜납에 함유된 성분에 의해 주변은 지저분해진다. 납땜이 완료된 후에는 면봉 등에 에틸알코올을 묻혀서 납땜 부분과 그 주변청소를 반드시 한다(그림 3.3.7). 이 작업은 단순히 오염물질을 제거하는 것뿐만이 아니라, 플럭스나 풀의 품질에 따라서는 장기간 경과 후에 아주 작은 전류가 발생할 수도 있을 수 있기 때문에 이를 완벽하게 제거하기 위하여 필요한 작업이다.

**그림 3.3.7** 면봉으로 깨끗하게 청소하는 모습

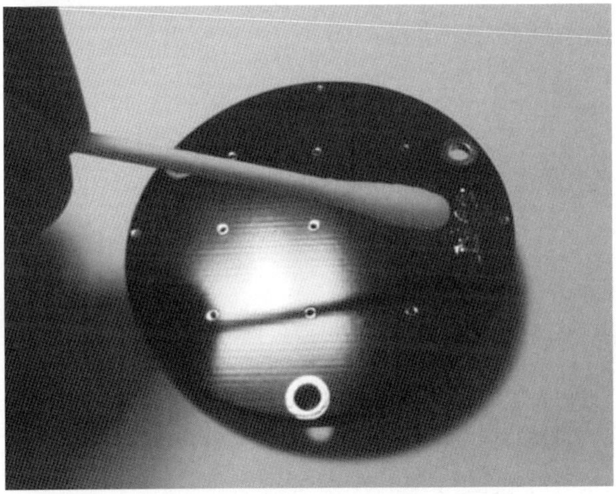

납땜은 작업 중에 기판이 움직이지 않도록 고정한다. 납땜 인두와 땜납을 잡은 이외의 손가락이 기판을 지탱하도록 하며, 작업대 쪽으로 가볍게 누른다(그림 3.3.8).

이때에 남은 손가락이나 손의 일부분을 작업대에 올려 지점을 확보하는 것이 포인트이다. 또한 기판이 긁히지 않도록 작업대에는 절연시트나 종이 등과 같은 보호재를 깔아 둔다. 작업대 위에서 전원을 공급하여 기판의 단체시험을 하는 경우도 있다. 이때 작업대에 전기가 흐르면 단전을 초래할 우려가 있기 때문에 절연시트나 종이 등이 필요하다.

**그림 3.3.8** 손가락으로 기판을 고정하면서 납땜을 하는 모습

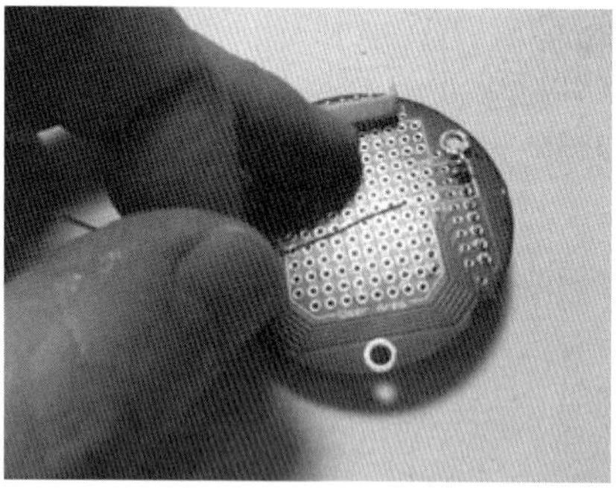

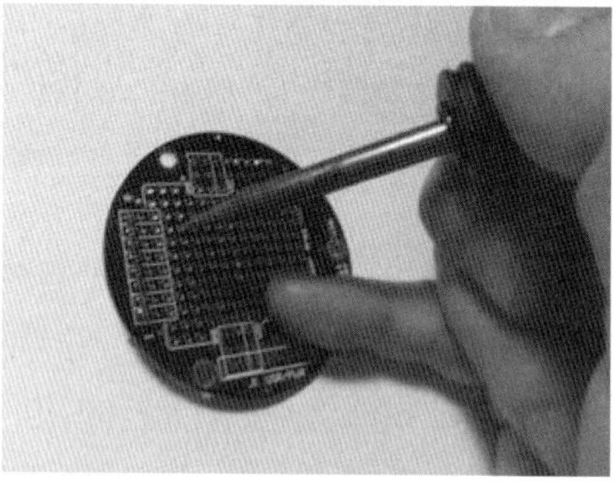

## 3.3.5 부품 장착[스루 홀(Through hole) 구현 타입의 사례]

캔위성 부품의 장착 방법은 스루 홀 구현 타입과 표면장착 타입의 2종류가 있다. 캔위성에서는 표면장착 타입이 흔히 사용된다. 그러나 배선이 복수가 되는 것을 피하고 싶은 경우나 발사 진동 등으로 커다란 힘이 들어가 벗겨지기 쉬운 경우에는 스루 홀 구현 타입을 사용한다. 어느 유형도 납땜이 필요하다. 표면장착 타입에 대해서는 PWR의 조립 절차를 해설할 때에 상세하게 설명한다.

여기에서는 스루 홀 구현 타입의 납땜을 설명한다.

스루 홀 구현 타입 중에 그림 3.3.9 왼쪽에 제시한 것과 같은 형태의 부품에서는 먼저, 기판 위의 패턴과 비교하여 접을 위치를 찾아 그 위치에서 다리를 접는다.

이때에 구부리는 힘이 부품 본체에 가해지지 않도록, 라디오 펜치 등으로 지점을 고정하고 부품 본체의 반대편을 접는다. 지점을 고정하지 않고 구부리면 힘이 부품 본체까지 전달되어 파손될 가능성이 있다. 적절히 다리를 구부렸다면 그림 3.3.9 오른쪽과 같이 기판의 구멍에 삽입한다.

**그림 3.3.9** 스루 홀 구현 타입의 부품 장착

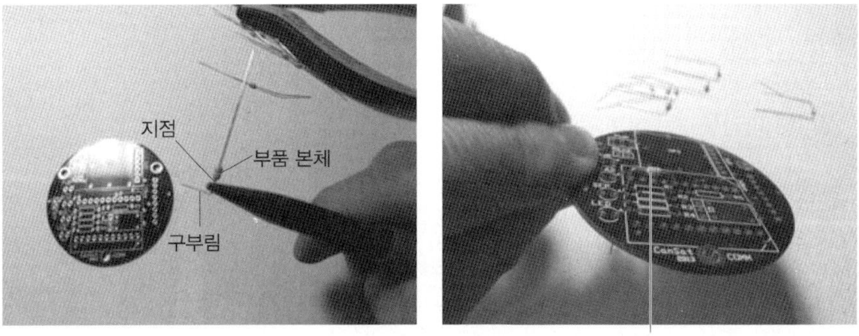


부품은 한 개씩 삽입하여 납땜하는 것이 기본이지만, 같은 모양으로 가까운 곳이라고 한다면 복수를 동시에 납땜해도 상관이 없다. 스루 홀 구현 타입의 경우에는 부품본체가 기판과 수평이 되도록 밀어 넣은 후에 테이프로 임시 고정한다(그림 3.3.10 왼쪽).

임시 고정이 끝나면 반대측 면에 돌출되어 있는 다리를 적당한 길이(2~3mm 정도)를 남기고 잘라낸다(그림 3.3.10 오른쪽). 이때에 모든 다리를 같은 길이로 통일하는 것은 보기에도 아름다울 뿐만 아니라 같은 조건으로 납땜을 반복할 수가 있으며, 작업효율도 향상된다. 한편, 다리의 길이를 극단적으로 짧게 했다고 하더라도 기판에 다리가 묻히지 않는 한 문제는 없다. 다리가 기판을 완전히 통과할 수 없는 경우에는 부품을 교환한다. 다리가 기판을 통과할 수 없는 상태에서 납땜을 하면, 그 부품의 전류흐름은 보증할 수 없게 되기 때문에 주의하도록 하자.

**그림 3.3.10** 부품의 임시고정(왼쪽)과 다리의 절단(오른쪽)

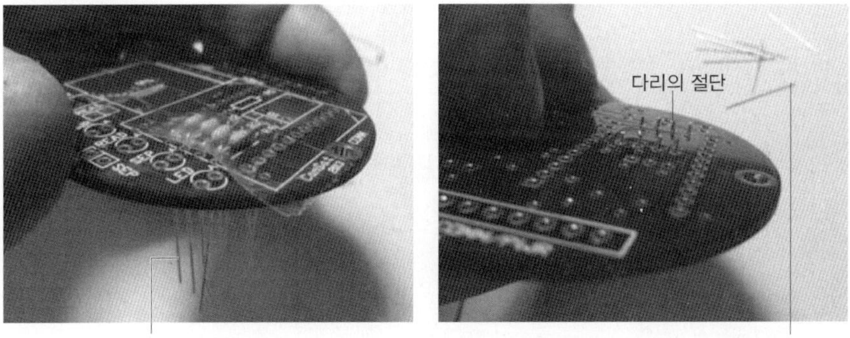

잘라낸 다리는 폐기 처리하지 않고, 조그마한 봉투에 수납하여 보존하기를 권장한다(그림 3.3.11). 이것은 유니버설(Universal) 기판과 i-캔위성의 USR 상에서 소자 간에 연결할 때 주석 도금선의 대용품으로 재이용이 가능하기 때문이다.

**그림 3.3.11** 잘라낸 다리를 보존하여 둔다면 재이용할 수 있다

## 3.3.6 커넥터(connector) 설치

i-캔위성에는 많은 커넥터가 있다. 커넥터는 일본의 압착단자 제조사 제품인 EH 시리즈(그림 3.3.12 왼쪽)를 추천한다. EH 시리즈는 표준 피치(pitch)의 단자로 구성되어 있으며, 단자가 노출되어 있는 방향을 전면, 그 반대를 후면이라 한다. 커넥터에는 연결하는 측(하우징: housing)과 연결되는 측(포스트: post)이 있는데, 기판에는 모두 포스트를 설치한다. 그리고 압착단자(콘택트: contact)로 동사 제품인 SHE-001T-P0.6을 사용하여 압착공구(그림 3.3.12 오른쪽)를 이용하여 코팅된 도체에 압착한 것을 하우징에 삽입한다.

**그림 3.3.12** EH시리즈의 8극, 2극 커넥터의 외관(왼쪽)과 압착공구(오른쪽)

## 3.3.7 기타 공구

세세한 부품을 취급할 때에는 핀셋을 사용한다. 핀셋은 절연성의 정전기 방지제품을 사용하거나 정전기를 발생시키지 않는 절연테이프(마스킹 테이프 등)를 전체에 감아서 정전기를 대비한다(그림 3.3.13).

**그림 3.3.13** 정전기 방지 핀셋

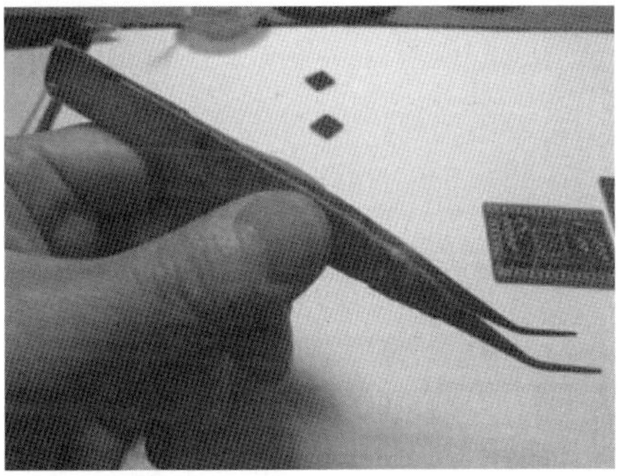

그림 3.3.14는 핀 헤더(Pin header)와 핀 소켓(pin socket)을 정리한 모습이다. 이것들은 20극이나 40극 등의 단위로 판매되기 때문에 사용할 때에는 필요한 핀 수만큼 잘라 사용한다.

핀 헤더의 경우는 필요한 핀 수를 확보하여 자를 곳을 니퍼로 절단하면 된다. 핀 소켓의 경우에는 필요한 핀 수를 확보하고, 그 다음 핀의 바로 위를 니퍼로 절단하기 위하여 1핀 분은 낭비된다(그림 3.3.15). 또한 최근에는 칼집이 들어간 핀 소켓도 판매되기 때문에 그것들을 사용해도 좋다.

**그림 3.3.14** 핀 헤더(왼쪽)와 핀 소켓(오른쪽)의 잘라낸 사례

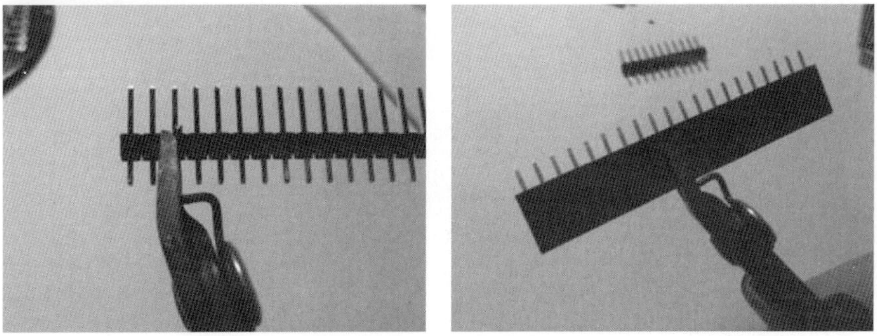

**그림 3.3.15** 핀 소켓의 절단 개소

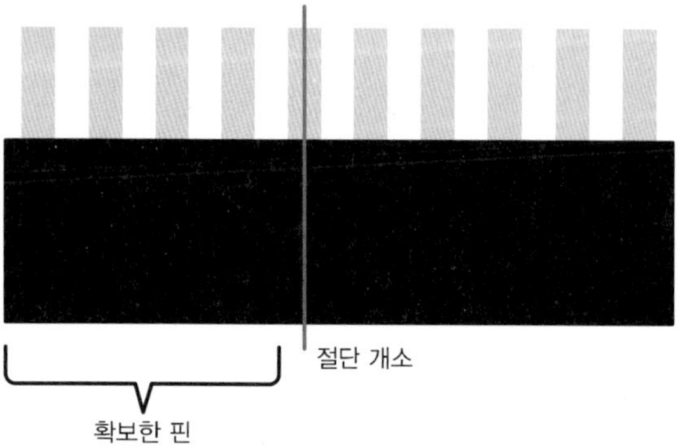


## 3.4 각 기판의 회로도와 부품의 설치순서

본 절에서는 i-캔위성의 기판 별로 회로도를 제시하고, 각 부품의 설치순서를 설명한다. 기판은 i-캔위성 내에서의 위치관계가 아닌, 작업이 간단한 것부터 기재한다. 본서의 해설 순서로 작업을 진행하면 납땜이나 회로에 대한 이해가 서서히 깊어질 것이다. 또한, 부품을 설치한 다음에는 그림 3.4.1과 같이 회로도에 설치가 끝났다는 체크를 하는 진도관리를 한다.

**그림 3.4.1** 부품설치의 진도를 회로도를 사용하여 관리

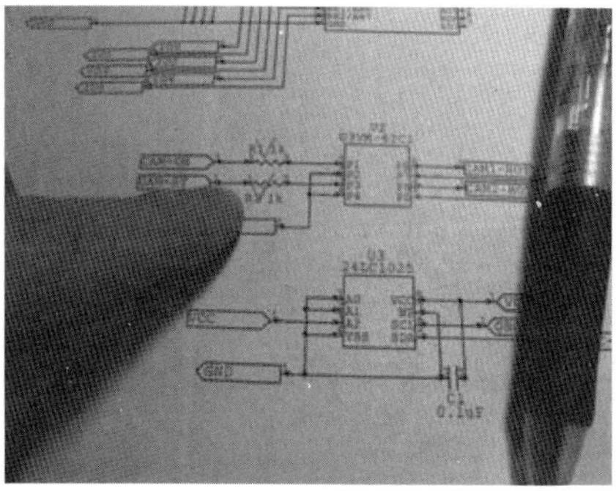

## 3.4.1 USR의 부품설치 순서

먼저 가장 간단한 구성의 USR부터 작업하자.

USR은 USR/PWR, USR/OBC-1, USR/OBC-2의 3가지 인터페이스용 커넥터를 각각 J1, J2, J3에 설치한다(그림 3.4.2). 사용자 자신이 독자의 부품을 끼워 넣는 경우에는 USR 상의 표준 피치구멍을 사용하지만, 여기에서는 커넥터 설치만 설명한다.

**그림 3.4.2** USR의 회로도. 왼쪽의 J1, J2, J3에 커넥터 설치

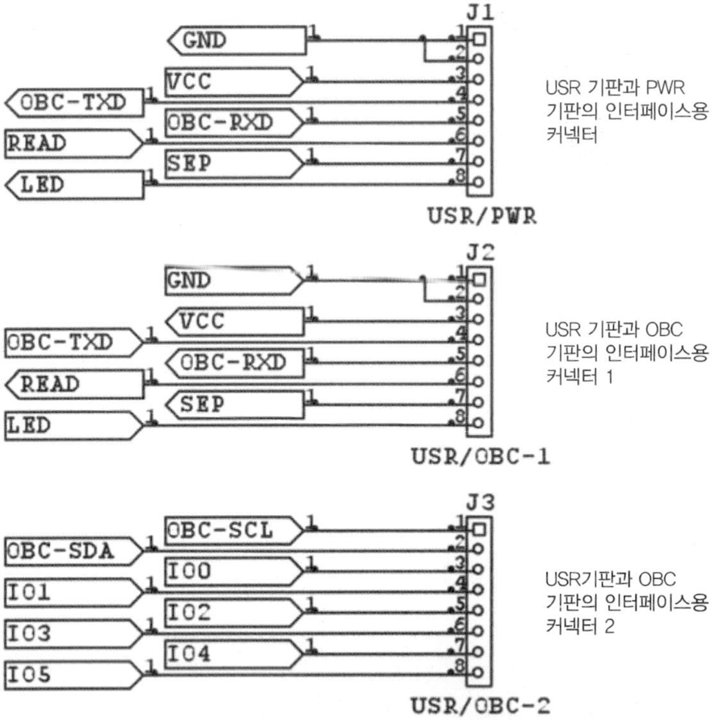


그림 3.4.3과 같이 8극 포스트 커넥터를 3개 준비한다. USR/PWR는 USR 윗면에 부착한다. USR/OBC-1과 USR/OBC-2는 USR 밑면에 부착한다. 커넥터는 기판 위에 흰색으로 그려진 테두리 선에서 크게 벗어나지 않도록 주의하여 기판에 삽입한 후에 테이프로 임시 고정한다, 납땜은 먼저 양쪽끝 단자부터 실시한다(납땜에 대해서는 3.3절 참조).

**그림 3.4.3** USR 기판에 부착하는 8극 커넥터

커넥터의 앞면이 바깥쪽을 향하고 있는 것을 확인한 후에 USR의 작업은 완료. 완성한 USR을 그림 3.4.4에 제시하였다.

**그림 3.4.4** 커넥터를 부착한 USR. 왼쪽이 윗면, 오른쪽이 아랫면

## 3.4.2 OBC의 부품부착 순서

계속해서 OBC 작업을 한다. OBC의 회로도를 그림 3.4.5에 제시한다. 기판에 부품을 부착하는 경우에는 원칙적으로 높이가 낮은 것부터 작업한다. OBC의 경우는 가장 높이가 낮은 부품은 저항이다.

**그림 3.4.5** OBC의 회로도

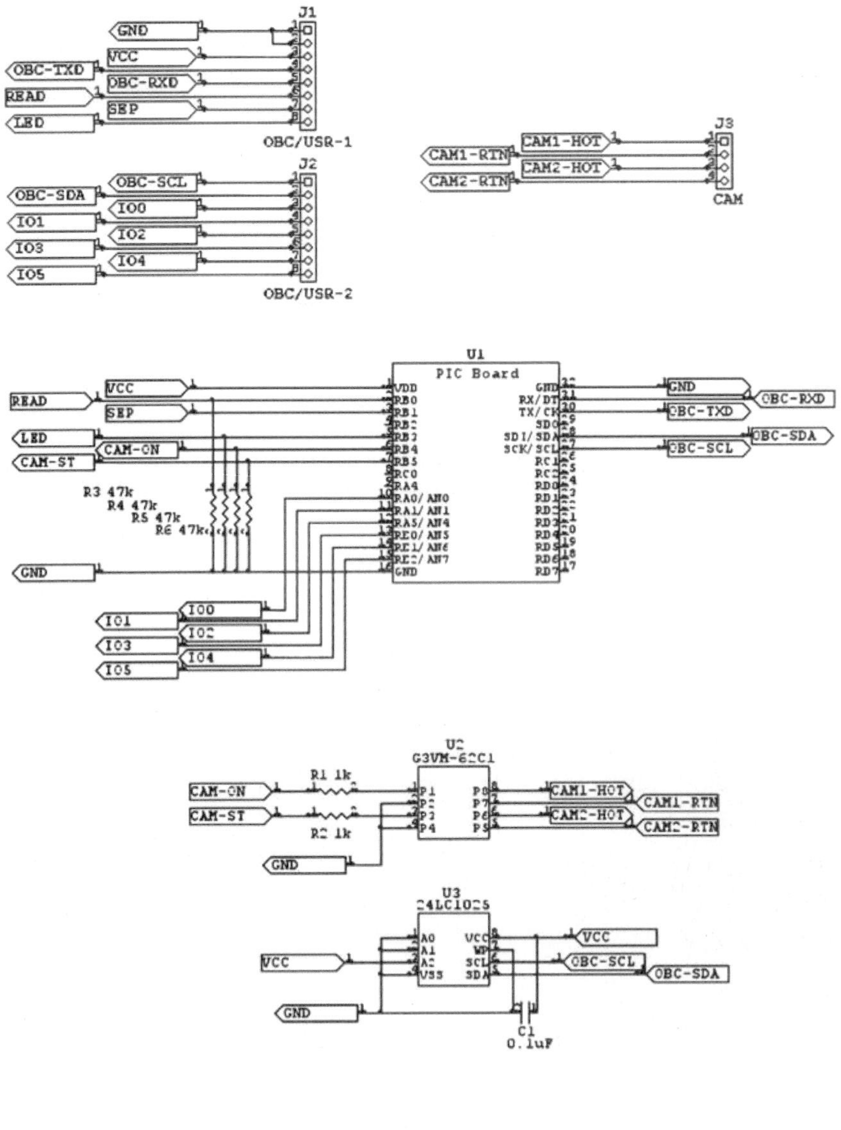

### (1) 저항 R1, R2의 부착

저항 R1, R2는 포토모스릴레이(photomos relay) U2의 1차측 단자에 연결한다. 포토모스릴레이는 전류소자로 내부에는 LED와 포토다이오드(photo diode: PD)가 포함되어 있다. 전류를 공급하여 LED를 점등시키고, 그것을 PD에서 받아서 2차측 단자에 전류가 흐르는 구조이다. 따라서 1차측과 2차측은 전기적으로는 절연되어 있으나, LED와 PD를 통하게 함으로써 1차측의 조작으로 2차측의 스위칭(switching)을 할 수 있다. 포토모스릴레이는 옴론(omron)사 제품인 G3VM-62C1을 사용한다. 이에는 독립된 2계통의 LED 및 PD가 조합되어 있다.

R1, R2는 각각 계통의 LED를 발광시키기 위한 전류제한저항이다. G3VM-62C1의 사양서에는 LED 순방향전압(순방향전압)이 표준으로 1.15V, LED를 점등시키기 위한 순방향전류는 1.6mA (표준)~3mA(최대)로 적혀 있다. 즉, 전원전압을 3.3V로 하면 전류제한저항은

$$\text{전류제한저항} = (3.3V - 1.15V) \div 0.0016A = 1{,}343.75\Omega$$

이 된다(3.2.3항 참조). 단 저항 값에 따라서는 입수가 어려운 경우도 있기 때문에 여기에서는 1kΩ의 것을 선택한다. 1kΩ의 경우에 LED에 흐르는 전류는

$$(3.3V - 1.15V) \div 1{,}000\Omega = 2.15mA$$

로, 허용범위 내에 있다.

R1, R2를 기판에 부착한 모습을 그림 3.4.6에 제시하였다. 저항은 일반적으로 극성이 없기 때문에 좌우 어느 방향에 붙어도 문제는 없지만 저항의 컬러코드(Color Codes) 중에 정밀도를 나타낸 것이 같이 되도록 부착할 것을 권장한다.

**그림 3.4.6** 저항 R1, R2를 부착한 모습

## (2) 저항 R3, R4, R5, R6의 부착

R3, R4, R5, R6에는 풀다운(full down)저항을 설치한다. 이러한 저항으로 각종 신호(SEP, LED, CAM-ON, CAM-ST)의 규정전위 수준으로 유지하고 있다. i-캔위성에서는 그 정도 고속의 신호 변화는 필요 없기 때문에 가급적 전류손실을 억제하여야 하며, 여기에서는 47kΩ의 것을 선택했다. R1, R2의 경우와 같이 납땜으로 방향을 정리하여 설치한다. 설치 후의 기판의 윗면과 아랫면은 그림 3.4.7과 같다.

**그림 3.4.7** 저항 R1~R6를 설치한 상태(왼쪽이 윗면, 오른쪽이 아랫면)

## (3) 포토모스릴레이(U2), EEPROM(U3)의 설치

U2에는 독립된 스위칭을 할 수 있는 포토모스릴레이를 설치한다. 여기에서는 (1)에서 언급한 바와 같이 G3VM-62C1을 사용한다(실제의 사용사례는 3.4.6항에서 언급). G3VM-62C1은 DIP (Dual In-line Package)라고 하는 IC(Integrated Circuit: 집적회로)이다. 양쪽에 4개씩 총 8개의 단자가 있기 때문에 DIP8이라고도 한다. 그림 3.4.8과 같이 IC의 단자에는 좌상부터 좌측으로 번호가 할당되어 있으며, 각 단자의 기능은 사양서에 기재되어 있다.

**그림 3.4.8** 포토모스릴레이의 설치장소와 단자의 위치

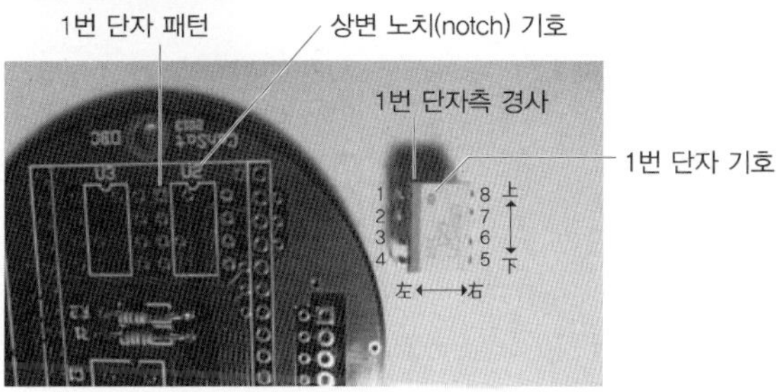

작업상 주의하여야 할 것은 IC를 설치하는 방향이다. IC에는 통상적으로 1번 단자를 표시하는 기호가 표면에 인쇄되어 있다. 예를 들면, 그림 3.4.8의 사례에서는 포토모스릴레이의 표면에 엷은 갈색의 원형기호가 인쇄되어 있으며, 이것이 1번 단자가 된다. 또한, 패키지(package)의 한 변의 모양을 다른 변과 다르다는 것을 나타내는 1번 단자 측 경사나 IC의 위쪽을 구별하기 위하여 위쪽 절편(절편을 위로 할 때의 좌우 핀이 1번 단자가 된다)이 병용되는 경우도 있다. 기판 측에서도 마찬가지로 기준 위치가 표시되어 있다. 단, i-캔위성에서는 1번 단자를 삽입하는 위치를 사각으로 하는 것 이외에 IC의 상변 절편 기호의 인쇄도 있다.

U3는 EEPROM(Electrically Erasable Programmable Read-Only Memory)을 설치한다. EEPROM은 비휘발성 메모리의 일종으로, 여러 번 읽고 쓸 수 있는 비휘발성 메모리를 말한다.

데이터의 보존이 가능하며, 전원공급을 단절하더라도 내부의 데이터가 유지된다. i-캔위성에서는 1,024kbit(= 128kBytes)의 용량인 마이크로칩 테크놀로지사의 제품인 24LC1025-I/P를 사용한다. 24LC1025-I/P도 DIP8 모양의 IC이다.

U2와 U3는 하나씩 납땜하자. IC는 고온에 약하여 납땜은 빨리 진행할 필요가 있다. 납땜의 순서는 대각선으로 하는 것이 기본이며, 1번 단자를 납땜한 후에 그 대각선에 있는 단자를 납땜하면 좋다. U2나 U3의 사례에서 보자면 1번 단자를 납땜한 후에 5번 단자를 납땜하고, 계속해서 4번 단자와 8번 단자와 같은 식으로 작업하자. 여기까지의 작업을 마친 상태를 그림 3.4.9에 제시하였다.

**그림 3.4.9** U2, U3를 설치한 모습

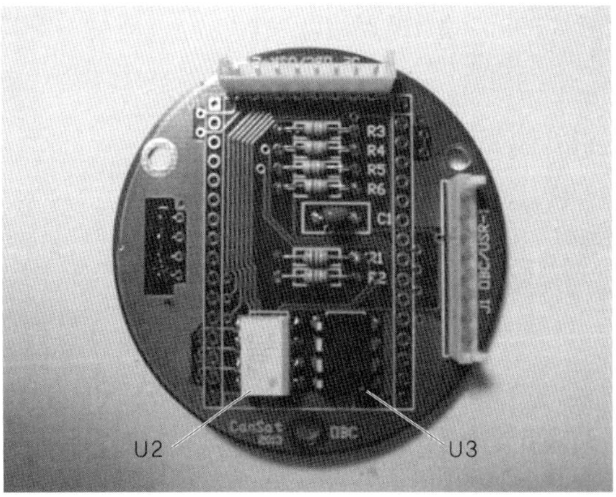

### (4) 콘덴서(condenser) C1의 설치

C1에는 레이디얼(radial) 형태의 세라믹 콘덴서(ceramics condenser)를 설치한다. 콘덴서에는 세라믹 콘덴서 이외에 전해 콘덴서, 탄탈(tantal) 콘덴서 등의 종류가 있는데, 세라믹 콘덴서에 한해서는 극성은 없기 때문에 어떻게 설치하더라도 무방하다. 흰색 테두리 내에서 수직으로 설치할 수 있도록 유념하자.

### (5) 커넥터 J1, J2의 설치

J1, J2에는 8극 포스트 커넥터를 OBC 윗면에 부착한다. 설치 방향은 전면을 바깥쪽으로 향하게 할 것. 틀리기 쉬우므로 주의하도록 하자.

### (6) 커넥터 J3의 설치

OBC 밑면의 J3에는 4극 포스트 커넥터를 부착한다(그림 3.4.10). 이 커넥터도 전면을 바깥쪽을 향해 설치한다.

**그림 3.4.10** 커넥터 J3를 밑면에 설치한 모습

### (7) 16극 핀 소켓의 설치

다시 윗면의 작업으로 돌아가자. U1(상세는 후술)을 장착하기 위하여 16극 핀의 소켓을 2개 장착한다(그림 3.4.11).

**그림 3.4.11** OBC에 설치하는 핀 소켓

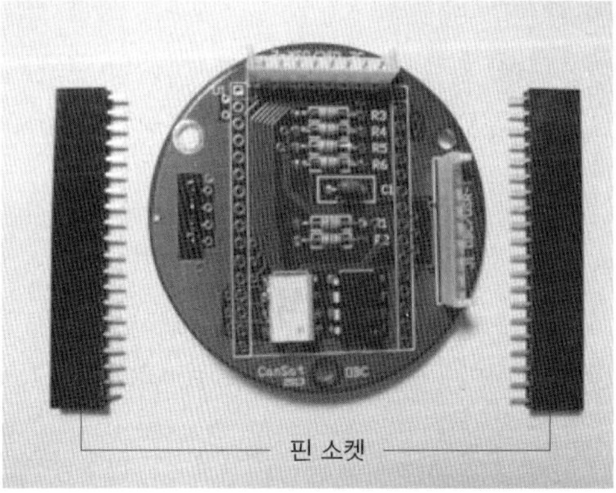


설치는 윗면에 인쇄된 흰색 테두리 안에 넣고, 2개가 평행이 되도록 한다.

또한 핀 소켓은 기판과 수직이 되도록 주의한다. 2개의 핀 소켓의 1번 단자를 납땜하면 설치가 잘 되었는지를 확인한다. 만약에 잘못되었을 경우에는 다시 1번 단자에 납땜 인두를 대면, 단자에서 수지부분으로 열이 유입되어 수지가 연화되거나 녹아버릴 수도 있다. 납땜을 연속해서 하지 말고, 적당히 냉각시간을 가지면서 작업을 한다. 올바른 모양으로 설치되었으면 다른 쪽의 단자를 납땜하고, 그 후에 나머지 단자를 납땜하면 설치가 완료된다.

이상과 같은 작업으로 완성된 OBC의 윗면과 아랫면을 그림 3.4.12에 제시한다. 회로도와 비교하면서 모든 부품이 설치된 것을 최종적으로 확인하여 완성을 판단한다.

**그림 3.4.12** 부품 설치를 완료한 OBC의 윗면과 아랫면

또한, OBC는 이후에 실시하는 PIC-Board의 조립 과정에서 다시 현물을 맞추기 위하여 사용한다.

## 3.4.3 COMM의 부품설치 순서

계속해서 COMM의 작업을 한다. COMM의 회로도를 그림 3.4.13에 제시한다.

**그림 3.4.13** COMM의 회로도

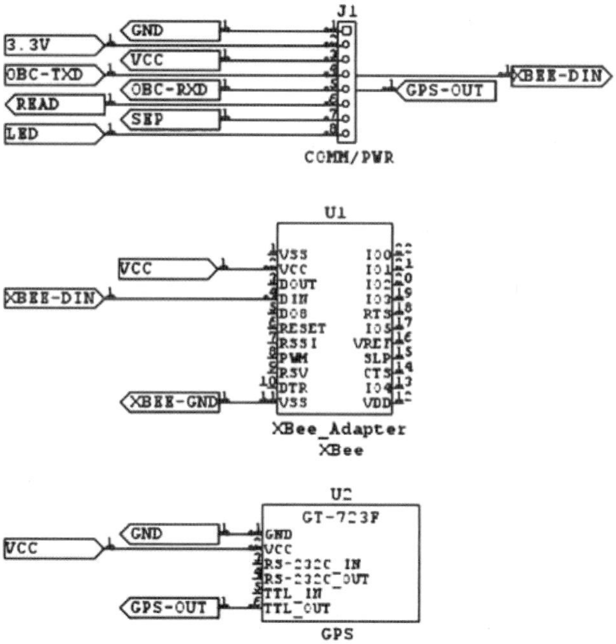

그림 3.4.13 COMM의 회로도(계속)

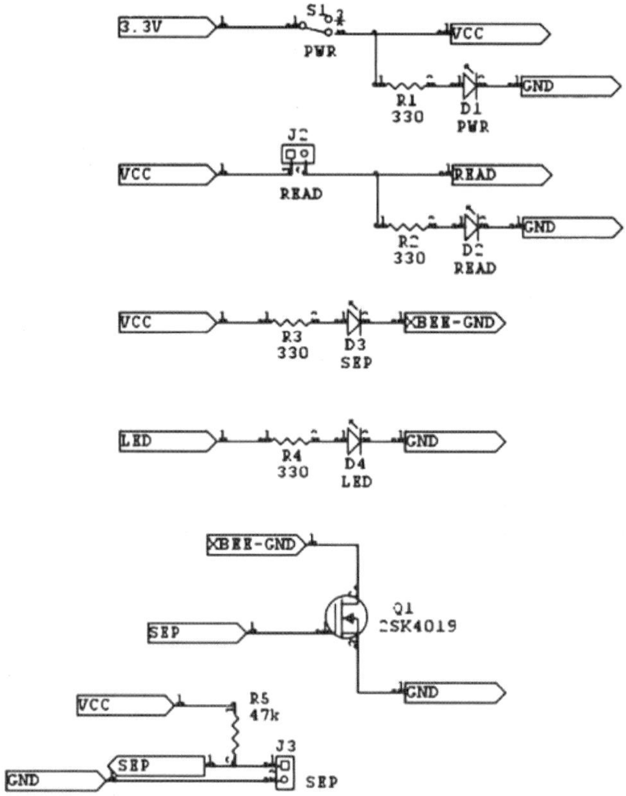


### (1) 저항 R1, R2, R3, R4의 설치

R1~R4에는 전류소자인 4개의 LED(D1~D4)에 적절히 전류를 공급하여 점등시키기 위한 전류 제한저항을 설치한다.

LED에는 롬 사의 SLR-332을 사용한다. SLR-332의 사양서에는 순방향전압은 2.0V(SLR-332DC 및 VC) 또는 2.1V(SLR-332MC 및 YC), 순방향전류는 10mA로 기재되어 있다. 3.1.2항에서 언급한 바와 같이 전원전압은 3.3V이므로, 순방향전류 10mA를 공급하기 위한 적정한 저항 값은 (3.3V−2.0V)÷0.01A=130Ω이다. 그러나 배터리의 전류공급 능력을 감안할 때, LED만을 점등시키기 위해서 각각 10mA를 할당하는 것은 어렵다. 사양서를 자세히 읽어 보면 SLR-332은 2mA 이상 공급하면 점등된다고 그래프에 나타나 있다. 여기에서는 공급전류에 의한 밝기가 한

낮에도 눈으로 확인할 수 있는 범위를 사전 시험에서 확인한 후에 R1~R4에서 사용하는 저항값은 각각 330Ω으로 하였다. 이때 LED에 흐르는 전류는 (3.3V－2.0V)÷330Ω＝약 4mA가 된다.

### (2) 저항 R5의 설치

R5에는 분리 신호(SEP)를 위하여 풀업(pull up)저항을 설치한다. 그다지 빠른 응답은 요구하지 않기 때문에 저항 값은 47kΩ으로 정하였다. 분리 신호는 캔위성이 본체에서 분리되었는지의 여부를 나타내는 신호이다. 그 구조를 설명하면 다음과 같다.

분리감지용 핀인 J3SEP에는 i-캔위성이 상공에서 방출될 때까지는 점퍼소켓(jumper socket)이 삽입되어 연결되어 있다. 즉, 방출까지의 분리 신호는 L레벨이다.

점포소켓을 낙하산 끈에 연결시켜 두면 i-캔위성의 방출 후에 낙하산이 펼쳐짐과 동시에 점퍼소켓이 빠지게 된다. 이 순간에 J3SEP은 절연이 되며, 분리 신호는 풀업으로 H레벨으로 변화한다. 이 레벨의 변화가 분리상태를 나타내는 셈이다.

### (3) MOSFET Q1의 설치

MOSFET(Metal-Oxide-Semiconductor Field-Effect Transistor)은 전계(電界)효과 트랜지스터(FET)의 일종이다. 통상적으로는 게이트(G), 드레인(D), 소스(S)의 3개의 단자가 있으며, 게이트의 논리에 따라 G-S간에 전류를 스위칭 하기 위해 사용된다. G, D, S의 나열순서는 기종명에 따라 다양하기 때문에 반드시 사용하는 MOSFET의 사양서를 참조하여 어느 단자가 어떤 기능을 가지고 있는지(Pin Assign: 핀 할당)를 확인하자. 또한 MOSFET에는 N채널형(N형)과 P채널형(P형)이 있다. N형은 게이트가 H레벨일 때, D → S 방향으로 전류가 흐르는 정 논리형이다. 한편 P형은 게이트가 L레벨일 때, S → D 방향으로 전류가 흐르는 부 논리형이다. 또한 스위칭을 하는 회로나 소자(부하)는 N형에서는 D보다 상류 측으로, P형에서는 D보다 아래쪽으로 배치하여야 한다. 이것은 MOSFET의 스위칭이 G-S 사이의 전압 레벨에 의해 수행되기 때문이다. 만약에 N형인 MOSFET을 사용하여 부하를 S보다 아래 측에 배치한 경우, 부하에 의한 전압강하로 G의 전압레벨과 관계없이 G-S사이의 전압레벨이 바뀌어, 의도하지 않은 스위칭이 발생할 수 있다.

i-캔위성에서 사용하는 MOSFET는 N형인 2SK4019를 사용하고 있다. 기종명인 「2S」는 MOSFET임을 보여 주고, 「K」는 N형임을 표시하고 있다. 이를테면 P형에서는 「K」가 아닌 「J」가 된다. MOSFET 게이트의 내부저항은 거의 무한대로 볼 수가 있기 때문에 전류제한저항은 불필요하다. 단, 게이트 신호의 잡음을 제거하기 위하여 게이트 바로 앞에 100Ω~1kΩ 정도의 잡음

제거용 저항을 추가하는 경우도 있다. 2SK4019는 전면 좌측부터 G, D, S의 순서로 배열한다. 또한 뒷면에 방열판이 있는데, 이 방열판은 D와 연결되어 있다. MOSFET을 고전류의 스위칭에서 사용하면 상당한 고온이 되는 경우가 있다. 이때에는 방열판을 기판에 납땜하여 MOSFET의 발열을 분산하도록 조치를 취한다.

COMM에의 설치는 그림 3.4.14와 같이 3개의 다리를 직각으로 접는다. 접힌 다리가 기판을 충분히 관통하여 COMM 뒷면에서 1~2mm 튀어나온 곳에서 접는 것이 요령이다. 또한 3개의 다리를 동시에 구부리면 설치가 용이하게 된다. 니퍼를 사용하는 경우에는 같은 장소에서 구부릴 수 있도록 3개의 다리의 같은 곳을 니퍼로 동시에 자른다. MOSFET 본체에 커다란 휨 모멘트가 가해지지 않도록 가급적이면 3개의 다리 가까운 곳에 힘을 주어서 구부리도록 하자.

**그림 3.4.14** MOSFET의 3개 다리를 니퍼로 구부린다

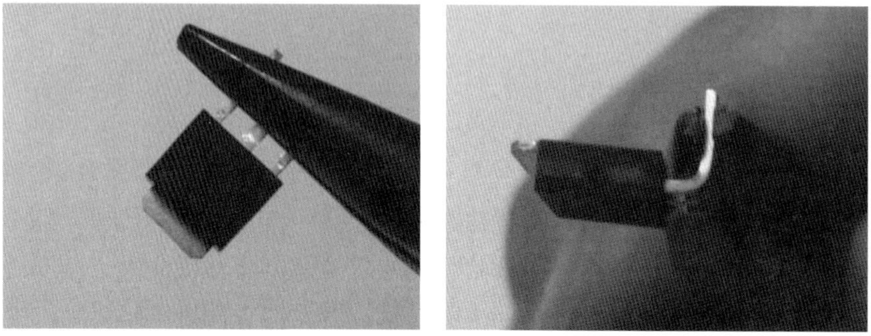

그림 3.4.15에서와 같이 MOSFET이 지정된 흰색 테두리 선 안에서 정리되도록 설치한다.

**그림 3.4.15** COMM에 MOSFET을 부착하는 모습

### (4) LED(D1, D2, D3, D4)의 설치

색이 다른 4개의 LED를 부착한다. 부착 위치에 색의 지정은 없지만, 여기에서는 D1 PWR에 빨강, D2 READ에 오렌지, D3 SEO에 노랑, D4 LED에 녹색을 설치한다. D1은 i-캔위성의 전원 스위치(S1)가 ON이 될 때에 점등한다. D2는 J2READ에 점퍼소켓이 삽입되면 점등한다. D3는 분리 신호 SEP에 따라 MOSFET Q1의 게이트가 L레벨에서 H레벨로 변화하여 드레인(Drain)과 소스(Source) 사이에 전류가 흐른다. 그러면 XBee 통신기의 GND측 단자를 나타내는 XBEE-GND가 GND와 연결되어 전류가 흐른 시점에서 점등한다. D4는 사용자에 따라서 점등 신호 LED를 H레벨로 하면 점등한다.

LED는 다이오드(diode)로 극성이 있다. 전류가 들어가는 방향을 애노드(A: anode), 흘러나오는 쪽을 캐소드(K: cathode)라 한다. 포토다이오드(photodiode)와 정전류 다이오드 등의 예외는 있으나, 통상적으로는 애노드를 높은 전위 측에 연결한다(애노드는 정극(positive terminal), 캐소드(cathode)는 부극(negative terminal)에 연결하기 때문에 ApKn(애플캐네)로 기억한다).

LED의 극성은 그림 3.4.16과 같이 애노드의 다리가 캐소드보다 약간 긴 것으로 구별한다.

**그림 3.4.16** LED는 다리의 길이로 극성을 구별할 수 있다

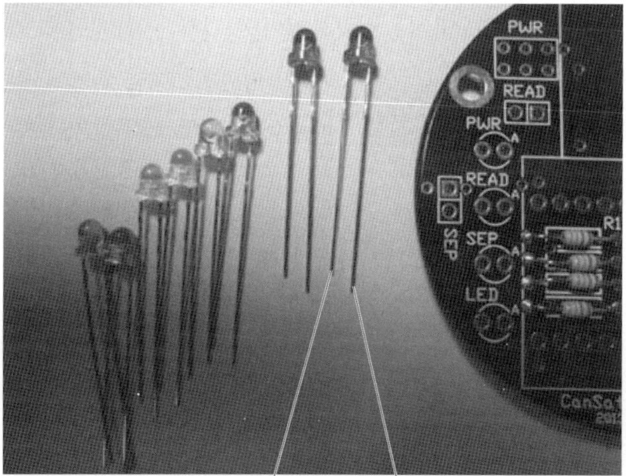


COMM에는 애노드를 삽입하는 쪽을 알려주기 위하여 기판 위에 「A」라는 기호가 인쇄되어 있다. 극성이 있는 부품의 경우에는 다리를 절단한 후에도 부품의 극성을 판단할 수 있도록 길이를 다르게 절단하면 알기 쉽다. 그림 3.4.17은 애노드의 다리를 캐소드보다 길게 잘랐다.

그림 3.4.17 다리의 길이를 다르게 절단하는 것이 포인트

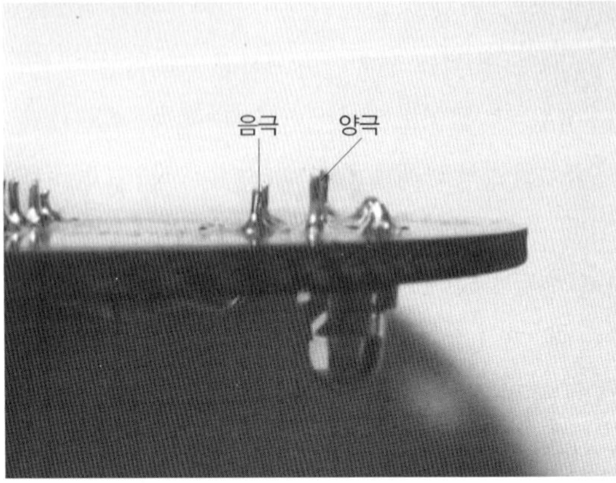


### (5) J2, J3, S1의 설치

J2, J3에는 2극의 핀 헤더를 설치한다. J2는 READ와 인쇄된 부분에, J3는 SEP이라고 인쇄된 부분에, 짧은 쪽의 핀을 삽입하여 납땜을 한다(그림 3.4.18).

J2 READ에 점퍼소켓을 삽입하면 모드 신호(READ)가 VCC와 단락되어 H레벨이 되며, D2 READ가 점등하는 구조이다. 모드 신호는 OBC 상의 마이크로컴퓨터와 연결한다. H레벨일 때에 데이터를 읽기 시작하는 동작을 마이크로컴퓨터에 코딩함으로써 비행 후에 해독 기능을 갖는 것이 가능해 진다. J2 READ에서 점퍼소켓이 빠지면 OBC 상의 R3에 의한 풀다운에 따라 모드 신호는 L레벨이 된다.

그림 3.4.18 J2, J3의 설치

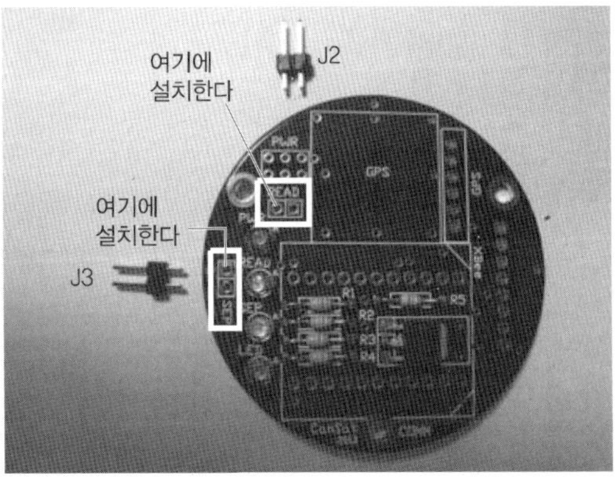

J3 SEP는 전술한 분리를 검출하기 위한 핀이다. J3 SEP의 점퍼소켓이 분리될 때까지는 GND로 단락되어 있기 때문에 분리 신호는 L레벨이 된다. 점퍼소켓이 분리되면 R5를 통하여 풀업으로 H레벨이 되며, D3SEP가 점등한다. 이것도 OBC상의 마이크로컴퓨터에 연결되어 있기 때문에 분리해서 i-캔위성이 해야 할 작업이 있는 경우에는 마이크로컴퓨터에서 그 작업내용을 기술해 두면 좋다.

S1은 PWR에 탑재된 배터리에서 i-캔위성 전체로 전력공급의 ON/OFF를 하는 스위치이다. S1은 일본 개폐기 공업사 제품인 G-12AP을 사용했다. G-12AP는 5극의 단자를 갖추고 있지만, COMM 보드에는 6개의 구멍이 있다. 그래서 G-12AP의 단자 중에 3개가 나란히 있는 측을 위로 하여 설치한다(그림 3.4.19). 지금까지의 부품을 설치한 모습을 그림 3.4.20에 제시한다.

**그림 3.4.19** S1의 설치

**그림 3.4.20** 지금까지의 작업을 진행한 COMM의 모습

### (6) XBee 통신기의 설치

XBee 통신기 본체는 핀 간격 2mm로 10핀×2열로 되어 있다. 한편, COMM 위의 XBee 설치 위치는 표준피치(핀 간격 약 2.54mm)로 11핀×2열이다.

이대로는 XBee 통신기를 COMM에 설치할 수 없기 때문에 XBee 어댑터(adapter)를 통하여 설치한다. XBee 어댑터는 어댑터 기판과 2mm 피치 10극핀 소켓×2개, 표준피치 핀 헤더로 구성된다(그림 3.4.21).

**그림 3.4.21** XBee의 설치

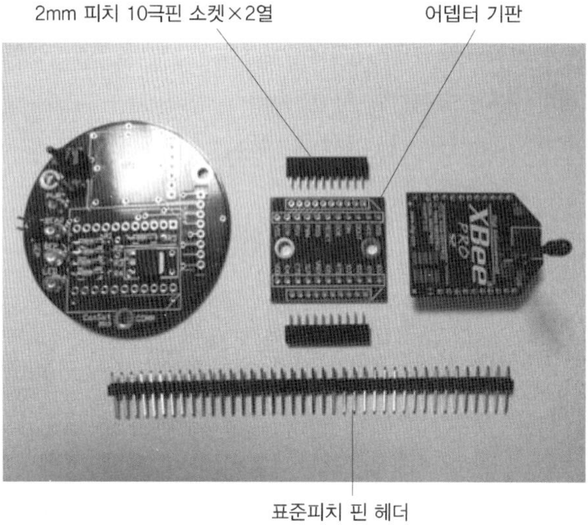


XBee 통신기의 설치는 미리 절차를 확인하고 작업하도록 하자. 순서를 고려하지 않고 납땜을 하면 각각의 미묘한 위치나 각도 차이가 생겨 핀 헤더와 핀 소켓이 결합되지 않거나, 또는 불필요한 부하가 걸린 상태의 결합이 발생한다. 그림 3.4.22에 제시한 순서는 하나의 사례이지만, 위치나 각도의 차이를 최소화할 수 있을 것이다.

**그림 3.4.22** XBee 통신기의 설치 순서 사례

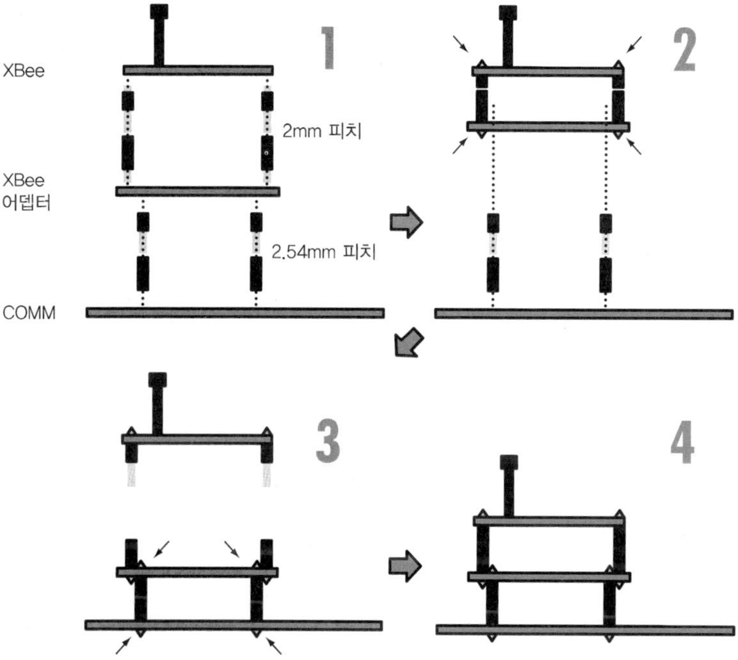


### 1) 핀 헤더 쪽 삽입

설치는 먼저 2mm 피치와 핀 헤더를 결합시켜, 핀 헤더 측을 XBee 통신기의 구멍에 아래쪽부터 삽입한다(그림 3.4.23).

**그림 3.4.23** XBee 통신기 설치 1

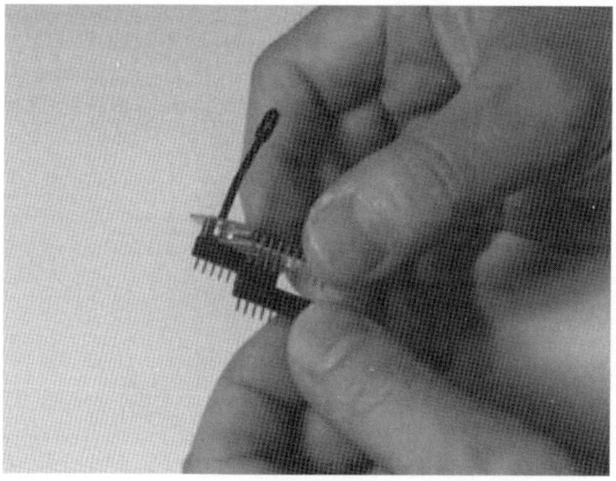

2) 핀 소켓 쪽 삽입

그리고 핀 소켓 측을 어댑터 기판의 2mm 핀치 구멍에 삽입한다. 이것으로 XBee 통신기와 어댑터 기판의 위치나 각도의 차이가 발생하지 않게 된다. 이때에 어댑터 기판에 그려진 사선과 XBee 통신기의 홈이 같은 방향이 되도록 단단히 확인하자(그림 3.4.24).

**그림 3.4.24** XBee 통신기 설치 2

3) 납땜

다음에는 그림 3.4.22의 2번에 제시한 화살표 위치의 핀 헤더와 핀 소켓의 납땜을 한다. XBee 통신기에는 안테나가 있기 때문에 납땜 릴을 이용하여 중앙 구멍에 안테나를 삽입하면 XBee 통신기를 납땜 릴 측에 두고 작업할 수 있다(그림 3.4.25).

**그림 3.4.25** XBee 통신기 설치 3

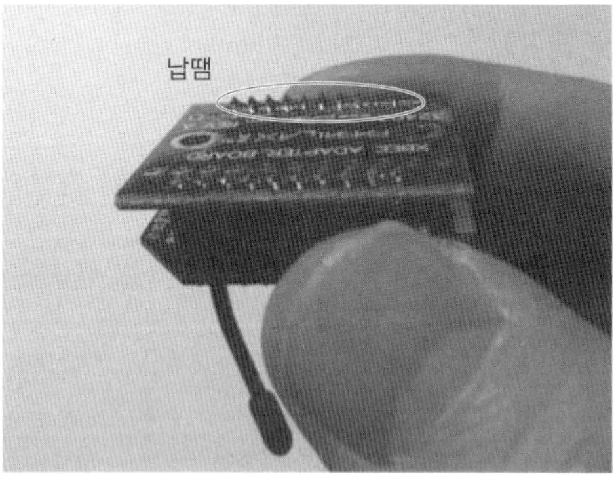

### 4) 핀 설치

결합되어 있는 XBee 통신기를 어댑터 기판에서 빼내어, 표준피치인 핀 헤더와 핀 소켓을 11핀 분으로 자른다(그림 3.4.26).

**그림 3.4.26** XBee 통신기 설치 4

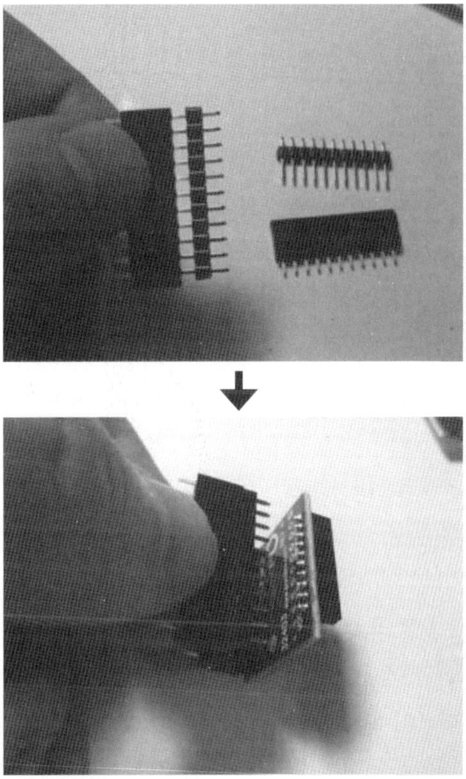

### 5) COMM에 삽입

이들을 서로 결합시킨 것을 어댑터 기판에 삽입하고 COMM에 삽입한다(그림 3.4.27).

**그림 3.4.27** XBee 통신기 설치 5

6) XBee 통신기 설치

이때에 어댑터 기판에 그려진 사선과 COMM에 그려진 사선 방향이 일치되도록 한다(그림 3.4.28). 그리고 핀 헤더 및 핀 소켓의 납땜을 한다.

같은 방법으로 그림 3.4.22의 3번에 제시한 화살표 위치의 핀 헤더를 납땜한다. 마지막으로 XBee 통신기를 설치하면 완료된다. 단, XBee 통신기는 i-캔위성의 최종 조립까지는 분리된 상태로 보관하기를 권장한다. 이것은 XBee 통신기의 안테나나 안테나 설치 부분의 파손을 방지하기 위함이다.

**그림 3.4.28** XBee 통신기 설치 6

7) 커넥터 J1, GPS 설치

8극 포스트 커넥터를 COMM 밑면의 J1에 설치하여 납땜한다. GPS의 설치는 커넥터를 이용한다. 먼저 커넥터 GPS(COMM 상단에 GPS라고 기재된 6극 커넥터)를 COMM 윗면부터 납땜한다. 이어서 GPS 본체의 정전기 보호를 위하여 그림 3.4.29의 왼쪽과 같이 하여 캡톤(Kapton) 테이프를 감는다. 부속의 GPS 케이블의 한쪽을 절단하여 콘택트(contact)를 압착한 후에 6극 EH 커넥터에 삽입하여 커넥터를 교환한다(그림 3.4.29 오른쪽). 케이블 길이나 EH 커넥터의 교환에 대해서는 그림 3.4.30을 참고하기 바란다.

**그림 3.4.29** GPS 설치 전 작업(왼쪽)과 커넥터 교환 완료 후의 GPS 케이블(오른쪽)

**그림 3.4.30** 케이블의 길이와 EH 커넥터로의 교환 사례

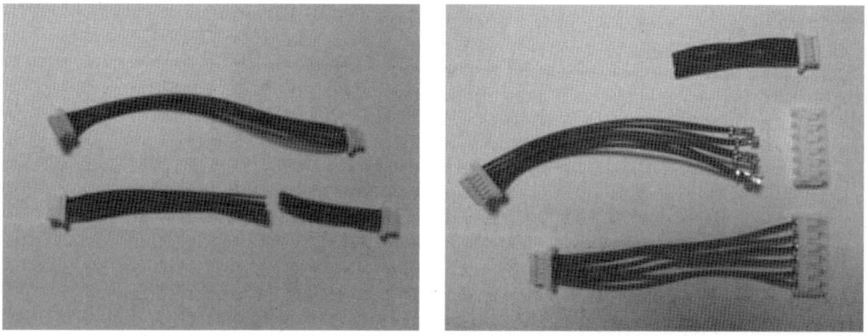

커넥터 교환을 마친 GPS 케이블의 한쪽 끝을 GPS 본체에, 다른 쪽 끝을 COMM 상단 GPS 커넥터에 삽입한다. 또한 GPS 본체의 뒷면에 양면테이프를 붙여 COMM 상단의 소정의 위치에 GPS를 붙이면 작업은 완료이다.

또한 i-캔위성과 같이 GPS와 XBee 통신기가 가까이 있는 경우에는 양자가 전자적 또는 전기적인 간섭을 일으키는 경우가 많다. XBee의 통신에 지장은 없지만 GPS의 위성포착 상황이 매우 악화되어 버린다. 이러한 현상을 방지하기 위해서는 GPS 아래에 몇 cm의 받침대를 깔고 GPS 본체 윗면이 XBee의 통신기의 표면보다 높은 위치가 되도록 설치한다.

GPS를 책상 위에서 양면테이프로 붙이고, 받침대를 COMM 윗면에 고정하도록 하자. GPS 케이블을 도전성 테이프로 감는 것도 다소의 효과는 있으나, 도전성 테이프가 기판 위의 노출된 단자에 닿지 않도록 도전성 테이프 위에 절연성 테이프를 감는 등의 대책을 함께 병용하여야 할 것이다. 지금까지의 작업이 끝나면 COMM 기판이 완성된다. 완성 사진을 그림 3.4.31에 제시한다.

그림 3.4.31 부품을 설치한 COMM 기판의 사례

## 3.4.4 PWR의 부품설치 순서

계속해서 PWR의 작업을 한다. PWR의 회로도를 그림 3.4.32에 제시한다.

그림 3.4.32 PWR의 회로도

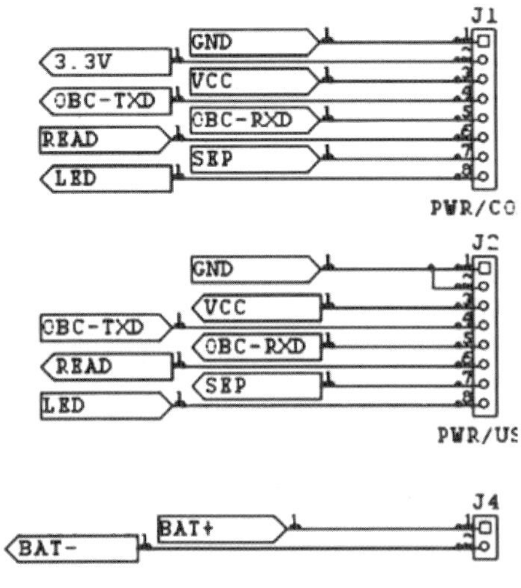

**그림 3.4.32** PWR의 회로도(계속)

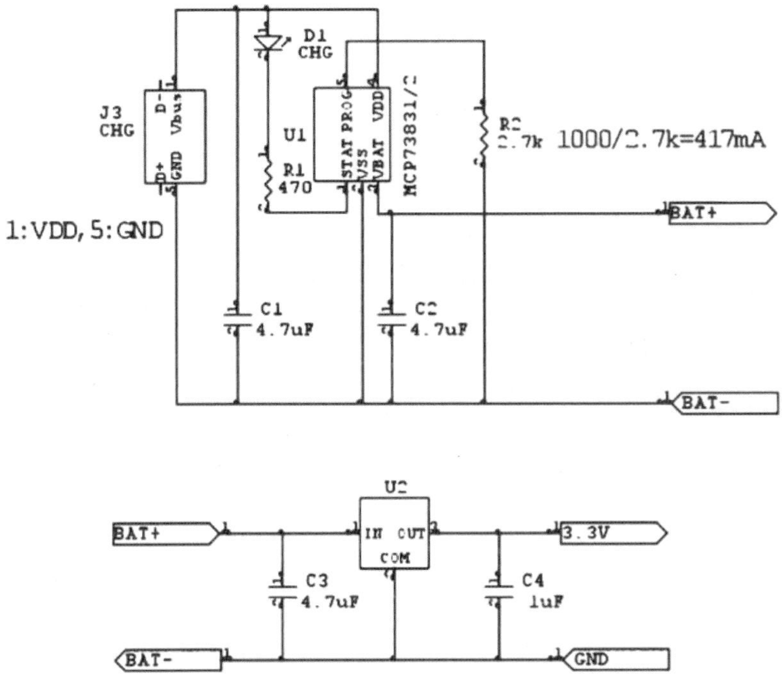


PWR에는 표면구현 타입의 소자를 납땜한다. 표면구현 타입의 소자는 작고, 매우 짧은 시간의 가열로 소자의 온도가 상승한다. 납땜은 가능한 한 짧은 시간(1~2초)에 끝낸다. 또한 복수의 단자를 납땜하는 경우에는 연속해서 납땜을 하지 말고, 하나의 단자를 납땜한 후에 잠시 시간을 가지는 등 차분한 작업이 요구된다.

### (1) USB 커넥터 J3의 설치

먼저 Mini-B USB 커넥터를 J3에 설치한다. 표면구현 타입이기 때문에 난이도가 높은 납땜이지만, 이하의 순서를 따라 함으로써 작업이 간단해 질 것이다.

#### 1) 예비 납땜 준비

PWR 밑면에 있는 J3의 설치 위치는 단자를 납땜하기 위하여 5개의 단자 랜드(land)가 있다(그림 3.4.33). 그 중의 하나(예를 들면 중앙)에 미리 소량의 납을 용해하여 응고시킨 상태로 올려 둔다. 이것을 예비 납땜이라고 한다. 예비 납땜은 납땜이 부풀어 오르지 않을 정도로 하자.

그림 3.4.33 PWR 하부의 단자 랜드

2) 단자의 위치 정렬

납땜 인두 끝에 잔존하는 납을 클리너(cleaner) 등으로 제거한 후에 5개의 USB 커넥터 단자를 모두 지원하는 단자 랜드에 맞추어 정확하게 위치를 정렬한다. 또한 USB 커넥터 양쪽 끝을 고정용 랜드 거의 중앙에 둔다(그림 3.4.34). 위치 정렬이 완료되면 USB 커넥터를 핀셋이나 테이프 등으로 고정한다.

그림 3.4.34 USB 커넥터 단자의 위치정렬

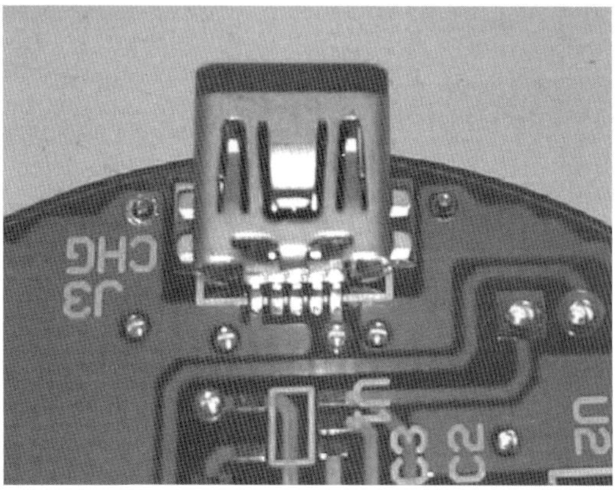

### 3) 예비 납땜의 가열

처음으로 예비 납땜을 하는 단자를 인두로 가열한다(그림 3.4.35). 단자 랜드 위의 예비 납이 용해되어 표면장력으로 USB 커넥터 단자에 침투하는 상태로 하면 된다.

**그림 3.4.35** 납땜의 모습

### 4) 단자의 납땜

납땜 인두로 납을 소량만 올려놓고 나머지 단자를 가열한다. 이렇게 함으로써 납의 표면장력으로 USB 커넥터 단자에 침투된다. PWR에서는 5개의 USB 커넥터 단자 중에 양쪽의 단자(1번과 5번)가 전력공급을 위해 사용된다. 단, 특정 단자에 집중하여 기계적인 부하가 걸리지 않도록 5개를 동시에 납땜한다.

5개의 단자가 동시에 납땜되어, USB 커넥터가 수평이 되도록 주의하자.

### 5) 끝(손톱) 부분의 납땜

USB 커넥터 양쪽에 있는 손톱 부분을 기판 위의 고정 랜드에 납땜한다. 이 손톱은 USB 커넥터의 장착강도를 증가시키기 위한 것이다.

### 6) 단자의 전기흐름 체크

USB 커넥터의 양쪽 끝 단자(1번과 5번)를 테스터로 전류의 흐름을 체크하고 절연되어 있는지를 확인한다. 이곳에 전류가 흐르면 USB를 통한 PC에서의 충전이 충분히 이루어지지 않기 때문에 조심해야 한다. 마지막으로 5개의 단자 모든 조합이 절연된 것을 테스터로 확인한다.

만약에 어느 단자 사이에 전류가 흐르는 경우에는 납 선을 단자 랜드와 USB 커넥터 단자를 모두 덮도록 가열하여 여분의 납을 제거한 후에 다시 전류의 흐름을 체크한다.

### (2) 충전제어 IC(U1)의 설치

U1에는 리튬이온 배터리의 충전제어 IC를 설치한다. i-캔위성에서는 마이크로칩 테크놀로지사의 제품인 MCP73831/2를 사용한다. 외부에서 전력을 공급하는 경우에는 4번 단자를 핫, 2번 단자를 리턴으로 한다. 탑재용 리튬이온 배터리의 핫에는 3번 단자를, 그 리턴에는 외부전력의 경우와 같이 2번 단자를 연결한다. 충전전류의 최대값은 5번 단자와 리턴과의 사이에 충전전류 제한저항 R2를 사이에 두는 것으로 규정된다. i-캔위성에서는 용량이 420mAh의 배터리를 사용하기 때문에 MCP73831/2의 사양서에 따라 R2를 2.7kΩ으로 했다. 1번 단자는 충전 중에는 L레벨, 충전 후에는 H레벨이 되며, 4번 단자와의 사이에 LED D1과 전류제한저항 R1을 연결함으로써 충전 중에는 LED가 켜지고, 충전완료 후에는 소등된다. 또한, 콘덴서 C1, C2의 값은 MCP73831/2의 사양서에 기재되어 있는 권장회로에 따르고 있다.

설치 순서는 그림 3.4.36과 같이 핀셋으로 U1을 끼워 PWR 밑면 해당 위치 패턴에 위치를 정렬한 후에 먼저 대각선 상의 핀을 최소 2개소에서 납땜한다. 그 후에 나머지 핀도 납땜한다. 표면구현 형 소자의 납땜은 납땜 인두법이 중요하다. 다음으로 소개하는 방법 중에서 어느 것이든 사용하기를 권장한다. 어떠한 방법으로도 납땜은 1~2초 정도로 해야 한다.

**그림 3.4.36** 설치 전에 위치를 정렬한다

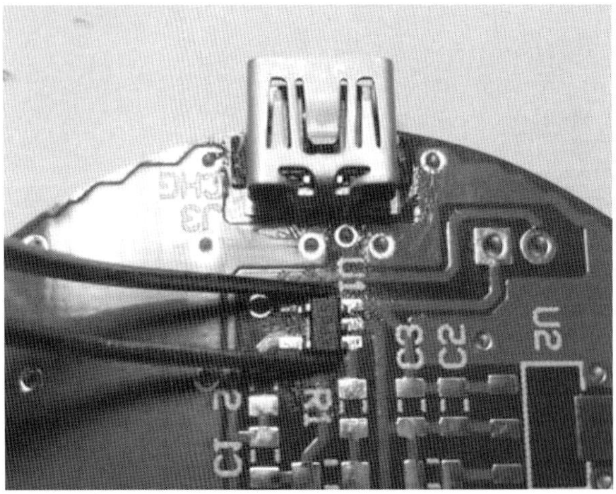

### 1) 평행으로 납땜 인두를 하는 방법

인두의 끝부분에 미리 납을 올려놓고 납땜한다. 이것은 납에 긴 시간을 가열함으로써 열화되는 것을 방지하기 위함이다. 그림 3.4.37과 같이 단자 랜드의 길이 방향으로 평행하게 인두를 대고, 소자의 발끝에 납땜 인두를 맞추어 단자 랜드를 가열한다. 그렇게 하면 인두 끝에 있는 납이 표면장력으로 단자 랜드와 소자의 다리에 순간적으로 빨려들어 가듯이 흘러간다.

**그림 3.4.37** 납땜 인두를 평행하게 맞추는 것이 포인트

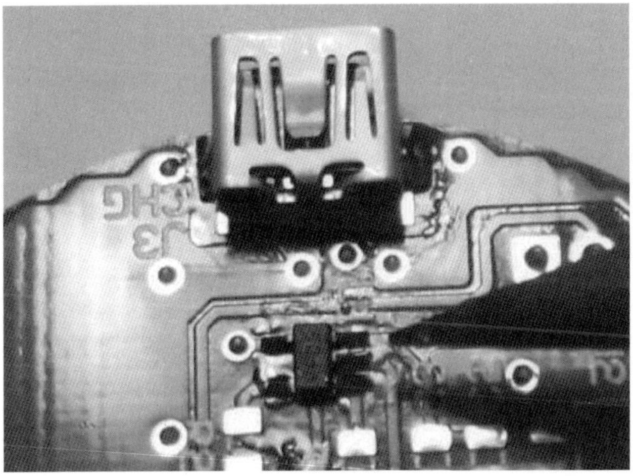

### 2) 수직으로 납땜 인두를 하는 방법

납땜 인두의 끝에 소량의 납을 미리 올리는 점과 납땜의 소요시간에 대해서는 위의 방법과 동일하다. 다른 점은 납땜을 하는 위치로 L자형 소자 다리의 오목 부분에 수평면 상에서 수직방향으로 납땜을 맞추는 것이다. 이에 따라 열이 소자의 다리를 통해 패턴에 전달되고 납이 표면장력으로 소자의 다리 및 패턴 위에 순간적으로 흐른다.

납땜 종료 후, U1의 4번 단자와 2번 단자 사이를 테스터로 전기가 흐르는지를 체크하여 절연상태를 확인한다.

### 3) 저항 R2의 설치

R2에는 충전전류제한저항을 설치한다.

그림 3.4.38과 같이 소자의 길이방향을 핀셋으로 끼워 넣어 패턴을 정렬한다.

그림 3.4.38 설치위치 맞추기

위치 정렬이 완료되면 그림 3.4.39와 같이 납땜을 한다(납땜 방법은 전항 참조). 또한 표면구현 소자는 반드시 아랫면 전체가 기판에 올라타고 있을 필요가 있기 때문에 수평으로 납땜을 하는 것에 언제나 유의하고, 납땜 후에는 수평임을 육안으로 확인한다. 수평이 아닌 경우에는 소자의 윗면에서 핀셋으로 기판을 누르면서 소자의 한쪽을 납땜 인두로 단시간 가열하는 등의 조정을 한다.

그림 3.4.39 납땜의 모습

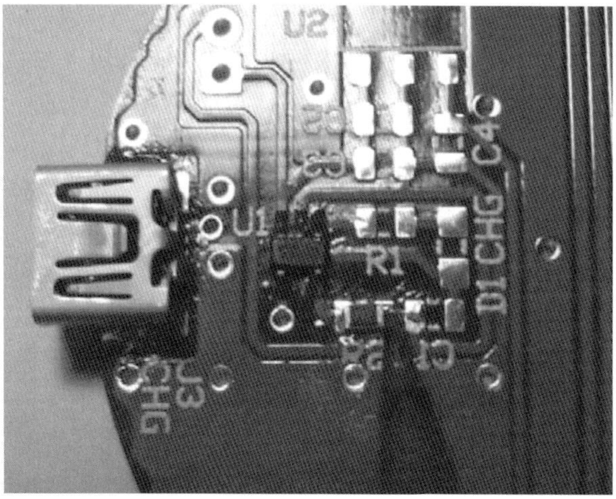

## (4) R1, C1, C2, C3, C4의 설치

R2와 같은 순서로 저항 R1과 콘덴서 C1, C2, C3, C4를 설치한다(그림 3.4.40). 설치순서는 효율적인 납땜 작업을 생각하면 C1 → R1 → C3 → C2 → C4의 순서를 추천한다.

**그림 3.4.40** C1 → R1 → C3 → C2 → C4의 순서로 설치

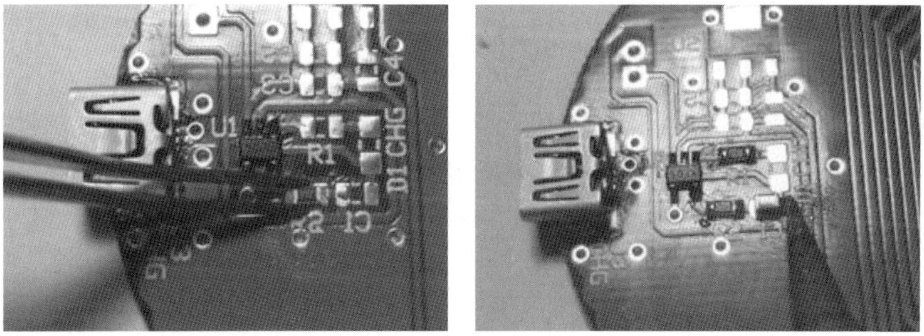

## (5) D1(LED)의 설치

D1에는 LED를 설치한다. LED에는 애노드, 캐소드의 극성이 있다. 표면구현 타입의 LED는 다이오드와 마찬가지로 캐소드를 나타내는 쪽으로 표시가 붙어 있다.

i-캔위성에서 사용하는 LED에는 캐소드 측에 녹색 선이 그려져 있기 때문에 이것으로 구별할 수 있다. D1의 캐소드 측은 R1과 연결하기 때문에 그림 3.4.41의 방향에서 바라보면 오른쪽이 캐소드가 된다.

**그림 3.4.41** LED의 설치. LED에 캐소드 기호가 인쇄되어 있다

### (6) 전압 레귤레이터(regulator: 조정기) U2의 설치

U2에는 전압 조정기를 설치한다. i-캔위성에는 전압 조정기에 마이크로칩 테크놀로지사의 제품인 MCP1826S를 사용한다. 이것은 리튬이온 배터리 4V 전후의 전압을 입력하면 3.3V로 조절된 전압이 출력되는 것이다.

i-캔위성에는 모든 소자가 3.3V로 구동하기 때문에 이들에게 필요한 전압이 여기에 정확하게 규정할 수 있다. MCP1826S는 3개의 늘어선 단자와 반대측에 약간 커다란 4번째 단자(4번 단자)를 구비한다. 통상적으로는 늘어선 3개의 단자 중앙(2번 단자)과 4번 단자와는 합선되어 있다. 또한 4번 단자는 소자의 열을 기판에 전달하는 방열의 기능도 가지고 있다. 일반적으로 전압 조정기는 입출력의 전위차 분의 전력을 열로 방출하기 때문에, 커다란 전류를 사용하는 경우에는 상당한 고온이 된다. 이 열로 소자가 자신을 파괴하지 않도록 적절한 방열이 필요한데, 이러한 역할을 4번 단자가 맡고 있다.

U2의 납땜은 3개의 단자는 비교적 쉽게 할 수 있는데, 4번 단자의 납땜은 연구가 필요하다. 다음은 연구의 사례이다. 하기 쉬운 것으로 시도해 보자.

#### 1) 단자 자신을 가열하는 방법

핀셋으로 소자를 패턴 위에 배치한 후에 납땜 인두의 끝에 소량의 납을 올려놓고, 3개의 단자 중에 하나를 납땜한다. 그 후에 핀셋을 제거하고, 3개의 단자를 모두 납땜한다. 그 다음에 4번 단자에는 인두를 대고 가열한 장소에 납땜을 부어 넣어 잠시 가열한다. 4번 단자가 융점 이상이 되면 납이 4번 단자 전체에 흘러 납땜이 된다.

#### 2) 예비 납땜을 사용하는 방법

4번 단자의 단자 랜드에 예비 납땜을 한 후에 핀셋으로 소자를 패턴 위에 배치하고, 납땜 인두로 4번 단자와 단자 랜드를 가열한다, 어느 정도 가열한 곳에 예비 납땜이 용해되어 4번 단자가 납땜된다. 그 후에 3개의 단자를 각각 납땜한다.

어떤 방법이라도 소자를 너무 가열하지 않는 것이 중요하다. 4번 단자의 가열에 세심한 주의를 하여야 한다. 납땜 완료 시의 모습은 그림 3.4.42와 같다.

**그림 3.4.42** U2의 납땜

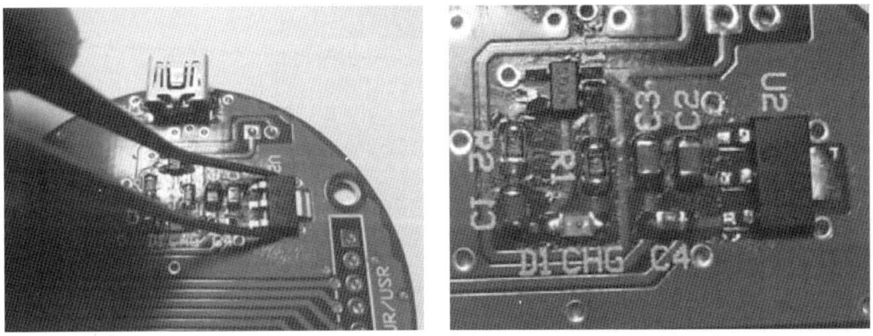

### (7) 커넥터 J1, J2, J4의 설치

J1, J2에는 8극 포스트 커넥터를, J4에는 2극 포스트 커넥터를 각각 설치한다. J1, J4는 PWR 윗면에서, J2는 PWR 아랫면에서 삽입하여 납땜한다(그림 3.4.43). 그 후에 테스터로 J4의 2개 빈의 전류 흐름을 체크한다(그림 3.4.44). 여기가 조금이라도 전류가 흐르게 되는 경우(저항 값이 무한대가 아닌 경우)에는 쇼트(short: 합선)로 판단하여 합선 부분의 특정과 제거를 철저히 한다.

**그림 3.4.43** J1, J2, J4의 설치

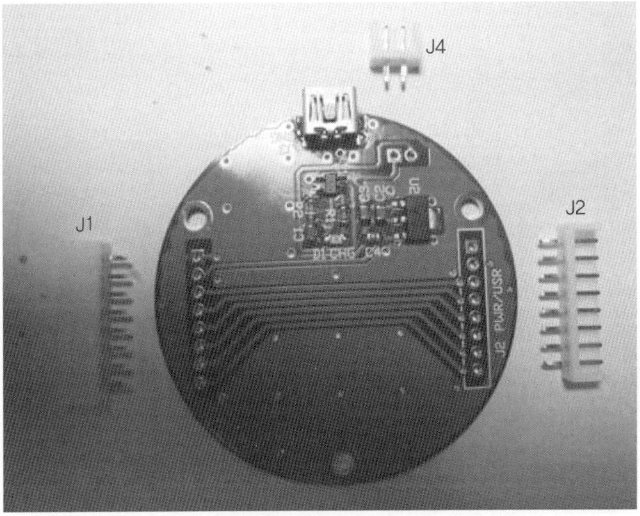

그림 3.4.44 테스터를 사용한 J4의 전류흐름 체크

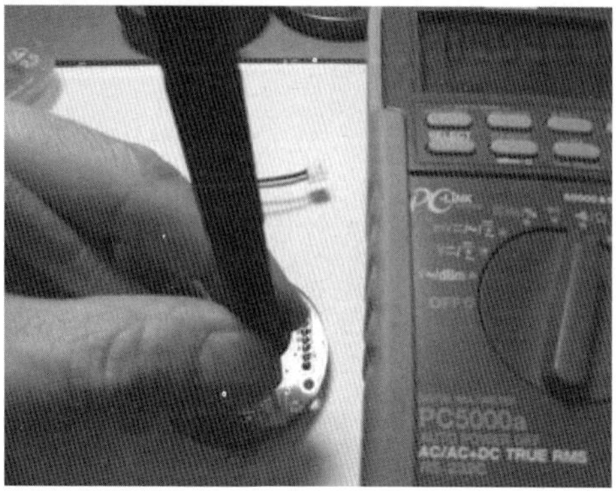


설치가 끝나면 그림 3.4.45와 같이 J4의 납땜 부분을 완전히 덮고, 굳은 후에는 유연성이 있는 수지 또는 접착제를 발라 봉쇄한다. J4의 단자는 리튬이온 배터리의 핫과 리턴에 직결되어 있기 때문에 만일 여기가 합선된 경우, 리튬이온 배터리가 합선되어 버린다. 적절한 리튬이온 배터리를 사용하는 경우에는 배터리에 내장된 안전회로가 전력공급을 차단하기 때문에 문제는 되지 않지만, 리튬이온 배터리의 합선은 절대적으로 피해야 한다. 틀렸다고 하더라도 합선이 일어나지 않도록 철저한 위험성의 제거가 요구된다. J4 단자의 봉쇄는 합선을 철저하게 방지하기 위한 대책이다.

그림 3.4.45 J4 단자의 봉쇄

### (8) 배터리 커넥터의 교환

배터리에는 통상적으로 커넥터의 하우징(housing)이 포함되어 있다. 커넥터는 설치 형태, 즉 연결되어야 할 단자의 방향이 고유하게 결정되도록 결합되어야 하기 때문에 반드시 서로 적합한 하우징과 포스트의 조합을 선택한다.

i-캔위성의 커넥터는 모두 EH 커넥터로 불리는 타입으로 통일되어 있다.

가장 좋은 것은 EH 커넥터에 적합한 배터리를 선정하는 것인데, 다른 경우에는 그림 3.4.46과 같이 커넥터의 교환이 필요하다. 또한 커넥터의 교환 작업은 구입품의 개조에 해당하기 때문에 제조업체의 지도나 보증은 일절 얻을 수 없다. 또한 개조 후의 일체에 대해서는 스스로 책임을 질 필요가 있다(따라서 본서에서도 구입품의 개조에 대해서는 일절 권장하지 않는다).

**그림 3.4.46** 배터리 커넥터의 교환

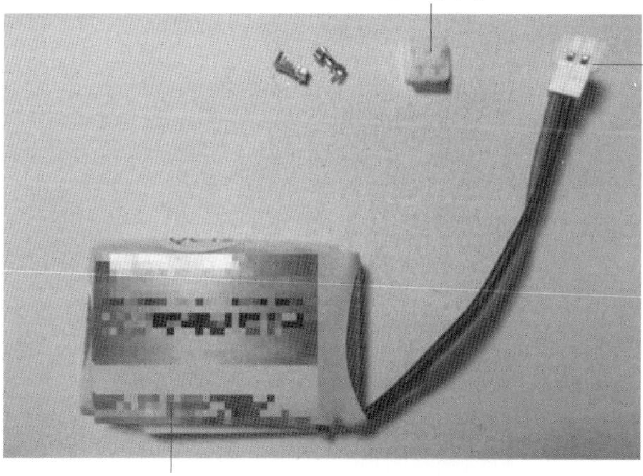


배터리 커넥터의 교환에는 배터리의 핫과 리턴을 절대로 합선시켜서는 안 된다. 이하의 순서로 신중하게 작업을 진행한다.

1) 절연 대책과 전선피복

배터리의 부속 하우징을 절연성 테이프로 완전히 덮은 후에, 리턴 측을 분리하고 콘택트를 부착하기 위하여 피막을 1mm 정도 벗겨낸다(그림 3.4.47).

**그림 3.4.47** 배터리 커넥터의 교환순서 1

2) 콘택트의 압착

리턴 측에 콘택트를 압착한다(그림 3.4.48).

**그림 3.4.48** 배터리 커넥터의 교환순서 2

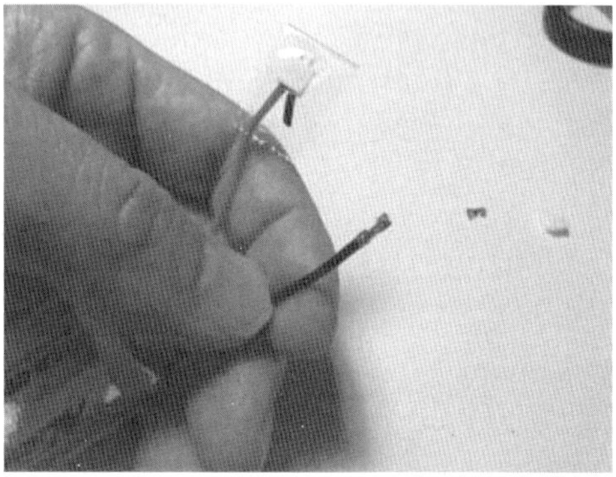

3) EH 하우징에 삽입1

콘택트를 압착한 리턴 측 EH 하우징에 삽입한다(그림 3.4.49). 이때에 EH 하우징 전면을 앞으로 하고, 포스트의 삽입 측을 위로 했을 때에 왼쪽이 리턴 측이 되도록 한다.

**그림 3.4.49** 배터리 커넥터의 교환순서 3

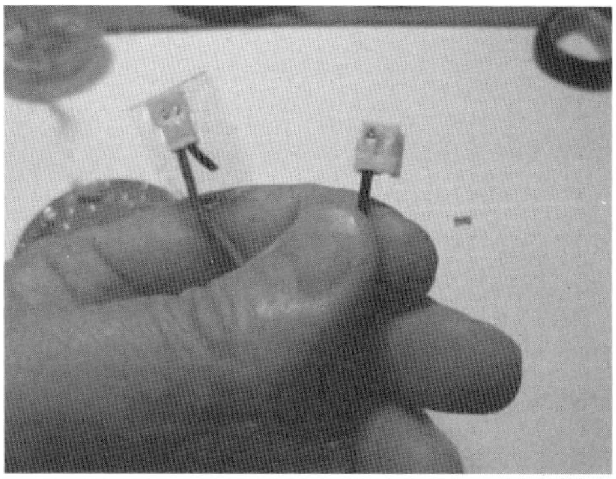

4) 절연테이프 분리

리턴 측에 삽입한 EH 하우징을 절연성 테이프로 완전히 덮은 다음에 부속 하우징 테이프를 제거한다(그림 3.4.50).

**그림 3.4.50** 배터리 커넥터의 교환순서 4

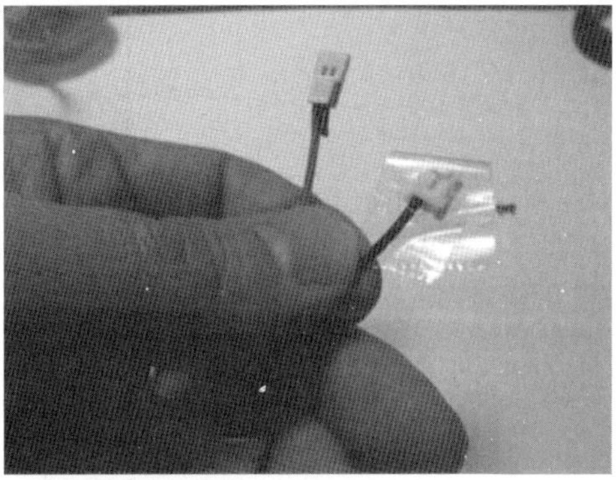

5) EH 하우징에 삽입2

부속 하우징의 핫 측을 절단하여 피막을 1mm 정도 벗겨내어 콘택트를 압착한다. 이때에 리턴 측과 합선이 발생하지 않도록 주의하면서 EH 하우징에 삽입한다(그림 3.4.51).

**그림 3.4.51** 배터리 커넥터의 교환순서 5

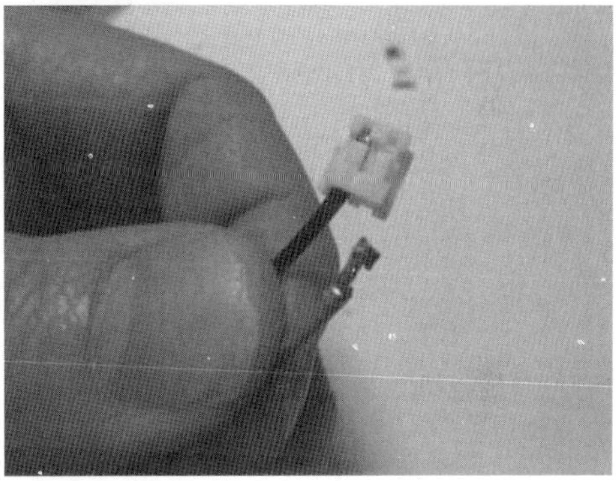

6) 확인

EH 하우징 전면을 앞으로 하고, 포스트에 삽입 측을 위로 했을 때에 오른쪽이 핫 측, 왼쪽이 리턴 측이 되어야 한다. 그리고 J14 포스트와의 방향을 잘 확인한다(그림 3.4.52).

**그림 3.4.52** 배터리 커넥터의 교환순서 6

### (9) 배터리 충전

PWR의 부품 설치와 배터리 커넥터의 교환이 끝나면 배터리 충전 작업을 하자. 단, 조금이라도 합선의 가능성이 있는 경우에는 안이하게 앞으로 나아가지 말고, 합선 방지를 철저히 한다.

배터리는 양면테이프로 PWR 윗면에 붙여 고정한다. 그 후에 교환된 배터리의 EH 하우징을 J4포스트에 삽입한다(그림 3.4.53).

**그림 3.4.53** PWR에 배터리 커넥터를 고정한다

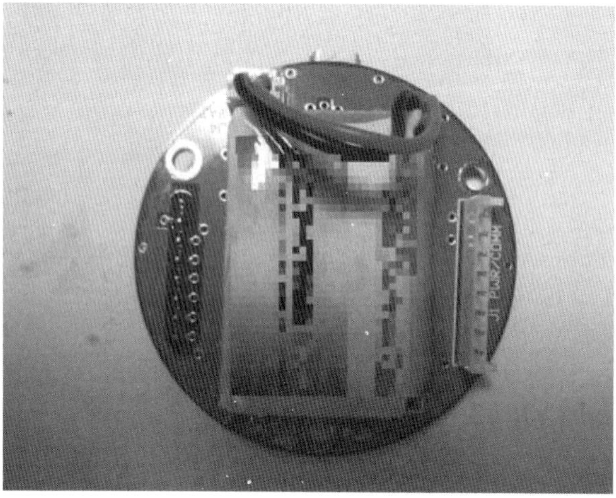

J3에 Mini-B USB 커넥터를 삽입하고, PC의 USB 인터페이스와 연결한다. 문제없이 충전이 시작되면 LED D1이 점등될 것이다(그림 3.4.54). USB 단자에 과대한 휨 모멘트가 부가되지 않도록 반드시 절연성 시트를 깔고, 그 위에 PWR을 올려놓아 충전한다. 가끔 배터리를 만져보고 배터리가 과열이나 팽창하지 않는지 확인하자.

**그림 3.4.54** USB에 연결한 소자. 충전이 올바르게 진행되면 LED D1이 점등한다

또한, 충전제어 IC인 U1은 배터리 잔량이 얼마 없으면 커다란 충전전류가 흘러, 손으로 만질 수 없을 정도 발열하는 경우가 있다. 그러나 충전의 진행과 함께 충전전류는 줄어들기 때문에 U1의 온도는 점차 감소할 것이다. 만약에 장시간 발열이 계속되는 경우에는 즉시 충전을 중지하고, PWR의 소자 간의 잘못된 점이나 납땜 불량이 없는지를 확인한다.

원인을 파악하여 원인이 해소될 때까지는 절대로 재충전하지 않도록 하자.

LED D1이 소등되면 문제없이 배터리의 충전이 완료된다. 수시간 동안 LED D1이 점등된 상태로 소등이 되지 않는 경우에는 즉시 충전을 중지하고, 그 원인을 파악하고 제거해야 한다. 물론 제거가 끝날 때까지 재충전은 엄금한다.

## 3.4.5 PIC-Board의 부품설치 순서

계속해서 PIC-Board 작업을 하자. PIC-Board의 회로도를 그림 3.4.55에 제시한다.

**그림 3.4.55** PIC-Board의 회로도

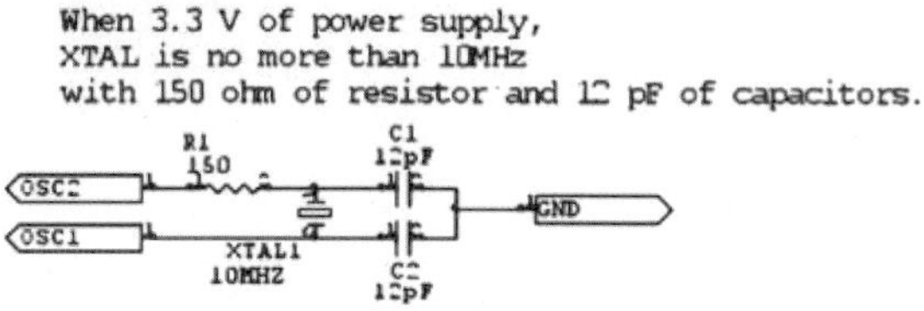

그림 3.4.55 PIC-Board의 회로도(계속)

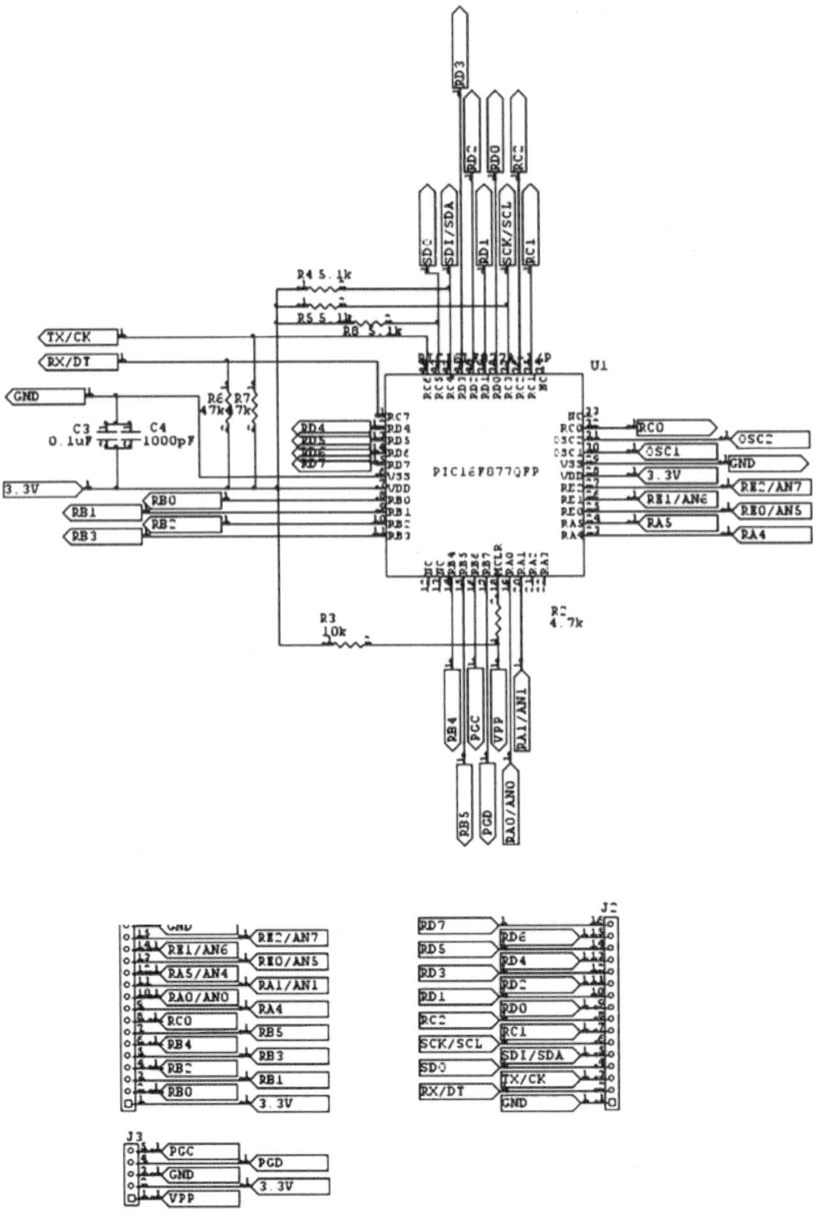

## (1) CPU(U1)의 설치

U1에는 "i-캔위성의 두뇌"가 되는 CPU를 설치한다. i-캔위성의 CPU에는 마이크로칩 테크놀로지사의 제품인 PIC16LF877A-I/P을 사용한다. 이 CPU는 PIC16F87X 시리즈 중의 하나로, 핀 배치나 프로그램 명령 등은 표준이나, 특히 저 전압구동이라도 사용할 수 있는 개량된 것이다. 마이크로칩 테크놀로지사가 공개하고 있는 사양서(PIC16F87XA Data Sheet)에 의하면, 전원전압을 3.3V로 한 경우의 클럭 주파수는 최대 10MHz이다. 그래서 i-캔위성의 PIC-Board에서도 10MHz의 수정 발진자(XTAL1)를 사용하고 있다.

PIC16LF877A-I/P는 사변에 11핀씩의 단자를 지닌 패키지로 단자 간격은 0.031inch(=0.80 mm)이다. 패키지 윗면에 1번 단자의 위치를 나타내는 기호가 각인(인쇄)되어 있다. 또한 1번 단자가 있는 모서리에 노치(Notch)가 있다(그림 3.4.56). PIC-Board 위의 U1 설치 위치에는 패키지 형상을 한 테두리가 그려져 있으며, 그 한 구석에 노치가 있기 때문에 이 모서리에 PIC의 노치가 향하게 한다.

또한 패키지 상단에 인쇄되어 있는 기종번호나 제품번호 등을 나타내는 문자는 1번 단자의 위치와 무관하다. 문자의 방향으로 1번 단자의 위치를 추측하지 않도록 주의하자.

**그림 3.4.56** PIC16LF877A-I/P의 형상, 설치위치

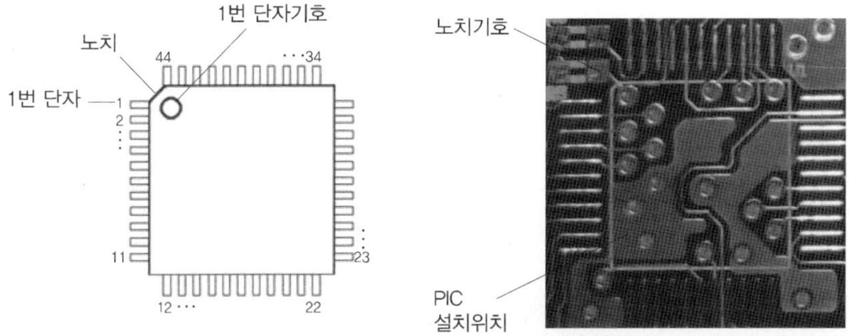


PIC는 특히 정전기에 약하기 때문에 직접 손에 닿지 않도록 핀셋으로 취급한다. PIC의 사이에 두고, PIC-Board의 올바른 소정 위치에 맞춘다(그림 3.4.57).

**그림 3.4.57** PIC를 소정 위치에 배치

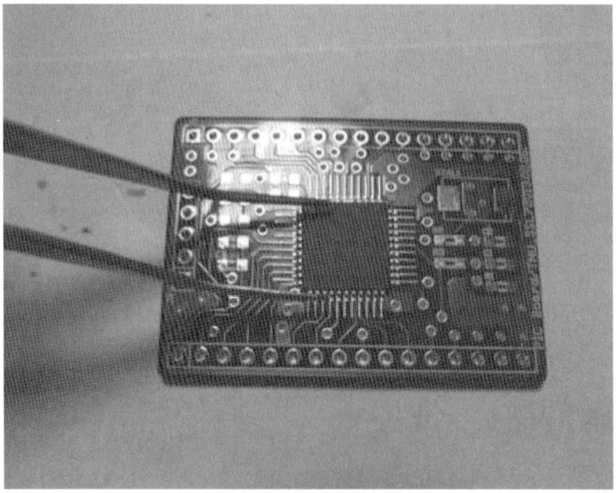

핀셋으로 고정하면서 PIC의 대각선에 위치하는 몇 개의 단자를 납땜한다(그림 3.4.58). 납땜은 표면실장 타입의 소자 요령으로 조심스럽게 실시한다. 최소 1쌍의 대각위치의 핀을 납땜하면 PIC는 기판 위에 위치가 고정되기 때문에 핀셋을 제거하고 남은 단자를 순차적으로 납땜한다. 또한 이때 옆의 핀이 납땜으로 단락되어도 상관없다. 우선은 모든 핀을 납땜하는 것을 우선시하자.

**그림 3.4.58** PIC의 납땜

그 후에 납땜 흡취(吸取) 선을 사용하여 여분의 납땜을 PIC의 단자와 단자 랜드에서 제거한다(그림 3.4.59). 납땜 흡취(吸取) 선이 PIC의 다리나 기판 위에 납땜되지 않도록 주의하자. 납땜 흡취(吸取) 선을 납땜 인두와 함께 기판에서 끌어 올리는 것이 요령이다.

**그림 3.4.59** 납땜 흡취(吸取) 선으로 여분 납의 제거

모든 단자의 납땜이 완료되거나 여분 납이 제거된 것을 확인했다면, 그림 3.4.60과 같이 테스터로 다음의 2가지로 전류의 흐름을 체크한다.

1) 단자와 단자 랜드가 전류가 흐르고 있는가?

PIC 단자와 대응하는 단자 랜드에 전기가 흐르는지를 확인한다. 지금 사용하는 PIC에는 44개의 단자가 있기 때문에 44개소의 전기흐름을 체크한다.

2) 단자 사이가 절연되어 있는가?

4면 중에 1면에서 테스터 프로브(probe)의 1개를 1번 단자(또는 단자와 단자 랜드의 전류흐름을 확인할 수 있다면 1번 단자의 단자 랜드)에 맞춘다. 또 하나의 프로브를 PIC의 단자 또는 단자 랜드의 2번부터 11번을 향하여 천천히 흐름으로써 한 번에 1번 핀과 다른 10개 단자의 전기흐름을 체크하여 절연되어 있는지를 확인한다. 그 후에 프로브를 2번 단자에 맞추고, 다른 하나의 프로브를 3번부터 11번까지 진행하는 작업을 10번과 11번의 전기흐름까지 반복하여 실시한다. 그 후에 기판을 90도 회전하여 12번부터 22번의 단자를, 23번부터 33번, 34번부터 44번

에 대해서도 똑 같이 절연체크를 한다.

그림 3.4.60 테스터로 전류흐름체크 실시

### (2) 수정발진자 XTAL1의 설치

XTAL1에는 수정발진자를 설치한다. 수정발진자는 PIC를 구동하기 위한 클럭펄스(clock pulse)를 발생시킨다. i-캔위성에는 교세라(京セラ)사 제품인 CX8045GB 시리즈 중에서 클럭 주파수가 10MHz의 제품을 선택했다.

수정발신자에 극성은 없다. 수정발진자는 2개의 단자가 있으며, 각각을 CPU의 2개 클럭 단자(PIC의 경우 OSC1와 OSC2)와 연결한다. 그 중 하나에는 저항을 사이에 둘 필요가 있다. 저항은 제품, 클럭 주파수 별로 권장 값이 있다. CX8045GB 시리즈의 경우는 사양서에 10MHz에서는 최대 150Ω까지로 기재되어 있기 때문에 150Ω의 저항을 R1에 설치했다.

XTAL1의 납땜에서는 단자가 측면에서 아랫면에 걸치기 때문에 먼저 기판의 해당 개소에 예비 납땜할 것을 추천한다.

### (3) 기타 표면실장 타입 소자의 설치

U1/XTAL1 이외의 표면구현 타입의 소자는 모두 같은 모양을 하고 있기 때문에 납땜하기 쉬운 곳부터 순차적으로 설치한다. 예를 들면, R6를 먼저 납땜한 후에 R4를 설치하려고 하면 납땜 인두의 각도에 따라서는 R4의 납땜 중에 R6의 납이 용해되어 버리거나 또는 R6가 가열되어 버릴 가능성이 있다. 이러한 상황을 회피하기 위한 설치순서로 R4 → R6 → R7 → C3 → C4 등을 추천한다.

또한 이러한 납땜 작업 중에 U1/XTAL1을 가열하지 않도록 주의하자. U1/XTAL1의 위쪽을 납땜 인두가 걸터앉는 방향이 되도록 적절히 기판을 회전시키면서 작업을 하는 것이 요령이다.

여기까지의 작업을 끝낸 PIC-Board의 모습을 그림 3.4.61에 제시한다.

**그림 3.4.61** 여기까지의 작업을 끝낸 PIC-Board의 모습

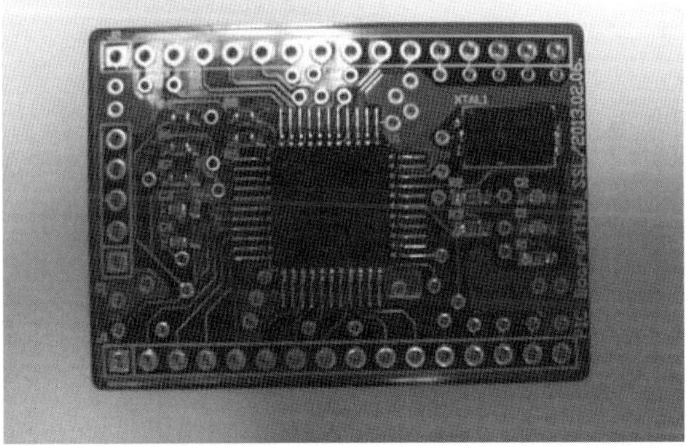


### (4) 핀 헤더 J1, J2, J3의 설치

J1과 J2에는 PIC-Board를 OBC에 설치하기 위한 핀 헤더를 설치한다. 또한 J3에는 PICkit3에서 PIC에 프로그램을 적어 넣기 위하여 인터페이스가 되는 핀 헤더를 설치한다. J1과 J2는 16핀의 표준피치의 핀 헤더, J3는 5핀의 앵글 핀 헤더를 사용한다(그림 3.4.62).

**그림 3.4.62** 핀 헤더 J1, J2, J3의 설치

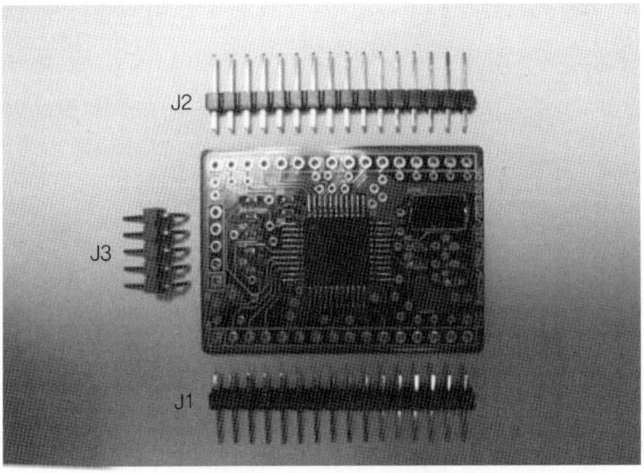

먼저 J3를 PIC-Board 윗면에서 삽입하고 양끝을 납땜한 후에 그 사이의 핀을 납땜한다. 이때에 삽입한 핀이 PIC-Board에 수직으로, 다른 쪽 끝의 핀이 기판에 평행이 되도록 한다.

J1과 J2는 XBee 통신기의 경우와 같이 핀 헤더와 핀 소켓의 위치 관계를 PIC-Board와 OBC에 맞출 필요가 있다. 먼저 16핀의 핀 헤더와 핀 소켓을 결합시켜 핀 소켓 측의 단자를 OBC에 삽입한다(그림 3.4.63).

**그림 3.4.63** 핀 소켓 측의 단자를 OBC에 삽입

그 후에 핀 헤더 측의 단자를 PIC-Board에 삽입한다(그림 3.4.64). 이때에 PIC-Board의 J1과 J2는 1번 단자의 단자 랜드가 사각형일 것, OBC 윗면에는 PIC-Board의 J1의 1번 단자의 위치에 흰색 원의 기호를 확인함으로써 방향을 특정할 수 있다. 이 상태에서 PIC-Board 측의 핀 헤더를 납땜한다. J1과 J2의 양끝을 먼저 납땜한 후에 나머지 핀을 납땜하면 좋다. 그것이 끝나면 OBC 밑면도 납땜한다.

**그림 3.4.64** 핀 헤더 측의 단자를 PIC-Board에 삽입

그림 3.4.65에 일체가 된 PIC-Board와 OBC의 모습을 제시한다(PIC-Board의 J3측에서 촬영). 이것으로 PIC-Board도 포함된 OBC의 부품 설치는 완료된다.

**그림 3.4.65** OBC에 PIC-Board를 설치한 모습

## 3.4.6 CAM의 부품설치 순서

계속해서 CAM의 작업을 한다.

본서에서는 동영상과 정지영상을 촬영할 수 있는 호비킹(HobbyKing)사 제품인 소형카메라 Turnigy Key Chain Camera(기종명: TD16CC-NM)를 설치한다. 이 카메라에는 그림 3.4.66에서와 같이 버튼이 2개가 있다. 하나는 전원버튼이고 다른 하나는 사진/동영상을 하는 촬영버튼이다. 데이터는 MicroSD 카드를 삽입함으로써 기록할 수 있다. 전원 ON시 또는 충전완료 시에 점등하고 충전 중에는 천천히 점멸을 반복한다. 또한 동영상 촬영 중에는 소등되기 때문에 전원 OFF로 혼동하지 않도록 유의하자.

**그림 3.4.66** 설치 카메라의 기능도

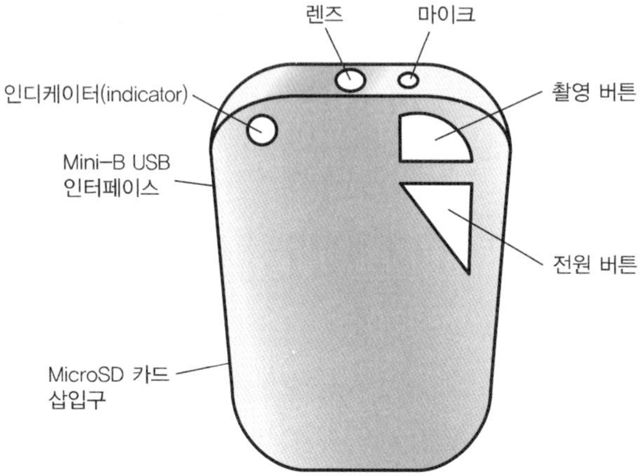


카메라의 전원을 ON으로 할 때, 또는 동영상/정지영상을 촬영할 때에 버튼을 누르는 조작이 필요하다. 이 버튼 조작을 캔위성 상에서 실시하는 몇 가지의 방법이 있다. 예를 들면 캔위성을 로켓이나 풍선의 커리어에 수납하기 직전에 미리 수동으로 조작한 다음에 발사하는 방법을 생각할 수 있다. 또는(상급자를 위한 것이기는 하지만), 누름 버튼 스위치의 단자를 릴레이 등에 연결하는 회로를 만드는 것도 있을 수 있을 것이다. 필자의 경우는 OBC 위의 포토모스(PhotoMOS) 릴레이로 2개를 한 조로 한 2계통의 신호기를 카메라에 연결하는 개조를 하여 PIC로부터의 명령에 따라 전원을 ON으로 하여 동영상 촬영을 할 수 있도록 했다.

단, 초보자에게 이러한 방법은 권장하지 않는다. 카메라의 개조는 내장되어 있는 리튬이온 배터리를 누전시킬 가능성이 상당히 높아, 쉽게 할 것은 아니다.

개조에 소요되는 일체의 사항에 대해서는 모두가 자신의 책임이 되기 때문에 어느 정도의 경험을 쌓지 않으면 어렵다.

본서에서는 i-캔위성의 소형카메라를 CAM의 테두리 내에 양면테이프로 붙여 비행 직전에 수동으로 전원을 ON으로 하여 촬영개시를 한 후에, 커리어에 수납하여 발사하는 정도를 권장한다. 또한 이 소형카메라의 조작에 대해서는 소형카메라의 취급설명서를 참조하기 바란다.

### 3.4.7 계장(Instrumentation: 기계장비)의 제작

i-캔위성은 본 장의 서두에서 설명한 바와 같이, 기판 사이에서 신호나 전력을 교환한다(그림 3.1.4 참조). COMM과 PWR, PWR와 USR에서는 각각 8극 1계통, USR과 OBC에서는 8극 2계통의 계장(커넥터가 있는 케이블)이 필요하다.

계장에는 반드시 피막 중에서 복수의 도선(導線)이 딸린 피막첨부의 연선(stranded wire)을 사용한다. 단선으로는 복수의 계장의 탈 부착이나 비행을 할 때에 도선이 피로 파괴하여 단절될 위험이 있으므로, 이를 방지하는 것이 목적이다. 또한 i-캔위성에서는 피막의 재질이 특별히 구애받지는 않지만, 만약 고온이나 저온, 또는 진공의 환경에 노출되는 경우에는 통상적으로 흔히 볼 수 있는 PVC(폴리염화비닐, 동작범위: -20℃~60℃)가 아닌, FEP(테플론, 동작범위: -70℃~200℃)를 사용하는 등 적절히 선정한다.

여기에서는 계장의 소재로 PVC 피막의 리본케이블을 사용한다. 통상적으로 리본케이블은 다채로운 전선의 일련으로 구성된다. 여기에서는 갈색(색 번호1)부터 시작하여, 회색(색 번호8)으로 끝나는 부분을 사용한다. 피막전선의 색에 따라 커넥터의 핀 번호를 구별하기 때문에, 이와 같은 색을 선택하는 것은 종종 있다. 또한 i-캔위성의 계장에서는 커넥터에 따라서 색 번호와 핀 번호가 일치하지 않는 부분도 있기 때문에 단색의 간선을 이용해도 좋다.

그럼 자세한 제작순서를 살펴보자.

1) 전선의 절단

처음에 50mm 정도의 길이로 전선을 절단하고 갈색에서 회색 부분을 잘라낸다(그림 3.4.67).

**그림 3.4.67** 계장의 제작순서1

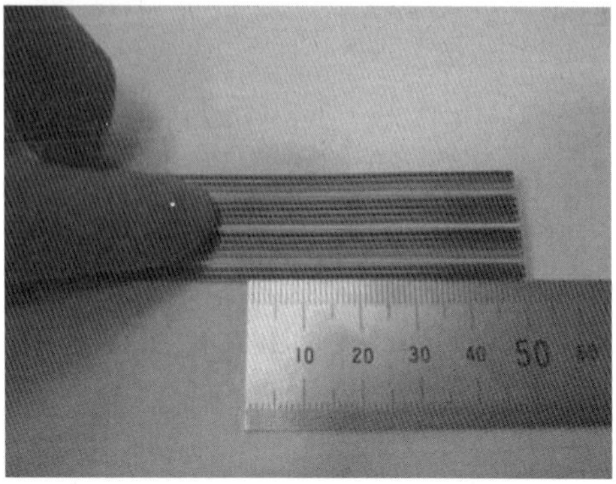


2) 앞부분의 펼침

각 동선 사이에 가위를 가볍게 넣어 앞부분을 펼친다(그림 3.4.68).

**그림 3.4.68** 계장의 제작순서2

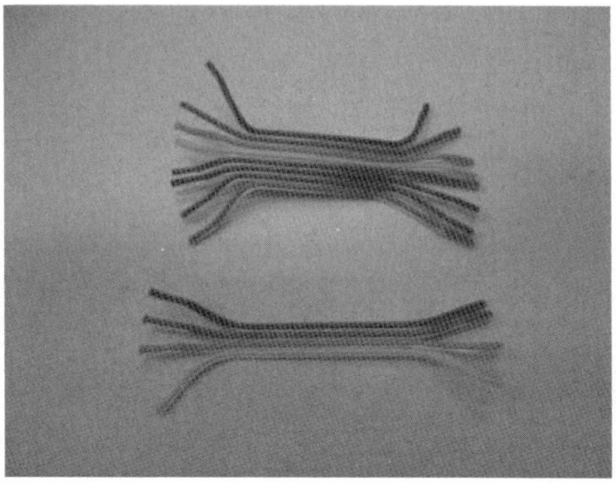

3) 전선 벗기기

모든 전선의 앞부분을 와이어스트리퍼(wire stripper)로 1mm 정도 벗겨내어 콘택트를 압착한다(그림 3.4.69).

**그림 3.4.69** 계장의 제작순서3

#### 4) 전류흐름 체크와 압착의 확인

모든 전선의 양단에 대하여 육안검사와 테스터로 전류흐름을 체크한다(그림 3.470). 콘택트에는 통상적으로 2개의 손톱이 있다. 1조는 피막을, 다른 1조는 심선을 보고 양호한 압착인가를 체크하자. 피복 벗기기에서 심선의 길이가 너무 길거나 너무 짧거나 또는 전선의 길이가 부족한 경우에는 2조 모두 피막을 물거나 그 반대로 심선을 물거나 한다. 전자의 경우는 전류흐름이 없으며, 후자의 경우는 강도의 부족을 초래하므로 양호한 압착이 아니면 다시 한다.

**그림 3.4.70** 계장의 제작순서4

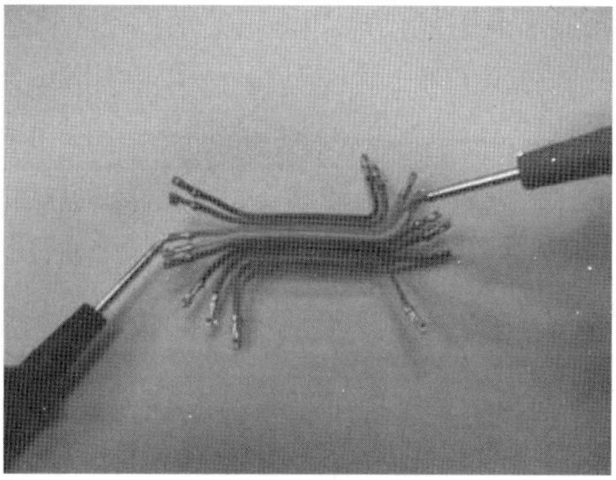

#### 5) 콘택트의 삽입

모든 전선의 양호한 압착과 전류의 흐름이 확인되면, 각 콘택트에 삽입한다(그림 3.4.71). 콘택트의 뒷면에는 미세한 손톱이 있으며, 이 손톱이 커넥터 전면에 있는 직사각형의 창문에 도달하여 걸림으로써 누락을 방지한다. 삽입되면 손톱이 물었다는 반응이 있을 때까지 밀어 넣는다.

**그림 3.4.71** 계장의 제작순서5

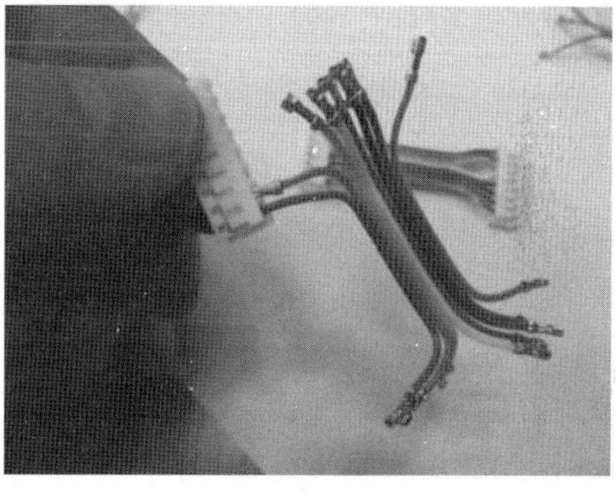

이상으로 계장은 완성이다. 또한 각 기판에는 커넥터는 그 전면을 바깥쪽으로 하여 삽입된다. 그림 3.4.72와 같이 색이 오른쪽에서부터 다갈색, 빨강, 오렌지 …… 가 되도록 계장 색의 줄을 통일한다. 또한 커넥터는 핀 번호를 나타내는 인쇄된 숫자가 있으며, 각 기판 위에도 1번 단자의 위치를 나타내는 패턴이 있지만, 이들을 일체 무시해도 상관없다.

**그림 3.4.72** 계장의 색 번호

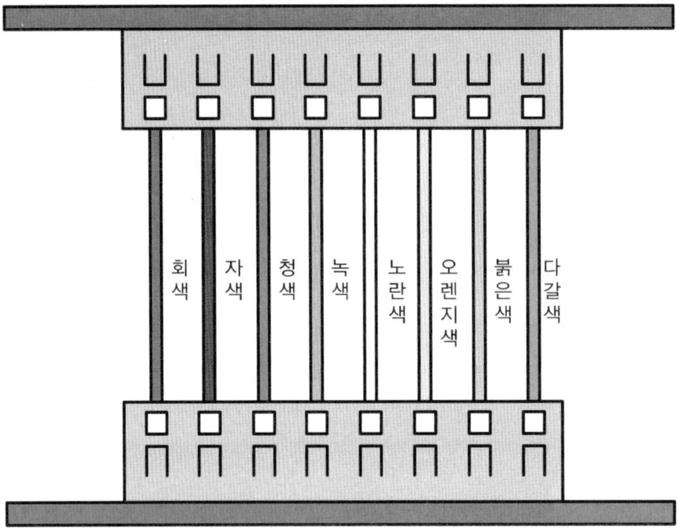


일반적인 리본케이블의 배열순서

각 기판의 조립 전에 연결되어야 할 한 쌍의 기판 아래에 위치하는 기판에 계장 연결한 다음에, i-캔위성의 조립을 한다. 커넥터를 여러 번 빼거나 추가하여 커넥터 바로 옆에서 전선을 몇 번이고 접는 것은 전선의 파단 등을 초래하기 때문에 이를 방지하기 위해 신중하게 작업하자.

# 3.5 i-캔위성의 조립

모든 부품의 설치가 완료되면 각 기판의 사진을 그림 3.5.1에 제시한다(단, 사진은 i-캔위성 Ver3의 것, Ver4와는 일부 부품이 다름). CAM에 탑재한 카메라는 필자가 개조한 상태의 것이다. 또한 복수기를 동시에 조립하는 경우에는 XBee 통신기(기판 COMM)에 식별용 스티커를 부착해 두는 것이 좋다. XBee 통신기는 1대1 통신을 하며, 사전에 설정한 특정의 상대만이 통신을 할 수 있다. XBee 통신의 뒷면에는 식별을 위한 시리얼 번호가 인쇄되어 있는데, XBee 어댑터에 삽입하면 이것은 보이지 않기 때문에 스티커를 부착하여 이 번호를 기재해 두면 편리하다.

**그림 3.5.1** 부품의 설치를 끝낸 기판과 스페이서(spacer)

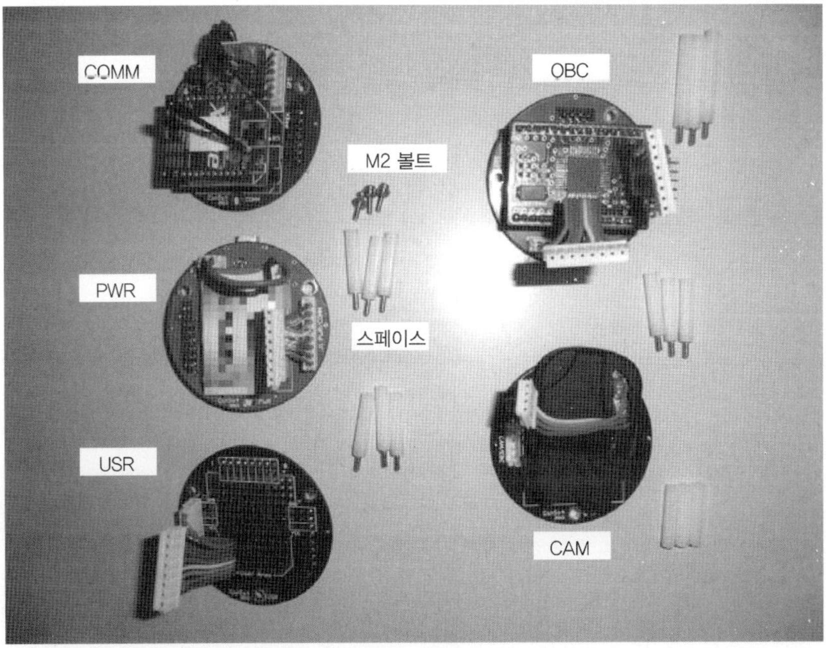


지금부터는 본 장의 서두(그림 3.1.2)에서 제시한 것과 같이 각 기판을 조립하는 작업으로 옮기자. i-캔위성의 조립은 하부, 즉 CAM에서 위로 올라오면 작업하기가 쉽다.

### 1) CAM과 OBC의 연결

먼저 20mm 길이의 암·수 스페이서의 수컷 측을 CAM 상단에 삽입하고, CAM 밑면 20mm 길이의 암·수 스페이서 측을 삽입하여 CAM 윗면의 암·수 스페이서에 끼운다(그림 3.5.2).

**그림 3.5.2** i–캔위성의 조립1

### 2) 계장설치

OBC/USR의 계장을 USR의 USR/OBC의 커넥터에 결합시키고 동시에 USR 윗면에 암·수 스페이서의 수컷 측을 삽입한다(그림 3.5.3).

**그림 3.5.3** i–캔위성의 조립2

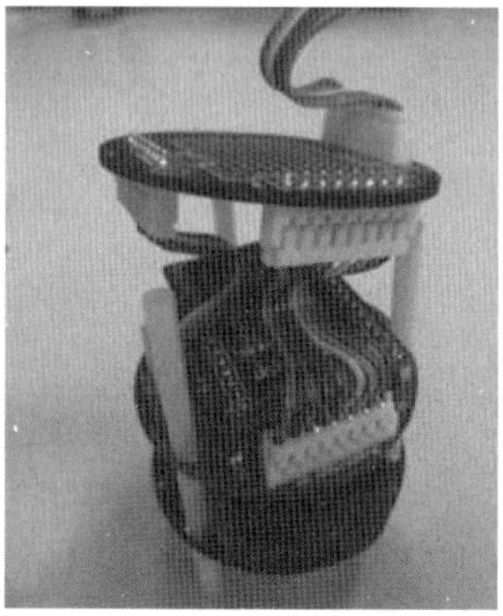

### 3) 계장설치/기판의 연결

USR/PWR 사이에 계장을 설치, USR/PWR의 연결, PWR/COMM 사이에 계장설치, PWR과 COMM을 연결한다(그림 3.5.4).

**그림 3.5.4** i–캔위성의 조립3

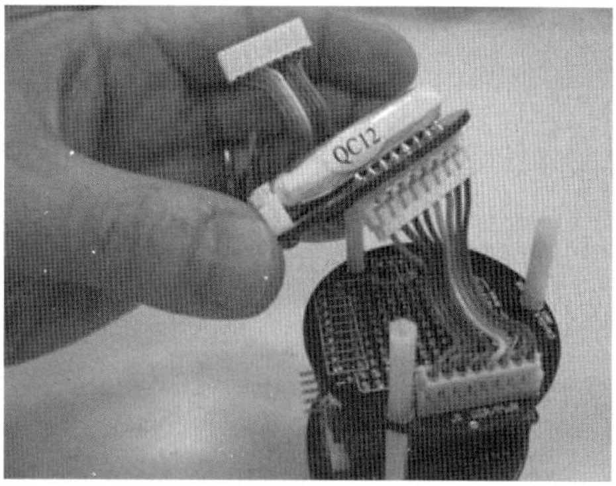

4) COMM의 고정

마지막으로 COMM 윗면에 M2 나사를 삽입하여 조이면 조립이 완성된다(그림 3.5.5). 스페이서에는 기판의 반경 방향이 약간 움직일 수 있기 때문에 모든 스페이서가 거의 일직선 상에 배열이 되도록 적절히 조정하자.

**그림 3.5.5** i-캔위성의 조립4

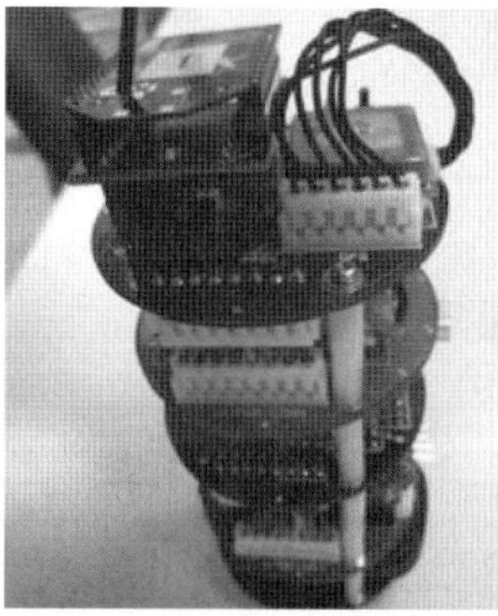

기판의 조립이 끝나면 계장을 설치한다. 계장은 50mm 정도의 길이로 준비했는데, 이것은 각 기판 간의 거리보다 길다. 길이를 기판 사이의 거리에 맞출 수도 있지만, 짧은 계장에 압착 작업은 어렵기 때문에 미리 길게 계장을 제작했다. 그림 3.5.6과 같이 계장은 i-캔위성 내부에 접어서 수납하자.

**그림 3.5.6** 계장은 i-캔위성 내부에 접어서 수납

단, 계장은 날카로운 끝이나 각 부분(sharp edge)에 장시간 닿아 있으면 손상될 위험이 있다. 특히 PIC_Board 위에서는 단자와 계장이 닿아 있기 때문에 발사나 비행의 진동환경에 따라 단

자가 계장을 손상시킬 수 있다. 이와 같은 장소에는 계장에 테이프를 감는 등으로 보호하던지, 단자 위에 테이프를 붙여 계장의 손상의 개연성을 제거하는 연구가 필요하다.

또한 PIC_Board 위에 있는 5극 앵글의 핀 헤더와 계장이 서로 간섭하지 않도록 그림 3.5.7과 같이 핀 헤더 사이에 계장을 집어넣어 핀 헤더에 접근하는데 지장이 없도록 한다.

**그림 3.5.7** 핀 헤더와의 간섭대책

## 3.6 조립 후의 작업

### 3.6.1 충전과 인디케이터(indicator)의 확인

i-캔위성의 조립이 완성되면 배터리를 충전한다. i-캔위성에는 PWR 상부와 소형카메라의 내부에 리튬이온 배터리가 탑재되어 있다. PWR 상부의 배터리는 PWR의 J3 커넥터에, 소형카메라 배터리는 카메라의 USB 인터페이스에 각각 USB 케이블을 삽입함으로써 PC에서 충전할 수 있다(그림 3.6.1).

충전시간은 전지의 잔량에 따라 달라지는데, 최대 2시간 정도면 완전충전 상태가 될 것이다. 충전완료는 PWR 아랫면의 LED D1의 소등과 소형카메라의 인디케이터의 점멸정지로 판단한다.

**그림 3.6.1** USB 인터페이스로 충전

충전이 완료되면 COMM 위의 전원스위치 S1을 ON으로 하자. 그러면 COMM 위의 인디케이터 중에 PWR(적)과 SEP(황)의 LED가 점등한다(그림 3.6.2). 또한 J2 READ를 점퍼소켓으로 단락시킴으로써 SEP(황)의 LED의 소등을 확인한다.

**그림 3.6.2** 인디케이터의 점등을 확인

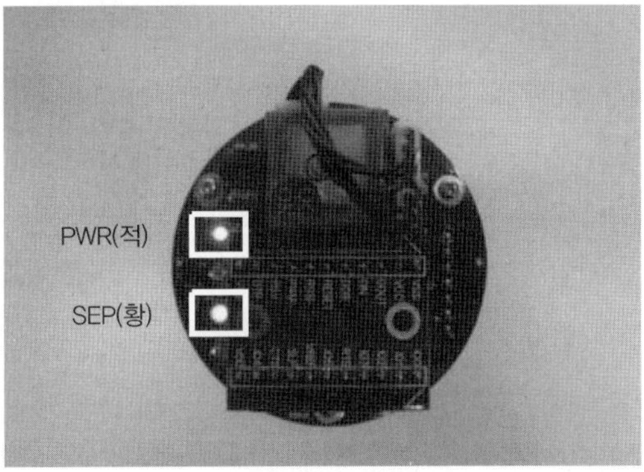

## 3.6.2 GPS의 설정

GPS는 표준상태에서는 NMEA 0183이라고 하는 서식에 따라 측위 데이터를 모두 출력한다. 그 내용은 Global Positioning System Fix Data(GGA)나 Geographic Position、Latitude and Longitude(GLL) 등 다방면에 걸친다. 그러나 i-캔위성에서 필요한 데이터는 측위(測位) 시각, 위도, 경도, 신호 위성의 수 등으로 충분할 것이다. GGA만을 출력하도록 GPS의 설정을 변경하자.

GPS의 설정은 PC를 통해 실시한다. i-캔위성에 탑재한 GPS「GT-723F」는 TTL 레벨과 RS-232C 레벨의 두 시리얼 통신 인터페이스를 갖추고 있다. PC의 USB 인터페이스와 D-Sub 9핀 커넥터와 변환하는 USB 시리얼 변환케이블(이하 변환케이블)을 통해 RS-232C 레벨로 설정한다. 또한 변환케이블의 형식은 RS-232C 레벨과 TTL 레벨의 레벨변환도 실시할 수 있는 USB-RS232C 컨버터(이하, 컨버터)도 있다. 변환케이블과 컨버터는 COMM 상의 커넥터 GPS에 연결하는 단자번호가 다르기 때문에 이하의 설명에서는 구별한다.

변환케이블과 컨버터 어느 것이라도 일단은 D-Sub 9핀 커넥터(플러그 또는 소켓)로 되어 있는 것을 선택하고, 그에 맞는 D-Sub 9핀 커넥터를 준비한다. 그리고 그림 3.6.3과 같이 2핀, 3핀, 5핀으로 각각 청, 황, 흑의 전선을 3개 설치하고 설정용 케이블을 제작한다. 각각의 전선을 구별할 수 있다면 전선의 피막 색은 구애 받지 않는다.

**그림 3.6.3** 설정용 케이블의 제작

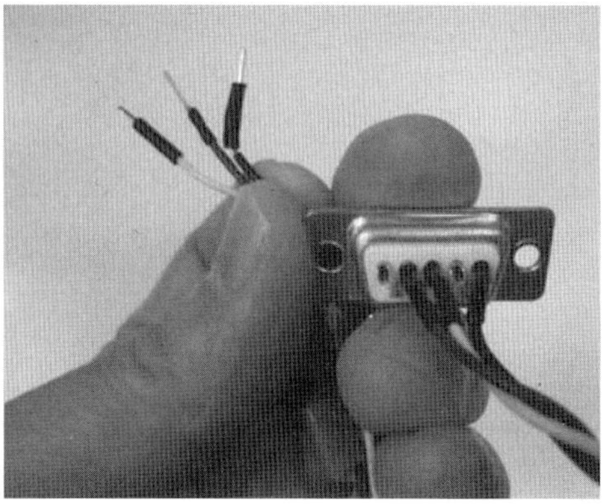

다른 쪽에는 1극의 핀 헤더를 각각 납땜한다. 납땜이 끝나면 변환케이블의 경우는 그림 3.6.4와 같이 COMM 위의 GPS 커넥터의 1핀에 흑, 3핀에 황, 4핀에 청을 삽입한다. 컨버터(converter)

의 경우는 1핀에 흑, 5핀에 황, 4핀에 청을 삽입한다. 삽입은 콘택트와 하우징의 틈에 핀 헤더를 끼우도록 한다.

**그림 3.6.4** 커넥터 GPS에 접속(변환 케이블의 경우)

이상의 결선이 끝나면 그림 3.6.5와 같이 PC에 접속된 변환케이블 또는 컨버터와 설정용 케이블을 연결하고 GPS의 설정을 하기 위하여 GPS 모듈 설정용 소프트웨어(SkyTraq GPS Viewer, 2014년 6월 현재의 최신버전은 0.5.050)를 기동한다.

**그림 3.6.5** 변환케이블을 사용한 PC와 접속한 모습

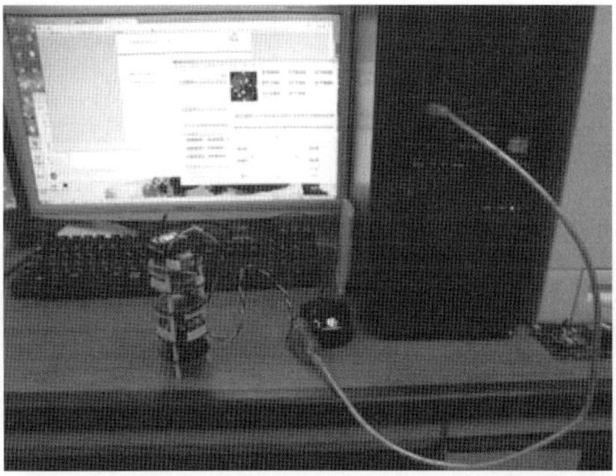

그림 3.6.6과 같이 「Com Port」를 선택하고, 「Baudrate」를 9,600으로 설정하여 바로 오른쪽에

있는 연결단추를 누른다. 여기에서 i-캔위성의 전원을 켜면 「Message」난에 GPS로부터의 출력 데이터가 계속 표시된다. 이 상태에서 메뉴 바에 있는 「Binary」의 풀다운 메뉴에서 「Configure NMEA Output」를 선택하여 별도의 창을 연다. 여기에서 「GGA Interval」의 값만을 「1」로 하고, 나머지는 모두 0으로 한 다음에 「Attributes」의 풀다운 메뉴에서 「Update to SRAM+FLASH」를 선택하고, 「Set」을 누르면 설정이 저장된다. 「Message」난의 출력데이터가 GPGGA만 되면 GPS의 설정은 완료된다.

**그림 3.6.6** GPS Viewer의 조작

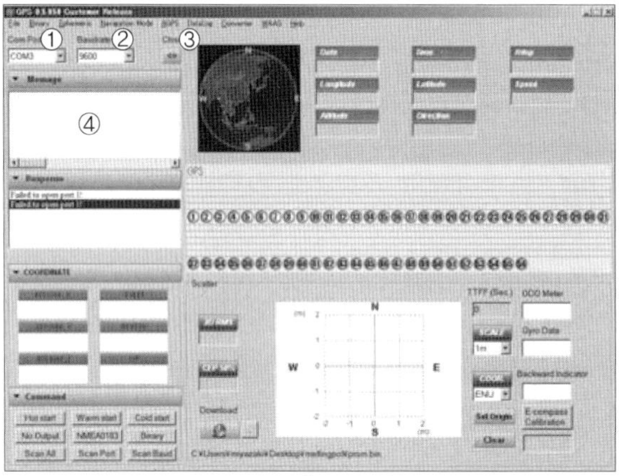


①COM PORT
시리얼 통신용 포트(port)번호

②Baudrate
통신속도

③close/connect
연결 버튼 클릭하면
「connect」라고 표시됨

④Message
GPS로부터의 출력데이터

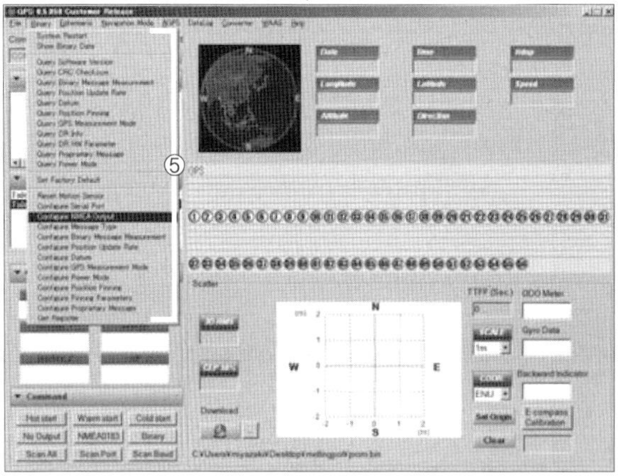


⑤Binary
출력데이터 설정

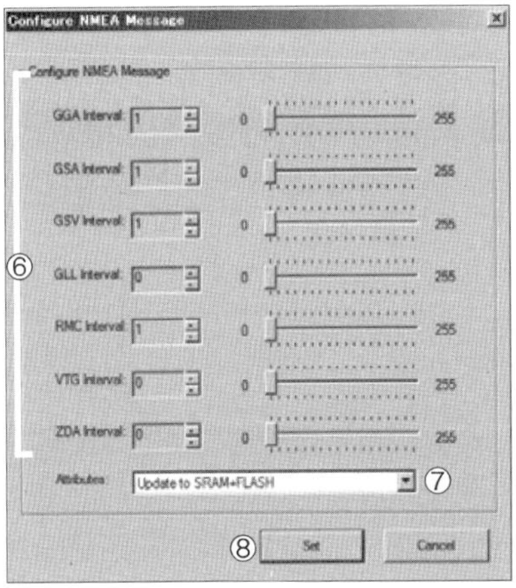


⑥Configure NMEA Message
출력데이터 선택

⑦Attributes
설정 변경장소의 선택

⑧set
설정확정 버튼

## 3.6.3 XBee 통신기의 설정

다음은 XBee 통신기를 설정한다. 설정 전에 i-캔위성에 탑재하는 XBee 통신기(이하 Module A)의 지상국을 담당하는 XBee 통신기(이하, Module B)에 기재되어 있는 2줄의 일련번호를 기록해 두자(그림 3.6.7). 이 일련번호는 윗줄이 SH, 아랫줄이 SL이라는 약어로 불린다. 또한 본 항에 기재된 일련번호는 모두 하나의 사례이다. 실제 설정은 각자의 XBee 통신기 값을 사용한다.

**그림 3.6.7** XBee 통신기 일련번호의 사례

| | Module A(i-캔위성) | Module B(地上局) |
|---|---|---|
| SH | 0013A200 | 0013A200 |
| SL | 4063D1D7 | 406B376F |

Module A, Module B 모두 설정 방법은 거의 같다. 다음은 Module A의 설정을 사례로 한 해설인데, Module A의 설정이 끝나면 마찬가지로 Module B의 설정을 진행한다.

먼저 Module A를 삽입한 XBee 인터페이스(그림 3.6.8)를 PC와 연결한다. XBee 인터페이스는 PC에 연결되면 자동적으로 드라이버를 인스톨하며, 사용 가능한 상태가 된다. 만약에 드라이버의 인스톨이 되지 않는 경우에는 디지 인터내셔널(Digi International)사의 홈페이지(http://www.digi.com/) 등을 참조하여 대처하기 바란다.

**그림 3.6.8** XBee 인터페이스를 PC에 연결

XBee 설정을 위한 애플리케이션(application)인 「X-CTU」를 디지 인터내셔널사의 홈페이지에서 다운로드하여 인스톨한 후에 기동한다. 여기에서는 XCTUver.5.2.8.6(40003002_C.exe)에 기반하여 설명한다.

X-CTU를 기동하면 그림 3.6.9와 같이 화면이 표시되므로 대응하는 포트를 선택하여 「Test/Query」를 누르면 된다. 별다른 문제없이 통신이 가능하면 그림 3.6.10과 같이 창이 열리고 일련번호가 표시되므로 적어둔 일련번호와 일치하면 「OK」를 누른다.

**그림 3.6.9** X-CTU를 사용한 XBee 통신기의 설정 사례1

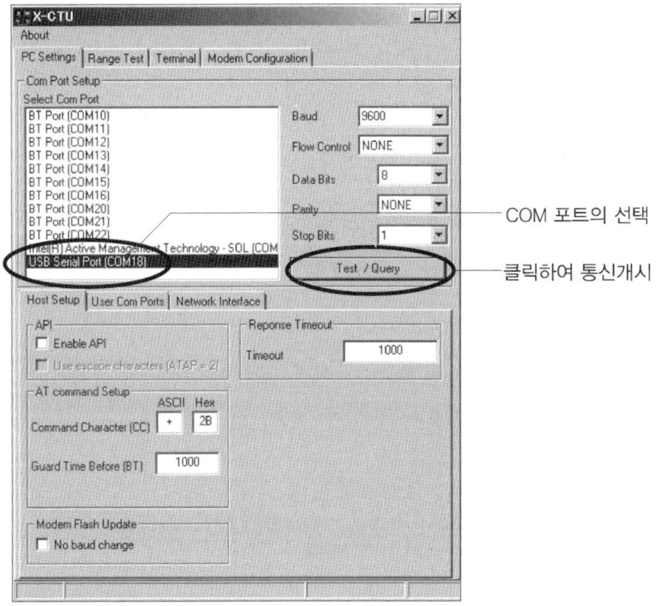


**그림 3.6.10** X-CTU를 사용한 XBee 통신기의 설정 사례2

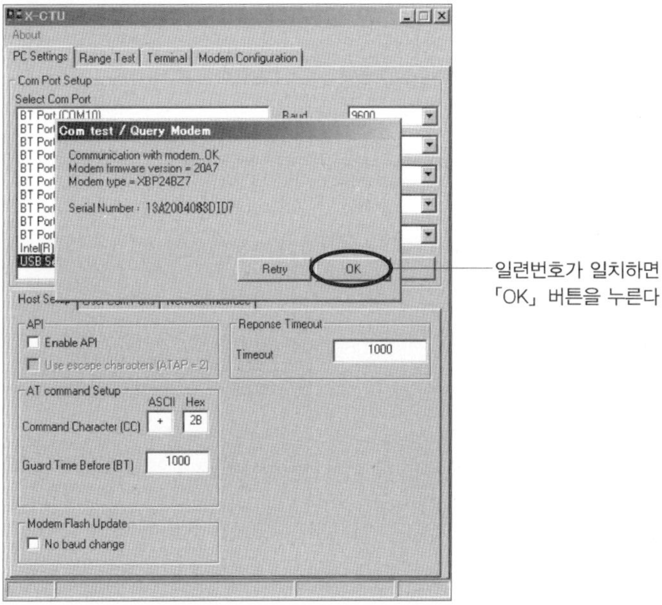

이어서 그림 3.6.11과 같이 「Modem Configuration」의 탭을 선택하고 「Read」를 누르면, Module A 또는 B의 설정내용이 표시된다. 여기에서 그림 3.6.12와 같이 「Function Set」를, Module A에 대해서는 「ZIGBEE COORDINATOR AT」에 Module B에 대해서는 「ZIGBEE ROUTER AT」를 선택한다.

**그림 3.6.11** X-CTU를 사용한 XBee 통신기의 설정 사례3

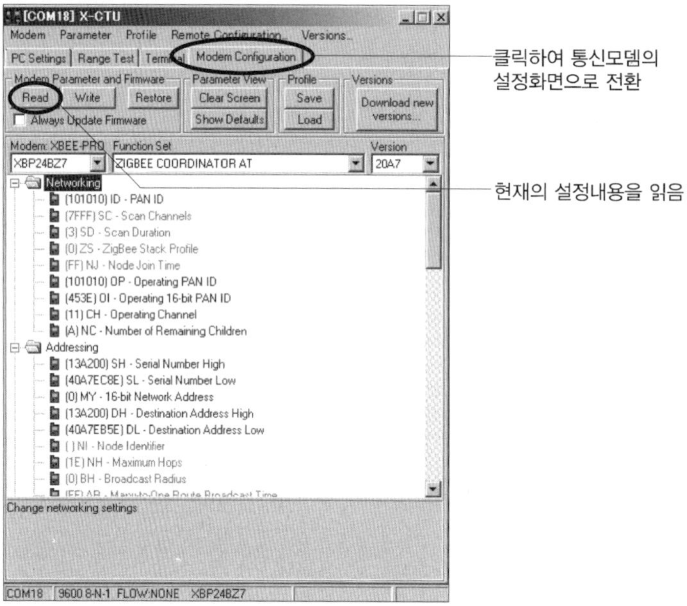


**그림 3.6.12** X-CTU를 사용한 XBee 통신기의 설정 사례4

| | Module A | Module B |
|---|---|---|
| Function Set | ZIGBEE COORDINATOR AT | ZIGBEE ROUTER AT |
| SL | 4063D1D7 | 406B376F |

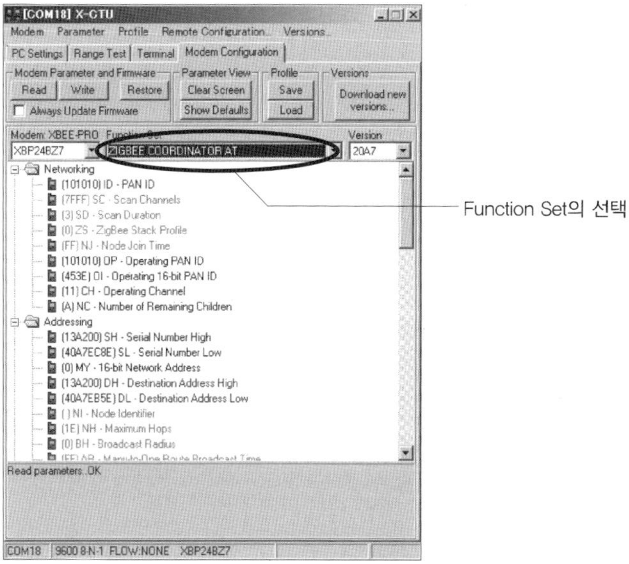


또한 그림 3.6.13과 같이 「Networking」속의 「PAN ID」의 값을 적절하게 선택한다. 여기에서는 「720」으로 한다. PAN ID는 복수의 i-캔위성이 가까운 곳에 있는 경우에는 서로 다른 수치를 선택할 필요가 있다.

**그림 3.6.13** X-CTU를 사용한 XBee 통신기의 설정 사례5

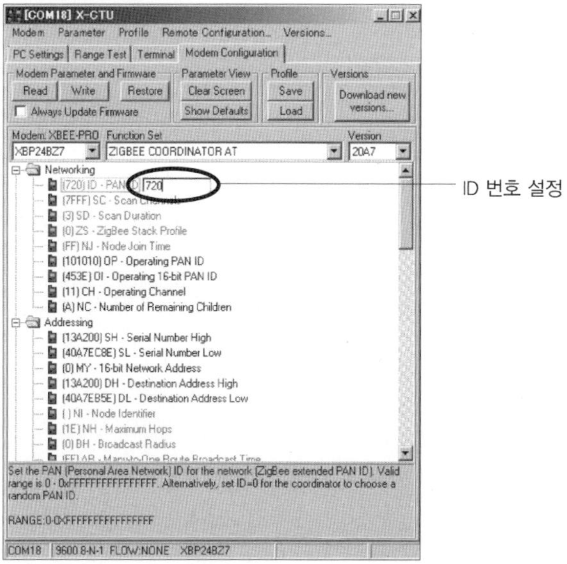

통신상대의 일련번호인 DH 및 DL을 입력한다(그림 3.6.14). 즉 Module A에 대해서는 Module B의 일련번호가 Module B에 대해서는 Module A의 일련번호가 DH 및 DL이 된다.

**그림 3.6.14** X-CTU를 사용한 XBee 통신기의 설정 사례6

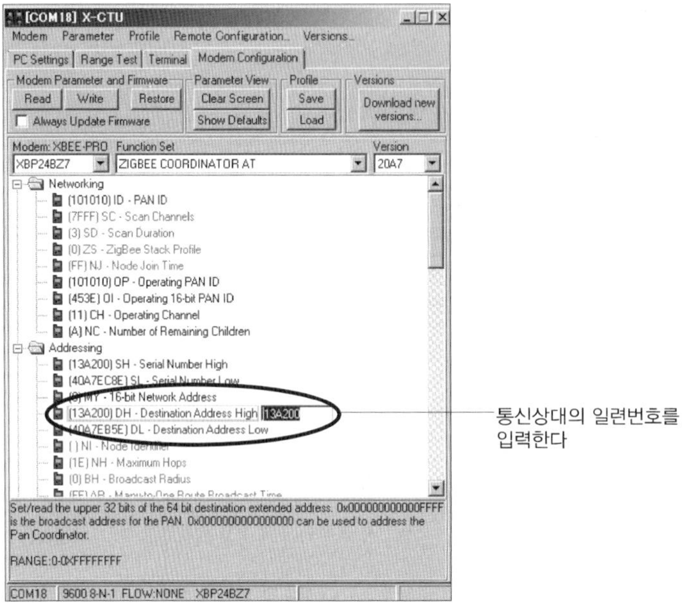


| | Module A | Module B |
|---|---|---|
| SH | 0013A200 | 0013A200 |
| SL | 4063D1D7 | 406B376F |
| DH | 0013A200 | 0013A200 |
| DL | 406B376F | 4063D1D7 |

입력이 끝나면 그림 3.6.15와 같이 「Write」를 누르고, 설정 내용을 XBee 통신기 내에 써넣으면 설정이 완료된다.

**그림 3.6.15** X-CTU를 사용한 XBee 통신기의 설정 사례7

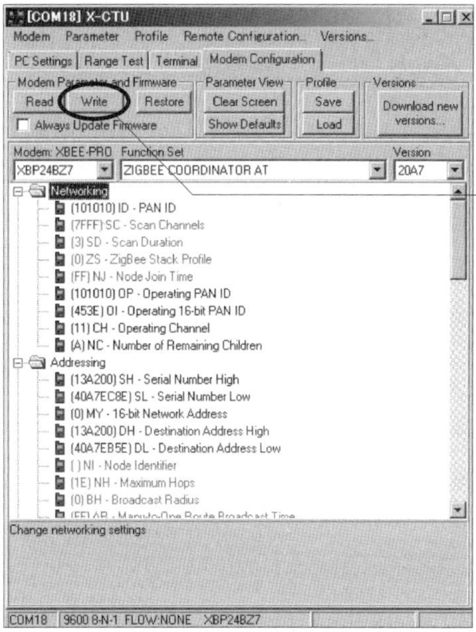


# 3.7 프로그램의 작성 및 테스트

## 3.7.1 프로그램의 작성

PIC에서의 프로그램 작성은 PIC_Board의 J3에 마이크로 칩 테크놀로지사의 제품인 PICkit3을 연결한다. PICkit3의 6극 인터페이스 중에 흰색 삼각형으로 표시된 1번 단자를 그림 3.7.1과 같이 PIC_Board를 향해 가장 오른쪽에 위치하는 1번 핀에 맞춘다. PICkit3의 6번 단자는 어디에도 연결하지 않아도 좋다.

**그림 3.7.1** PIC_Board와 PICkit3의 연결

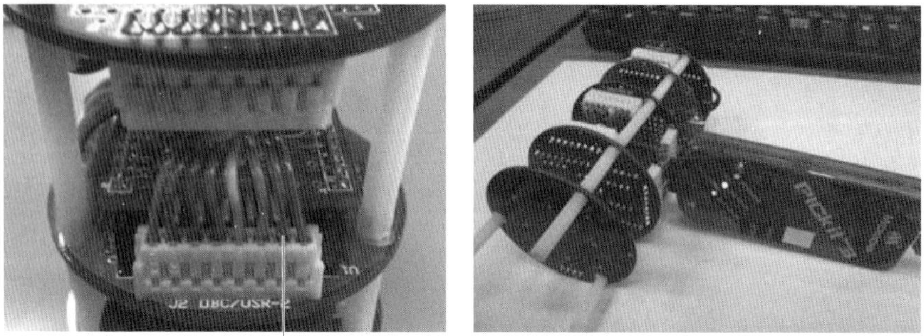


프로그램의 개발환경은 마이크로칩 테크놀로지사의 제품인 MPLAB를 권장한다. 또한 UNISEC의 홈페이지(http://www.unisec.jp/c3st/)에 제시한 샘플 프로그램에 대해서는 컴파일러(compiler)로 HI-TECH C를 사용하고 있다. HI-TECH C는 현재 MPLAB XC8 C Compiler로서 MPLAB XC에 포함되어 있다. 이전에는 MPLAB X IDE를 인스톨한 후에 HI-TECH C를 인스톨했었으나, 현재는 MPLAB XC만 인스톨하면 된다. 또한 MPLAB이나 컴파일러는 몇 가지의 패키지가 있지만, i-캔위성의 경우는 무료 버전판으로도 충분하다. MPLAB에서의 설정이나 프로그램개발 및 PICkit3의 사용방법에 대해서는 적절하게 Web 상의 정보를 참조하기 바란다.

MPLAB 등의 개발환경에서 샘플 프로그램을 구축하고, PICkit3를 통해 기록한다. MPLAB과 PICkit3를 조합한 경우, MPLAB에서 전력공급 설정을 해 놓으면, i-캔위성의 전원을 ON으로 하지 않고, PICkit3에서 전력공급을 할 수 있다.

샘플 프로그램은 그림 3.7.2의 플로우 차트(flow chart)에 따라 설명되어 있다. 시리얼 통신의 송수신 동작은 인터럽트(interrupt)를 사용하지는 않지만, 이것은 GPS에서 측위 데이터를 시리얼 수신을 통해서 받는 것보다 메인루틴(main routine) 내의 루프(loop)가 매우 빠른 것에 의존하고 있다. 따라서 메인루틴 내의 루프에 시간을 필요로 하는 처리를 추구하는 경우에는 이 전제조건에 위배되기 때문에 적어도 시리얼 수신 동작은 인터럽트를 사용하여야 한다. 또한 샘플 프로그램의 설명은 i-캔위성의 회로도 및 PIC를 포함한 각 소자의 사양서를 참조하여 제대로 이해하자.

메인루틴 내에는 예제로 USR 위에 탑재한 자이로(gyro)나 가속도센서에서 데이터를 취득하는 코드도 기재되어 있기 때문에 A/D 변환을 사용하는 경우 등에서 참고하기 바란다.

**그림 3.7.2** 샘플 프로그램의 플로우 차트

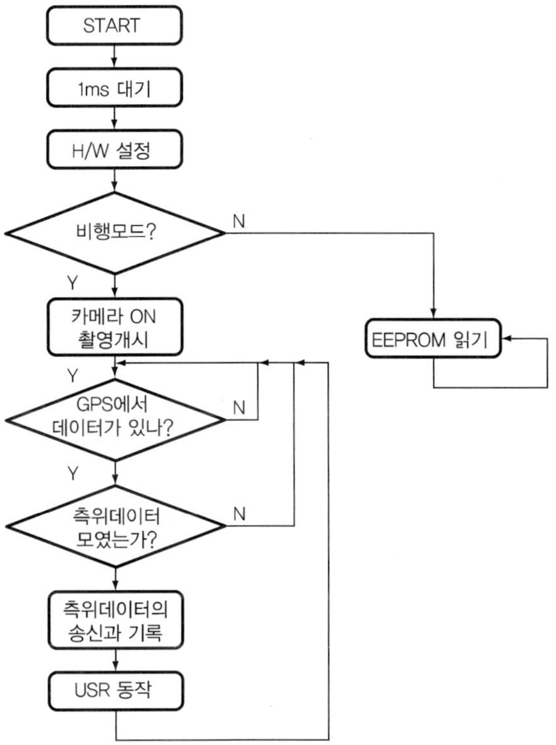


또한 샘플 프로그램은 MPLAB X IDE+HI-TECH C에 따라 작성된 것이기 때문에 MPLAB XC나 기타 다른 것을 사용한 경우에는 인클루드 파일(include file)의 명칭을 변경하는 등의 수정이 필요하다.

## 3.7.2 동작 확인

i-캔위성에 설정을 마친 XBee 통신기(Module A)를 연결한다. SEP와 READ는 개방한다. PC에는 지상국이 되는 XBee 통신기를 연결한 XBee 인터페이스를 연결하고, 「투나텀(TCP·UDP 및 시리얼 통신의 데이터 해석용 다기능 터미널)」(http://www.space.t.u-tokyo.ac.jp/tunaterm/)이나 「Tera Term」(http://ttssh2.sourceforge.jp/) 등의 터미널 소프트웨어를 기동하여 COM 포트를 연다.

이 상태에서 i-캔위성의 전원을 ON으로 해 보자. READ 핀이 벗겨져서 절연되어 있기 때문에 샘플 프로그램의 메인 함수 내에 있는 「if (READ == LOW)」의 판정에 따라 비행모드의 처리에 들어간다. 이 처리에는 GPS를 수신하고, XBee 통신기에 의해 데이터를 송신한다는 일련의 절차를 기재하고 있다. 또한 SEP 핀도 분리되어 절연되어 있기 때문에 XBee 통신기에 전력공급이 이루어진다.

측위 데이터가 XBee 통신기를 통해 터미널소프트웨어 위에 표시되면 문제는 없을 것이다. 이 때에 실내인 경우라면 GPS는 위성을 포착하지 않기 때문에 측위 데이터에는 무의미한 수치가 표시된다. 야외에서 하늘이 개방된 장소라면 수분 이내에 위성을 보완하여 의미가 있는 측위 데이터가 표시된다. SEP가 점퍼소켓에서 단락되면 XBee 통신기에 전력공급이 끊어지므로 측위 데이터가 정지된다. 측위 데이터는 XBee 통신기에 의해 송신과 동시에 OBC 상의 EEPROM에 기록되어 있다. 측위 데이터가 모일 때마다 USR의 LED가 점등한다.

일단 전원을 OFF로 하고, READ를 단락시킨 상태에서 다시 전원을 ON으로 하면, EEPROM에 기록된 내용이 순차적으로 XBee 통신기를 통하여 터미널소프트웨어에 수신으로 표시되는 것을 확인한다.

또한 SEP 핀에 점퍼소켓을 꽂아 단락시킴으로써 XBee 통신기에 전력공급이 정지된다. 이것은 i-캔위성을 로켓이나 기구에 수납된 상태를 모의하며, 캔위성 규칙에 따라 전파 발사를 정지하고 있다. 실제의 비행에서는 이 SEP 핀에 삽입한 점퍼소켓에 끈을 연결하여 이 끈을 낙하산 끈 중에 하나에 적절히 연결시켜 두면, 낙하산이 펼쳐짐으로써 점퍼소켓이 뽑혀 분리감지를 할 수가 있다.

## 3.8 구체의 제작

### 3.8.1 구체의 가공순서

i-캔위성은 일본의 표준적인 350mL 캔에 수납할 수 있도록 되어 있다. 단, 사용하는 캔은 무알코올 음료에 한한다. 알코올 음료용 캔은 마개 구경이 약간 작기 때문에 i-캔위성을 수납할 수 없다. 350mL 캔은 캔위성의 비행에 충분한 강도가 있어서 i-캔위성의 구체로 이용할 수 있

다. 다음은 캔을 i-캔위성 구체로 만들기 위한 가공순서이다.

### (1) 캔 바닥에 구멍 뚫기

캔 바닥에 직경 2mm의 구멍을 뚫어 i-캔위성 최하부의 움푹 들어간 캔의 바깥쪽에서 M2 나사를 통하여 i-캔위성을 캔에 고정할 수 있도록 한다(그림 3.8.1).

**그림 3.8.1** 캔 바닥에 구멍을 뚫는다

### (2) 낙하산 설치

캔 상부에 직경 3mm 정도의 구멍을 뚫고, 낙하산 고정장치를 M3 나사로 고정할 수 있도록 한다. 고정장치는 캔의 내부 또는 외부에서 M3 나사를 삽입하여 반대 측을 너트로 고정한다. 낙하산의 끈이 8개인 경우에는 이 구멍은 90도마다 4개소에 설치하고, 하나의 고정장치에 낙하산 끈을 2개씩 연결한다. 또는 4개소의 고정장치 중에 2개소에 작은 낙하산을 각각 하나씩 설치한다.

### (3) 카메라용 구멍 뚫기

CAM에 카메라를 설치한 경우에는 카메라 렌즈가 캔의 세부를 바라볼 수 있도록 캔 벽면에 원형 또는 사각형 구멍을 뚫는다.

이상의 순서로 완성한 i-캔위성을 그림 3.8.2에 제시한다.

그림 3.8.2 완성한 i-캔위성의 모습

## 3.8.2 완성 후의 조정 사례

UNISEC의 홈페이지(http://www.unisec.jp/c3st/)에 제시한 샘플 프로그램은 단순히 측위 데이터를 수신하고, 그것을 XBee로 통신과 EEPROM에 기록만 하는 심플한 것이다. i-캔위성에서는 물론 이외에도 다양한 실험이 가능하다. 스스로 적절하게 프로그램을 기억하고 수정하는 등의 다양한 미션에 도전해 보자. 이하는 추가 미션에 대한 하나의 사례이다.

- 측위 데이터를 연산함으로써 목표위치까지의 거리나 각도를 산출하고, XBee 또는 EEPROM에 기록.
- USR에 가속도계나 자이로(gyro) 센서, 온도계, 또는 부저 등의 회로를 조합하고, 비행 중에 데이터를 취득 또는 부저를 울린다.

# 4장

# 캔위성(CanSat)의 미션과 서브시스템

4장에서는 캔위성에서 실시하는 미션과 서브시스템에 대하여 알아보자.
먼저, 4.1절에서는 관점과 미션의 사례, 달성하기 위해 필요한 기기 등을 해설한다. 그리고 4.2절 이후는 캔위성 서브시스템의 설계·개발·시험에 대하여 실제 위성의 경우와 비교하면서 해설한다. 상당히 전문적인 내용도 포함되어 있지만 장래 우주선을 비롯한 기계 시스템 개발에 참여하고자 하는 분들은 반드시 읽어보기 바란다.

# 4.1 캔위성의 미션

## 4.1.1 캔위성의 미션과 V모델

캔위성의 미션이란 캔위성이 수행하는 관측이나 실험 등 프로젝트의 존재의의와 가치를 결정하는 것이다. 미션의 성공을 위해서는 미션계에 포함되어 있는 기기가 의도한대로 동작하는 것이 우선 필요하다. 전력계나 통신계, 그 이외의 버스시스템이 미션계를 정확하게 지원하는 것은 필수적이다. 캔위성 또한 복수의 요소가 유기적으로 협력하여 하나의 목적을 달성하는 「시스템」이기 때문에 소위 시스템공학적인 방법을 적용할 수 있다.

캔위성의 설계에서는 먼저 개발목적을 단적으로 나타낸 "미션 · 스테이트먼트(statement: 성명서)"를 선언한다. 다음으로 그것을 실현하기 위한 "미션항목"과 그 성공여부의 판단기준이 되는 "성공기준"을 꼽는다. 미션항목과 성공평가기준에 근거하여 미션항목을 실현하고, 나아가서 성공여부의 판단이나 검증수단을 수행하기 위한 "요소"를 빠짐없이 열거한다. 이 요구 하나하나에 대해 가급적이면 1대 1로 "사양"을 대응시키고, 유사한 성격의 사양 별로 그룹화함으로써 "계"를 정의한다(그림 4.1.1 왼쪽). 또는 미션항목과 성공평가기준에서 이것에 필요한 계를 세우고, 그 계에서 필요한 요구를 빠짐없이 열거하여 그들 요구에 1대 1로 사양을 대응시킨다(그림 4.1.1 오른쪽). 과거의 사례나 경험을 토대로 하는 경우에는 후자가 채용되는 경우가 대부분이다. 이러한 일련의 과정을 "브레이크다운(breakdown)"이라고 한다.

**그림 4.1.1** 브레이크다운의 흐름

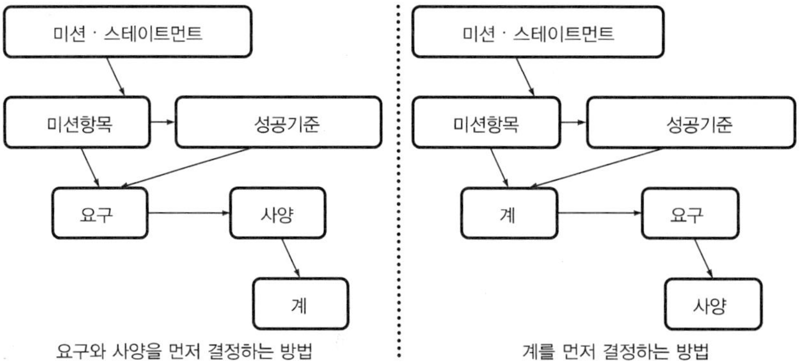

이상과 같이 하여, 우선 캔위성이 어떠한 기능을 가지며, 그것을 어떠한 사양으로 실현할 것인가를 명확하게 한다. 그런 다음에 개별 사양이나 계, 그리고 캔위성 전체 시스템을 실현하는 "인티그레이션(integration: 통합)"을 실시하고, 브레이크 다운의 각 단계에 대응하는 인티그레이션이 완전히 성취되었음을 확인하는 "검증"을 실시한다. 이것들을 정리해서 2.5절에서 언급한 V모델로 표현하면 그림 4.1.2와 같다.

**그림 4.1.2** 캔위성의 V모델

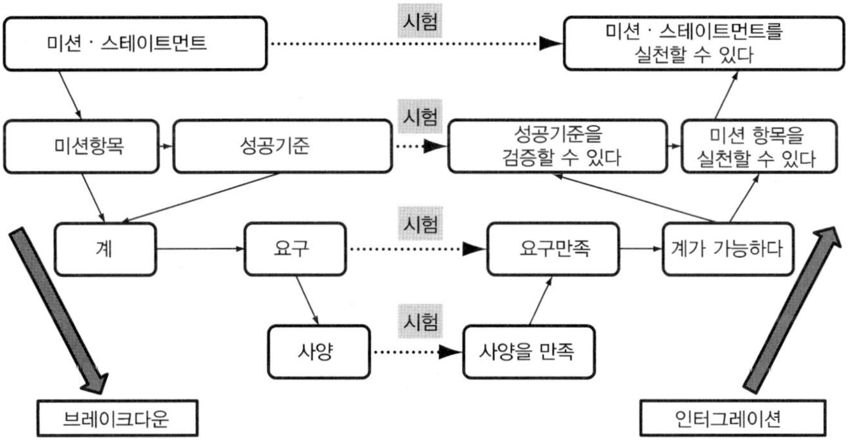


## 4.1.2 캔위성 미션의 사례

캔위성의 미션 사례로 2012년에 개최된 ARLISS 2012의 참가 팀이 실시한 것 중에서 몇 가지를 소개하고자 한다(표 4.1.1)[1]. 모두 개발 초기에 명확한 미션 · 스테이트먼트를 정의하고, 거기에서 미션항목 및 성공평가기준을 설정함으로써 무엇을 어떻게 개발할 것인가를 명확하게 한 것을 알 수 있다.

**표 4.1.1.** ARLISS 2012 참가 팀의 캔위성 미션

| 참가 팀명 | 미션 · 스테이트먼트 | 미션 항목 | 성공기준 (미니멈) | 성공기준 (풀) | 개발한 캔위성 |
|---|---|---|---|---|---|
| 도쿄(東京) 대학<br>NASU | 자유 낙하로 강풍지역을 신속하게 통과한 후에 파라 포일을 펼친다. | • 파라 포일에 따라 목표지점에 접근한다.<br>• 자유 낙하로 강풍지역을 신속하게 빠져 나간 후에 제어 가능한 공역으로 들어와 파라 포일을 펼친다. | • 파라 포일을 일정의 고도에서 펼친다.<br>• 파라 포일의 전개를 지상국에 확인한다.<br>• 비행기록을 남기고, 제어가 시행된 것을 검증한다. | • 파라 포일로 자동제어를 한다.<br>• 고도 1km 이하에서 목표지점을 향하여 300m 접근한다.<br>• 목표지점의 1km 이내에 착지한다. | 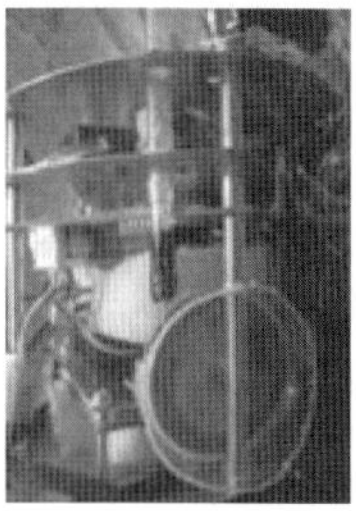 |
| 도쿄(東京) 공업 대학<br>SABRO | 자율제어를 이용한 행성탐사 및 초소형 우주선과의 중계통신 실시 | • 착지할 때까지 기상관측 실시<br>• 착지 후에 본체와 부속체로 분류하고, 본체는 발전소 겸 통신기지로 기능하고, 부속체는 자율제어 실시 | • 본체와 부속체 간의 데이터통신 실시<br>• 본체는 기상데이터 취득 실시<br>• 부속체는 본체에서 분리하여 동영상 촬영 | • 본체는 부속체 상태를 송신, 대기밀도를 산출<br>• 부속체는 자율이동제어 및 자율귀환제어 실시 |  |
| 수도대학 도쿄(東京)<br>TMG | 파손되기 쉬운 탑재물을 지상까지 무사히 가져옴 | 캔위성에 계란을 넣고, 파손되지 않도록 지상에 낙하 | • 계란을 깨지 않고 지상으로 가져옴<br>• 로켓과 분리 후 낙하산 전개 | • 계란에 손상이 가지 않고 지상으로 가져옴<br>• 비행 중에 계란의 모습을 동영상 촬영 |  |

※ 상세한 사항은 UNISEC의 홈페이지 참조 http://www.unisec.jp/history/arliss2012/

캔위성의 미션을 결정하기 위해서는 개발 초기에 팀의 멤버들이 자유롭게 의견을 교환하고 각자가 "하고 싶은 것"을 열거하는 「브레인스토밍(Brainstorming)」을 할 것을 권장한다. 브레인스토밍을 통해 서로 자극하고 새로운 발상이 유발되기를 기대할 수 있다.

브레인스토밍이 끝나면, ① "하고 싶은 것", ② 팀의 기술 레벨이나 인적자원, 설비, 예산, 또는 캔위성의 탑재능력 등으로 제한되는 "할 수 있는 것", ③ 그리고 직면한 과제 등의 외적

요인으로 제한이나 요구를 수용하는 "하여야 할 것"을 구별하고, 그 영역과 경계를 인식한다(그림 4.1.3).

극단적인 예를 들자면 「캔위성에 반 중력 추진장치를 탑재하고, 이로 인하여 부유하면서 목표지점에 접근하고 착륙한다」는 것을 하고 싶다고 브레인스토밍 단계에서 제안하는 것은 전혀 문제가 없다. 그러나 그 후에 과연 그것이 "할 수 있는 것"에 해당되는 가를 확실히 고려할 필요가 있을 것이다. 또한 "할 수 있는 것"에 해당된다고 하더라도 그것이 예를 들면 「공학적인 의의가 없는 단순한 장난감이 아닌지」 등 "하여야 할 것"인지의 여부를 고려하는 것은 그 캔위성의 가치를 크게 좌우한다.

**그림 4.1.3** 하고 싶은 것, 할 수 있는 것, 하여야 할 것의 범위

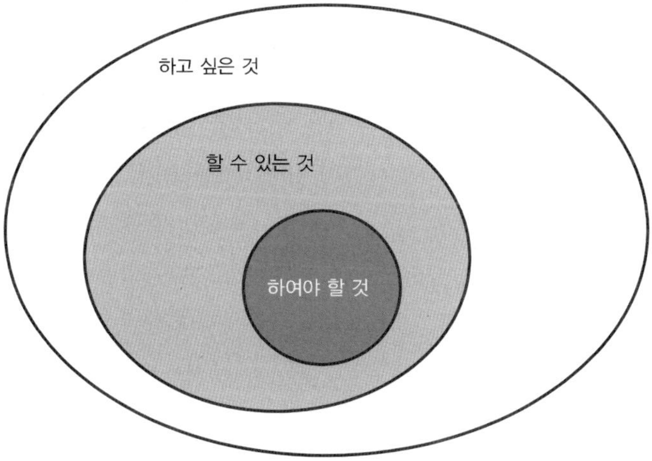


## 4.1.3 브레이크다운의 사례

미션이 결정되면, 브레이크다운까지의 흐름에 대하여 ARLISS 2012에 참가한 수도대학 도쿄의 캔위성 팀이 수행한 미션의 사례로 자세하게 설명하자.

먼저 미션 · 스테이트먼트를 선언할 필요가 있다. 미션 · 스테이트먼트 선언은 그 근거도 함께 기재해 두면 미션의 의의를 명확하게 할 수 있다.

당시에는 파손되기 쉬운 탑재물을 캔위성에 넣어 낙하시키는 미션을 수행한 팀이 아직 없었다. 그래서 수도대학 도쿄 팀은 그 기술에 관해서 캔위성의 미션을 통하여 고려하고자 생각하

였다. 또한 원하는 장소에 물건을 나르는 것도 우주개발에는 필수적이다. 그래서 팀에서는 파손되기 쉬운 탑재물을 목적지까지 무사히 전달하는 것을 목적으로 하였다. 미션 · 스테이트먼트는 다음과 같이 선언되었다.

> 파손되기 쉬운 탑재물을 지상까지 무사히 가져옴

다음의 미션항목에는 미션 · 스테이트먼트를 실천하기 위하여 하여야 할 것을 기재한다. 수도대학 도쿄 팀에서는 "파손되기 쉬운 탑재물"을 "계란"으로 설정하고, "지상까지 무사히 가져온다"를 "파손되지 않도록 하여 지상에 낙하시킨다"로 구체화하여 미션항목으로 정의했다.

> 캔위성에 계란을 넣어, 파손되지 않고 지상에 낙하시킨다.

다음에 미션항목에 대한 성공여부 판단을 위한 기준을 성공기준으로 정의한다. 성공여부의 판단을 위한 검증수단 자체가 공학적인 성과로 인정된다면 그것을 성공기준에 포함해도 좋다.

또한, 최소한이라고 하더라도 성과로 인정할 수 있는 것은 "미니멈(minimum) 성공", 본래의 미션을 완수하는 것은 "풀(full) 성공" 또는 "노멀(normal) 성공"이라고 부른다. 또한 당초에 예상한 이상의 성과를 낸 것을 "어드밴스드(advanced) 성공" 또는 "엑스트라(extra) 성공"으로 정의할 수 있다. 각각 항목의 성공여부를 어떻게 확인할 것인지의 검증수단도 명확히 해두는 것이 중요하다.

> 미니멈(minimum) 성공
> - 계란을 파손시키지 않고 지상에 가져옴
>   → [검증수단] 회수 후에 계란이 파손되지 않은 것을 육안으로 확인
> - 로켓에서 분리된 후에 낙하산을 펼친다
>   → [검증수단] 육안으로 낙하산이 오므라들지 않고 펼쳐지는 것을 육안으로 확인
>
> 풀(full) 성공
> - 계란에 금이 가지 않고 지상으로 가져옴
>   → [검증수단] 회수 후에 계란에 금이 가지 않은 것을 육안으로 확인
> - 비행 중에 계란의 모습을 동영상으로 촬영
>   → [검증수단] 동영상 데이터의 유무, 그 기록내용으로 판단

미션항목과 성공기준의 정의가 끝나면, 실현하기 위한 요구를 열거한다. 수도대학 도쿄 팀의 사례에서는 요구(Requirement)에 항목번호를 붙여서 R1, R2 …… 로 기재하고 있다.

요구는 철저하게 빠짐없이 추출하여야 한다. 단, 요구의 입도(粒度)를 어느 정도로 갖출 것인가 하는 것은 이후의 사양 결정에 영향을 미친다. 또한 여기에 열거하여야 할 것은 요구이며, 사양이 아닌 것에 유의하자. 예를 들면 요구에 「캔위성이 정상적으로 동작하기 위하여 배터리를 탑재할 것」이라고 하는 것은 부적절하다. 전력공급에는 몇 가지의 수단이 있으며, 요구에서 사양까지 검토한 다음에 결정하여야 할 것이다. 그럼에도 불구하고 요구 그 자체에 배터리라는 사양이 기술되는 것은 이상하다. 또한 이 작성방법에서는 배터리를 탑재하는 그 자체가 요구가 되며, 배터리의 실증시험을 실시하는 것을 제시하고 있는 것처럼 보일 수 있다. 열거한 항목이 요구사항으로 적절한지의 여부도 확인하도록 하자.

**◉ 수도대학 도쿄 팀의 요구항목 사례**

| | |
|---|---|
| R1 | 캔위성은 1,050g 이하일 것 |
| R2 | 캔위성의 크기는 내경 146mm, 높이 240mm의 커리어에 수납할 것 |
| R3 | 캔위성이 로켓 발사 시에 걸리는 하중, 최대가속도(10G), 랜덤진동(25Grms)에 견디는 구조일 것 |
| R4 | 캔위성은 자유낙하를 방지하기 위하여 확실히 기능하는 감속구조를 지닐 것 |
| R5 | 캔위성이 감속할 수 있을 만큼의 하중을 낙하산이 견딜 수 있을 것 |
| R6 | 커리어 수납 시에 기체가 낙하산에 상처를 내지 않도록 연구할 것 |
| R7 | 기후 때문에 즉시 로켓을 발사할 수 없는 일이 있기 때문에 수납 시에는 전력을 절약하는 연구가 이루어질 것 |
| R8 | 송신기는 커리어 방출 후까지 전파를 일절 송출하지 말 것 |
| R9 | 현재의 위치정보를 취득하고, 비행경로의 확인에 필요한 정보를 검색할 것 |
| R10 | 캔위성에 위치정보의 이력을 기록하고, 회수 후에 운영위원인 심사위원에게 제어이력을 제출할 것 |
| R11 | 캔위성은 지상으로 위치정보를 다운링크하고, 지상국 무선기기는 그 데이터를 수신할 수 있을 것 |
| R12 | 캔위성이 정상적으로 작동하기 위한 전력을 공급할 수 있을 것 |
| R13 | 캔위성이 착지 시의 충격에도 견딜 수 있을 것 |
| R14 | 캔위성을 회수할 때에 위치정보의 이력을 실수로 삭제하지 않도록 연구할 것 |
| R15 | 캔위성을 회수할 때에 위치정보의 이력을 실수로 덮어쓰지 않도록 연구할 것 |

| | |
|---|---|
| R16 | 계란껍질에 가해지는 충격을 완화시키는 기구를 가질 것 |
| R17 | 만일에 계란껍질이 깨진 경우에 깨진 것이 밖으로 튀지 않는 기구를 가질 것 |
| R18 | 계란껍질의 모습을 전 과정에 걸쳐서 파악할 것 |
| R19 | 목표지점(target)의 위치정보를 용이하게 설정할 수 있을 것 |

요구의 추출이 끝나면 각각의 요구에 대하여 사양을 1대 1로 대응시킨다. 수도대학 도쿄 팀의 사례에서는 사양(Specification)에 항목번호를 붙여, S1, S2 …… 로 기재하고, 요구의 항목번호와 대응시킨다. 사양은 자세하게 결정된다면 좋지만, 이후의 검토에서 변경 가능성이 있는 것(예를 들면 재질이나 개소 등)에 대해서는 그렇지 않다. 또한 항목에 따라서는 요구와 거의 차이가 없는 표현이 될 수도 있다(사례로는 R2/S2 등). 그렇다고 하더라도 요구로부터 사양이 결정된다는 것이 중요한 의미를 지니기 때문에 생략하지 말고 기술한다.

#### ◉ 수도대학 도쿄 팀의 사양항목 사례

| | |
|---|---|
| S1 | 충격흡수기구를 포함한 전 중량을 1,050g 이하로 수납할 것 |
| S2 | 캔위성의 구체를 직경 146mm, 높이 240mm보다 작게 수납할 것 |
| S3 | 캔위성이 로켓발사 때에 걸리는 하중, 최대가속도(10G), 랜덤 진동(25Grms)에 견디고, 구체의 볼트, 기판의 나사 등이 빠지지 않는 구조로 할 것 |
| S4 | 감속기구에는 직경 146mm, 높이 240mm의 커리어에 맞는 낙하산을 사용할 것 |
| S5 | 낙하산의 줄이 로켓 발사로 절단되지 않는 소재로 되어 있을 것 |
| S6 | 낙하산 및 낙하산을 연결하는 줄의 소재가 구체에 닿아도 문제없는 재료를 구체에 사용할 것 |
| S7 | 로켓에서 방출을 감지할 때까지 전력을 억제할 수 있는 기구를 지닐 것 |
| S8 | 로켓에서 방출을 감지할 때까지 전파를 발사하지 않는 분리감지 기능을 탑재시킬 것 |
| S9 | 시간 정도가 높은 현재 위치를 취득하기 위하여 1초마다 데이터를 수신할 수 있는 GPS를 사용할 것 |
| S10 | 로켓의 커리어 부 수납에서 발사, 분리, 비행, 착지, 회수까지의 미션 시퀀스(sequence) 속에서 시각(6바이트)과 위치(14바이트), 제어입력(2바이트)의 22바이트를 2시간분(2,640바이트)을 기록할 수 있을 것 |
| S11 | 회수를 용이하게 하기 위하여 통신기를 이용하여 현재위치를 지상국에 다운링크할 것 |
| S12 | 전력을 안정적으로 공급할 수 있도록 배터리를 2개 탑재할 것 |
| S13 | 자유 낙하하여 200km/h로 지면에 충돌하더라도 파손, 비산하지 않는 구체를 설계할 것 |

| S14 | 기록한 데이터를 실수로 삭제하지 않도록 2개의 모드(Flight Mode와 Read Mode)를 사용하며 두 모드가 쉽게 바뀌지 않는 기구를 지닌 것 |
|---|---|
| S15 | 실수로 전원이 ON이 되는 것을 방지하기 위하여 캔위성 본체에서 전지의 교체가 가능한 구조일 것 |
| S16 | 계란껍질에 가해지는 충격을 흡수할 수 있는 구조를 설계할 것 |
| S17 | 계란껍질을 덮는 구조를 설계할 것 |
| S18 | 계란껍질의 모습을 촬영하는 카메라를 구체에 고정하여 설치할 것 |
| S19 | 현지에서는 타깃 정보를 설정하는 것만으로 미션이 가능하도록 탑재 프로그램에는 main.c와는 별도로 target.h와 같은 것을 준비할 것 |

사양이 결정되면 비슷한 성격의 것을 그룹화함으로써 계를 정의하여 담당자를 결정한다. 또한 각각 계의 인터페이스(I/F)를 정의하여 Interface Control Document(ICD)로 정리해 둔다. ICD는 구멍위치, 나사지름, 커넥터형상, 핀 어사인먼트(assignment), 전압레벨, 전류용량, 신호종별, 프로토콜(protocol) 등의 사항도 기재한다. 기계, 전기(전력), 정보, 경우에 따라서는 열에 관해서도 보다 상세하게 정리하여야 하지만, 여기에서는 간단한 기술에 머무른다. 그림 4.1.4와 같이 시스템 프로그램도에서 연결 관계나 I/F를 시각적으로 이해하기 쉽게 하는 연구도 유효하다.

**그림 4.1.4** 시스템 프로그램도

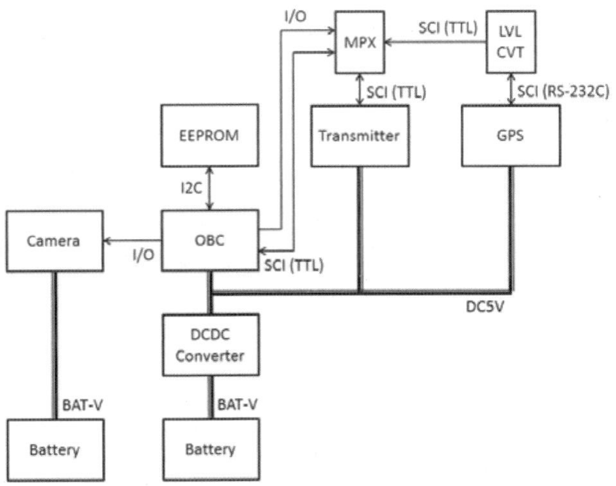

## 4.1.4 캔위성에서 사용되는 미션 기기류

캔위성의 미션에서는 팀이 제작한 기기도 탑재하는데, 일반적으로 입수 가능한 센서 등을 사용하는 경우가 대부분이다. 여기에서는 참고로 캔위성의 미션에서 사용되는 기기류의 한 사례를 소개한다.

### (1) 위치 센서

캔위성의 위치정보를 취득하는 경우에 위치 센서를 사용한다. 위치 센서에는 미국의 GPS와 러시아의 GLONASS에 대응한 것이 있는데, 일본에서는 GPS가 일반적이다.

캔위성에서는 후루노(古野)전기사의 제품인 GH-85와 칸모아 일렉트론니스사의 제품인 GT-723F 등이 사용된다. 위치 센서의 출력은 NMEA 0183에 준거하는 것과 메이커 독자적 형식에 의한 것이 있다. 출력데이터에는 위치정보(위도, 경도, 고도) 이외에 속도가 포함되는 경우도 있다. 측위에 있어서는 북위와 남위, 동경과 서경의 차이에 주의하여 적절한 측지계(대표적인 것은 세계측지계 1984(WGS84))를 선택하여 설정한다.

### (2) 카메라

캔위성에서 화상을 촬영하는 경우에는 카메라를 탑재한다. 짧은 시간 간격으로 촬영이나 동영상을 취득하기 위해서는 이에 상응하는 고속처리를 실현한 제품을 선정하여 구입하던가, FPGA 등을 갖춘 회로를 자작할 필요가 있다. 한편, 수십 초에 1장 정도의 촬영인 경우에는 시리얼 통신을 사용한 제품이 비교적 싼값으로 용이하게 입수할 수 있다.

### (3) 자이로(gyro)

자이로란 각속도를 측정하는 센서이다. 출력데이터의 적분을 하면 캔위성의 방향을 추정할 수도 있다. 에스티엘 재팬(STL Japan)사의 제품인 사21이나 사41은 캔위성의 개발예산 규모에도 적합하기 때문에 자주 사용된다. 매우 고정밀의 계측을 하고자 하는 경우에는 아날로그디바이스(Analog Devices)사의 제품인 ADIS16488 등도 후보가 될 수 있을 것이다. 또한 ADIS16488은 3축의 자이로 이외에 3축의 가속도계와 나침반도 갖추고 있다.

### (4) 가속도계

가속도계는 캔위성의 발사나 로켓에서 분리, 낙하산의 전개에 따른 커다란 충격이나 가속도를 계측하기 위해 사용된다. 스타(star)정밀사 제품인 ACA302/ACB302, 아사쿠사(浅草)기연사 제품인 AS-3ACC-3, 실리콘센싱 시스템스 재팬사 제품인 CXL 시리즈, 아키츠키(秋月)전자통상사 제품인 KXM52-1050/2050 등이 있다. 미리 어느 정도의 가속도를 측정할 것인가를 명확하게 한 다음에 제품을 선정할 필요가 있다.

### (5) 기압계

기압계는 상공에서의 기압측정 이외에 캔위성의 현재 고도를 측정하기 위해 사용된다. 특히 후자의 사용방법은 상공의 강풍지역을 빠져 나간 다음에 낙하산이나 파라 포일을 전개하고자 하는 경우에 유효하다. 아키츠키 전자통상사의 제품인 SCP1000-D01 모듈, 메트로다인 마이크로 시스템사 제품인 MPS-2407-015AD 등이 있다. 기압계 센서는 압력센서이며, 압력센서에는 절대압력 측과 게이지압력 측의 2종류가 있기 때문에 선택에는 주의가 필요하다.

## 4.1.5 위성개발에의 응용

지금까지 언급해온 캔위성 미션의 결정이나 요구·사양·계의 검토 방법은 그대로 실제의 위성개발에 적용할 수 있다. 단 캔위성의 경우에 대기 중에서 10분 정도의 동작을 하고, 단시간에 여러 번 비행을 할 수 있기 때문에 첫 번째의 결함을 보수, 개선하여 두 번째 비행을 하는 것은 용이하다.

한편 위성의 경우는 우주라는 사람의 손이 닿지 않는 공간에서 캔위성보다도 상당히 긴 시간, 정상적으로 동작을 보장하여야 한다. 또한 캔위성과 비교하면 큐브 위성 클래스의 위성이라고 하더라도 그 시스템의 규모는 크게 된다(그림 4.1.5). 규모가 크면 당연히 추출되어야 할 요구나 그에 대응하는 사양의 항목 수는 급증한다. 시스템 전체가 정상적으로 작동하는데 필요한 시험항목의 수 또는 난이도는 시스템을 구성하는 계의 수를 n이라고 하면, 경험적으로 $2^n$에 비례한다고들 한다. 이것은 시험항목의 수가 모든 계의 조합 수가 되기 때문에 ${}_nC_1 + {}_nC_2 + \cdots\cdots + {}_nC_n$이 되기 때문이며, 예를 들면 n=5의 경우는 31이지만, n=6의 경우는 63이 되며, 계가 하나 증가하면 시험 항목은 배 이상이 된다.

**그림 4.1.5** 캔위성(상)과 위성(하)의 시스템 블록의 비교

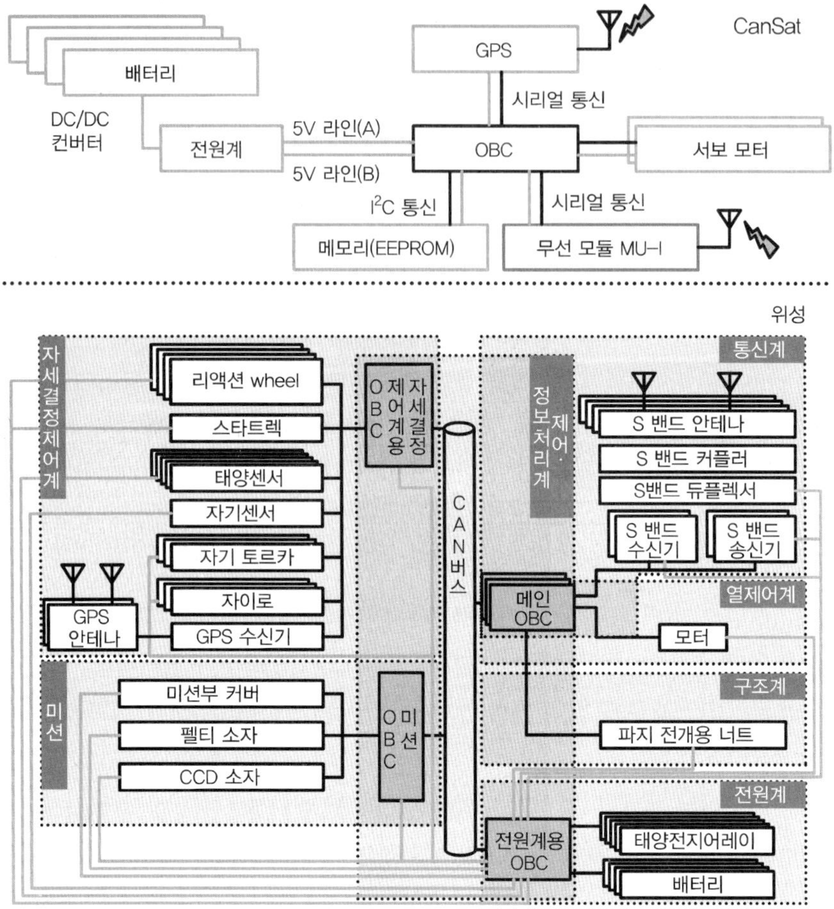


캔위성을 개발하는 과정에서 센서를 하나 늘릴 수도 있다. 하지만 센서를 하나 추가함으로써 지금까지 들인 노력과 별개로 훨씬 더 많은 노력이 필요하다.

이것을 캔위성의 개발을 통하여 체득하는 것이 중요하며, 그 경험은 위성을 포함한 시스템을 개발할 때에 커다란 도움이 될 것이다.

# 4.2 명령 및 데이터처리계의 설계

위성이 궤도상에서 미션을 실현하기 위해서는 자율적으로 그 동작을 제어할 필요가 있다. 탑재된 각종 센서의 정보로 위성의 상황을 판단하고, 무선원격정보 텔레메트리(telemetry: 원격검침정보)를 지상에 전송한다. 동시에 지상에서 보낸 명령을 받고 적절한 동작상태를 변경한다.

또한 미션이 복잡하게 되면 미션 시퀀스의 자율적인 실행이나 획득 데이터의 해석처리 등이 요구되는 경우도 있다. 이러한 기능을 실현하는, 이른바 위성의 두뇌 역할을 하는 것이 명령 및 데이터처리계(C&DH계)이다. 위성의 명령 및 데이터처리계는 탑재 컴퓨터를 중심으로 하드웨어, 소프트웨어를 포함한 시스템으로 구현된다. 명령 및 데이터처리계의 좋고 나쁨은 위성의 능력을 좌우하는 것뿐만이 아니라, 위성의 신뢰성이나 제어능력에도 직접 영향을 미친다.

이것은 그대로 캔위성에도 적용된다. 즉, 명령 및 데이터처리계에 대하여 확실히 이해한 다음에 개발을 한다면, 그 경험은 그대로 위성개발에 활용할 수 있다는 것이다. 본 절에서는 명령 및 데이터처리계의 설계에 대하여 해설한다.

## 4.2.1 명령 및 데이터처리계의 기능내역

명령 및 데이터처리계의 역할은 광범위하지만, 집약하면 다음의 3가지로 분류할 수 있다.

### (1) 전기적 인터페이스 기능

위성은 센서나 구동기, 통신기 등 여러 기기(컴포넌트)로 구성되어 있다. 명령 및 데이터처리계는 이들 기기정보의 수집과 제어를 실현하는 것이 임무이다. 예를 들면 전력계의 상태는 위성의 생존을 확인하는데 매우 중요하며, 위성의 자세를 유지하기 위해서는 자세센서로부터의 정보를 바탕으로 액추에이터에 적절한 명령을 주어야 한다. 명령 및 데이터처리계의 가장 중요한 기능의 하나는 이러한 구성요소와 적절한 전기적인 인터페이스를 확립하는 것이다.

### (2) 커맨드(command)/텔레메트리(telemetry)

위성은 일단 우주에 발사되면, 위성의 상태는 지상으로 보내지는 텔레메트리 정보에 의존할 수밖에 없다. 또한 위성의 기능은 지상에서의 커맨드를 필요로 하는 것도 많다. 위성이 적절히 동작하기 위해서는 위성의 제어상태나 파라미터(parameter)에 관한 지상으로부터의 지시를 선택하여 위성 자신이 위성의 제어방법 등을 적절히 변경할 필요가 있다.

커맨드/텔레메트리를 전송하는 물리적인 인터페이스는 통신계가 담당한다.

그러나 그 내용의 정의나 해석, 즉 텔레메트리를 어떻게 구성하고, 어떻게 커맨드를 준비하며, 제어상태를 어떻게 변경하는지에 대해서는 탑재 컴퓨터의 소프트웨어도 밀접하게 관계하고 있기 때문에 이것은 명령 및 데이터처리계가 담당한다.

### (3) 자율제어 기능

위성이 지상과 직접 통신할 수 있는 상태라고 한다면, 텔레메트리 정보를 바탕으로 커맨드를 송신함으로써 원격조작을 할 수 있다. 그러나 위성과 직접 통신할 수 있는 시간은(궤도에 따르기는 하지만) 상당히 제한되어 있다. 일반적으로 저궤도의 운용에서는 1회 10분 정도의 통신시간으로 1일 수회 정도이다. 지상과의 통신을 할 수 없는 대부분의 시간에는 위성은 스스로의 상태를 파악하고, 제어하여야 한다. 자율제어 기능에는 자세제어와 같이 실시간으로 기기제어를 하는 기능과 상태에 따라 미션을 연속적으로 실시하기 위한 기능 등도 추가된다.

## 4.2.2 전기적 인터페이스 기능

명령 및 데이터처리계의 중요한 기능 중의 하나는 탑재되어 있는 컴포넌트와의 전기적 인터페이스를 실현하는 것이다. 전기적 인터페이스에는 탑재되는 컴포넌트에 따라 다양한 종류가 있다. 이들에 하드웨어적이나 소프트웨어적으로 대응할 수 있도록 설계하는 것이 필요하다. 전기적 인터페이스 기능의 설계는 이들의 각 컴포넌트의 인터페이스를 관리하고, 부족함이 없이 리소스를 배분해 가는 작업이라고 할 수 있다.

### (1) 전기적 인터페이스의 기본

예를 들면 당신이 떨어진 장소에 있는 친구에게 임의의 숫자를 전달한다고 하자. 이때에 정보전달은 2개의 전선만으로 한다고 한다. 그러면 어떤 방법을 생각할 수 있을까?

가장 간단한 방법은 전선 사이에 숫자에 대응하는 전압을 부여하고, 친구에게 그 전압을 측정해서 받는 방법이 있다(그림 4.2.1). 전압과 숫자 사이의 관계를 미리 정해 두면 당신은 전압을 조정함으로써 간단이 숫자를 전달할 수가 있다. 또한 전압을 변화시키면 파형(波形) 등도 보낼 수 있으며, 단순히 숫자를 보내는 것 이외에도 이용할 수 있다. 이와 같은 인터페이스의 형태를 위성개발에서는 AA(Active Analog) 인터페이스라고 부른다. AA 인터페이스는 탑재 컴퓨터로 Analog-Digital 컨버터를 이용하여 전압을 읽음으로써 간단히 실현할 수 있다.

**그림 4.2.1** AA 인터페이스

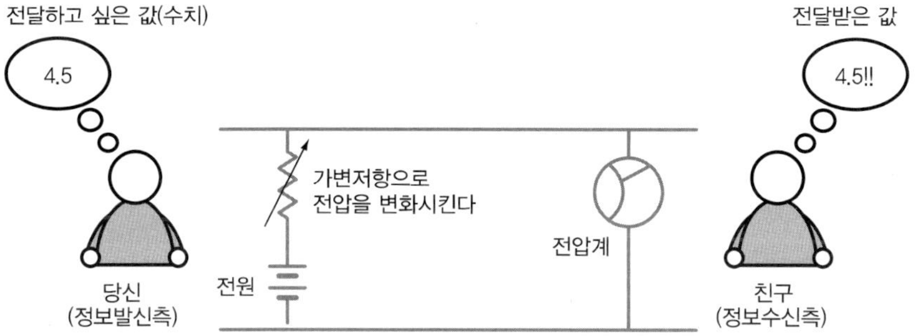


AA 인터페이스를 실현하는데 중요한 것은 「전압과 숫자 사이의 약속」이다. 이 대응관계가 정확하지 않으면 메시지를 정확하게 해석할 수 없다. 또한 숫자의 약속 이외에도 관리상 중요한 포인트가 몇 가지 있다. 하나는 전달하는 전압의 범위이다. 받는 측의 허용범위를 초과한 전압이 도착하면, 제대로 값을 읽어낼 수가 없으며 최악의 경우에는 장치를 고장나게 하는 원인이 되기도 한다. 한편으로 전압의 범위가 너무 좁으면, 잡음의 영향을 받거나 해상도가 부족한 등의 문제가 발생한다. 전압의 범위는 보내는 측과 받는 측 사이에서 일치시킬 필요가 있다. 또 하나는 값을 읽어 내는 빈도이다. 전달하고자 하는 전압이 변화하는 경우에 뜻을 파악하는 측이 따라오지 못할 정도로 빠르게 변화하면 올바른 정보를 받을 수 없다. 정리하자면 AA 인터페이스에서는 전압의 범위와 빈도를 미리 관리할 필요가 있다.

앞의 사례로 돌아가자. 이번에는 당신 측에 전압을 발생하는 장치(전원)가 없는 경우를 생각해 보자. 이 경우는 친구 측에서 전압을 공급받아서 당신이 2개의 선 사이의 저항을 변화시킬 수 있다면 AA 인터페이스에서 가까운 인터페이스를 실현할 수가 있다. 이와 같은 인터페이스의 형태를 PA(Passive Analog) 인터페이스라고 부른다(그림 4.2.2). PA 인터페이스는 온도센서와 같이 전압공급을 받지 않을 만큼 작고, 전압을 발생시키는 능력이 없는 센서 등으로 이용된다.

**그림 4.2.2** PA 인터페이스

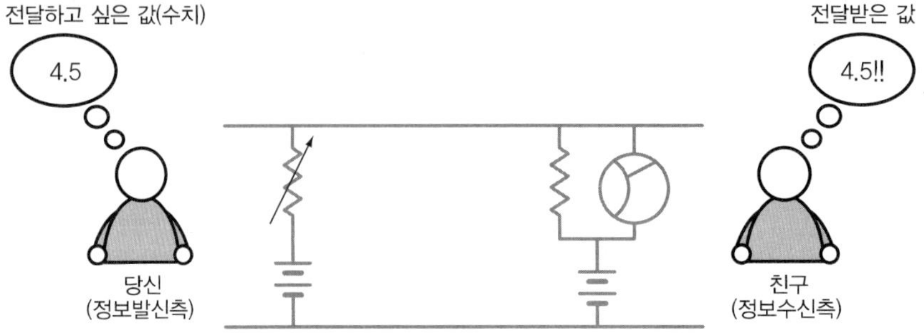


PA 인터페이스도 AA 인터페이스와 마찬가지로 저항이 변화하는 범위로 취득하는 빈도관리가 필요하다. PA 인터페이스의 경우에는 이외에도 연결선의 영향에 대해서도 관리할 필요가 있다. 센서와 탑재 컴퓨터 사이는 케이블이나 커넥터를 통해서 배선되는데, 이들도 적지 않은 저항이 발생한다. 따라서 이 저항을 고려하여 전압과 숫자 사이의 관계를 미리 결정할 필요가 있다(이와 같은 작업은 캘리브레이션(calibration)이라고 부른다). 또한 케이블 길이가 다르면 그 저항의 양도 변화한다.

이에 대응하기 위하여 PA 인터페이스에서는 최종적으로 구현할 때에 배선을 포함하여 캘리브레이션을 실시하며, 배선에 따른 저항의 영향을 관리할 필요가 있다.

그런데, AA나 PA와 같은 아날로그 방식의 인터페이스는 개념은 매우 간단하나, 전달정보의 정확성에 문제가 있다. 예를 들면 4.9V의 전압을 받았을 때에 그것이 정말로 4.91V도 4.89V도 아닌, 4.9V인지는 판단하기 어렵다.

그래서 복잡한 수치를 보내는 것은 포기하고, 5V에 가까운 전압이 걸려 있으면 ON, 걸려 있지 않으면 OFF로 양자택일의 정보만 보낸다. 그러면 예를 들어 이대로 4V를 받으면, 이것은 자신 있게 ON이라는 메시지라고 판단할 수 있다. 배선이 길어져서 전압 값이 다소 하강하더라도 판단에는 영향이 없을 것이다. 이것이 디지털 인터페이스의 기본적인 생각이다. 이와 같은 형태를 DC(Discrete) 인터페이스라고 부른다. DC 인터페이스는 스위치의 ON/OFF나 단순한 동작 상태(status) 등 두 값의 정보를 취급할 때에 사용된다(그림 4.2.3).

그림 4.2.3 DC 인터페이스

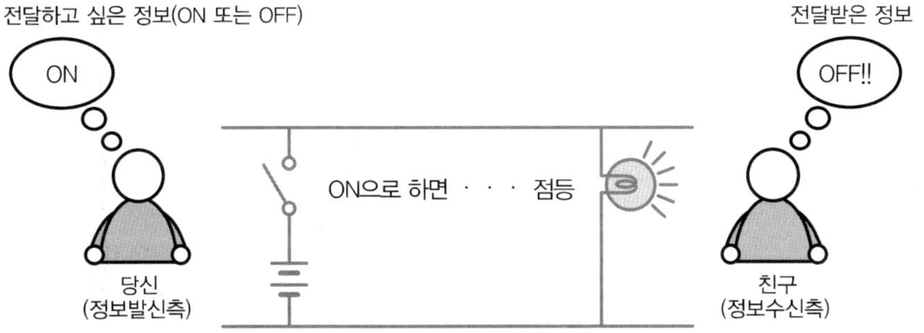


DC 인터페이스에는 2개(1대)의 신호 라인의 전위차가 동일한 때에 OFF를 나타낸다. ON을 나타내기 위해서는 전위차로 몇 V를 사용하는가를 결정한다. 전자 디바이스에 따라 5V, 3.3V, 2.5V 등 몇 가지의 종류가 있다(FPGA에서는 채널마다 공급하는 전압이 변할 수 있는 경우도 있다). 따라서 사용하는 전압은 송신자 측과 수신자 측에서 미리 모아둘 필요가 있다. 만약에 사용전압이 다른 경우에는 레벨변환 IC 등을 사용하여 조정한다. 또한 일반적인 디지털 인터페이스에서는 신호 전압을 진달할 때에 수신자 측의 입력 임피던스(impedance)는 충분히 높게 설정되어 있지만, 인터페이스 점에서의 임피던스 특성에 대해서도 일치하도록 관리할 필요가 있다.

DC 인터페이스를 사용하면 ON과 OFF의 2값(이를 1bit라 함)은 정확하게 정보가 전달된 것을 알았다. 그렇다면 보다 많은 정보를 교환하기 위해서는 어떻게 하면 좋을 것인가. 바로 생각나는 것은 전선을 늘리는 방법이다. 2개의 전선을 좀 더 늘린다면 동시에 보내는 정보는 늘어난다. 똑같은 신호기를 n조 준비했다고 한다면 각각에 ON, OFF의 2값은 보낼 수 있기 때문에 조합은 2n 종류가 된다. 또한 데이터를 읽는 타이밍을 나타내는 클럭 신호를 추가할 수 있으면 정상적인 값뿐만이 아니라, 변화하는 값이나 숫자 열 등도 보낼 수 있을 것이다.

이와 같이 복수의 신호 라인을 이용함으로써 다수의 데이터를 정리하여 보내는 형태를 총칭하여 병렬(parallel) 인터페이스라고 부른다. 병렬 인터페이스의 사례로는 계측기기 등에서 사용되는 GPIB(General Purpose Interface Bus), 구식의 하드디스크 등에서 사용되었던 SCSI(Small Computer System Interface), PC 카드슬롯에서 사용되고 있는 PCI 버스(Peripheral Component Interconnect) 등이 있다.

그러나 배선이 많이 필요하다는 점과 배선 사이의 타이밍이나 임피던스가 섬세한 구조이므로 계산기보드 내의 버스 구조 이외에는 별로 사용되지 않는다.

병렬 인터페이스에 관련하는 구조로 디퍼런셜(Differential) 인터페이스와 싱글엔드(single end) 인터페이스에 대해서도 언급해 보자. 병렬 인터페이스에서 「n조의 신호기를 준비」한다고 설명했지만, 여기에는 2가지의 개념이 있다. 하나는 원래 2개의 전선의 전위차로 하나의 신호(1bit)를 표시했었기 때문에 2개 1세트의 신호 라인을 n조, 즉 전부 2n개의 신호기를 준비한다는 개념이다. 각 조합의 전위차로 신호를 읽을 수 있기 때문에 디퍼런셜 인터페이스라고 부른다. 한편, 어떠한 전위를 표시하는 신호기(그랜드(grand) 선이라고 함)를 1개만 준비해 놓고, 다른 신호기는 그 기분이 되는 전압과 비교하게 한다면 전선의 수는 그랜드라인 1개와 신호라인 n개로 충분하다. 이와 같은 인터페이스를 싱글엔드 인터페이스라고 부른다. 디퍼런셜 인터페이스와 싱글엔드 인터페이스의 구조는 후술하는 직렬 인터페이스에서도 공통이다.

싱글엔드 인터페이스는 신호 라인의 개수를 적게 할 수가 있다. 한편 디퍼런셜 인터페이스는 외부 잡음에 강하고, 전위차를 작게 설정할 수 있기 때문에 고속화에 적합하며 그랜드라인의 전위가 변동하더라도 영향을 받지 않는 등의 장점이 있다. 따라서 2가지의 인터페이스는 용도에 따라 나누어지는 경우가 대부분이다. RS422, LVDS 등은 대표적인 디퍼런셜 인터페이스의 규격이다. 인공위성에서는 그랜드라인을 분리하기 때문에 디퍼런셜 인터페이스를 많이 사용하는 경향이 있다. 전기적 인터페이스를 관리할 때에 디지털 인터페이스에 대해서는 디퍼런셜인지 싱글엔드인지를 전압의 규격과 함께 식별할 필요가 있다.

이와 같이 병렬 인터페이스는 복수의 데이터를 한꺼번에 보낼 수 있지만, 데이터가 늘어나면 배선의 수가 많게 되어, 배선 간의 타이밍이나 임피던스에도 민감하기 때문에 취급하기 어렵다. 더욱 간단하게 많은 메시지를 보내고 싶은 경우에는 어떻게 하면 좋을 것인가?

병렬 인터페이스의 설명 중에, 읽는 타이밍을 나타내는 클럭 신호를 추가함으로써 값을 연속해서 보낼 수 있다고 하였다. 이것을 이용한 방법은 어떨까? 즉, 클럭 신호와 신호 라인 2개를 준비하여 숫자의 열을 1조의 신호 라인에서 1bit씩 차례로 보내는 구조다. 이와 같이 1개의 신호 라인에서 숫자 열을 차례로 보내는 방법을 총칭하여 직렬 인터페이스라 부른다. 특히 여기에서 설명한 것과 같이 클럭 신호를 이용해서 순차적으로 데이터를 송신하는 방법을 총칭해서 동기식 직렬 인터페이스라 부른다(그림 4.2.4). $I^2C$ 인터페이스나 SPI 인터페이스는 동기식 직렬 인터페이스의 대표적인 사례이며, 위성 등에서도 이용되는 경우가 많다. 동기식 직렬 인터페이스에서는 클럭 신호를 어떠한 기기가 생성하여야 한다. 즉, 동기식 직렬 인터페이스에서는 기기가 역할분담을 할 필요가 있다. 또한 클럭 신호를 생성하는 기기(반드시 송신하는 측의 기기가 아닌)를 마스터(master)라고 하며, 그 클럭 신호를 받아서 동작하는 기기를 슬레이브(slave)라고 부른다.

**그림 4.2.4** 동기식 직렬 인터페이스

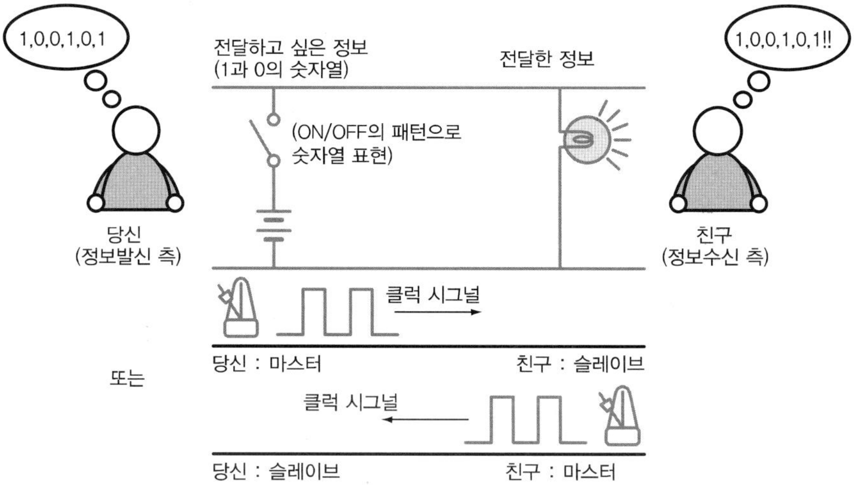


동기식 직렬 인터페이스를 관리할 때에는 I$^2$C나 SPI와 같은 통신규격을 파악하는 것뿐만이 아니라, 마스터, 슬레이브의 구별도 포함하여 관리한다. 동기식 직렬 인터페이스에서는 클럭 신호에 맞추어 데이터를 보내는데, 너무 빠른 속도로 데이터를 보내면 수신하지 못할 위험성도 있다. 동기식 직렬 인터페이스 사이에서 통신속도가 정합되어 있는지를 확인하는 것도 중요하다. 동기식 직렬 인터페이스에서는 클럭 신호의 타이밍에 맞추어서 데이터를 1bit씩 송수신한다. 클럭 신호의 상승 타이밍에 읽을 것인가, 하강 타이밍에 읽을 것인가, 또한 데이터는 가장 위 부분부터 보낼 것인가(MSB first), 가장 아래 부분부터 보낼 것인가(LSB first) 등 여러 방식이 존재하고 있기 때문에 주의하도록 하자. 특히 SPI는 이들 모두의 조합이 허용되어 있기 때문에 주의하지 않으면 잘못된 값을 받을 수도 있다.

동기식 직렬 인터페이스에서 클럭 신호를 사용할 필요가 있는 것은 지금까지 언급한 대로이다. 그렇다면 클럭 신호용의 배선이 준비되어 있지 않은 경우에는 어떻게 하면 좋을 것인가. 탑재기기에서도 아주 널리 사용되고 있는 비동기 직렬 인터페이스(UART: Universal Asynchronous Receiver Transmitter)는 클럭 신호를 이용하지 않고 시리얼 통신을 표현하는 대표적인 방법이다(그림 4.2.5).

비동기 직렬 인터페이스에서는 먼저 데이터를 전송하는 속도(1초당 전송하는 bit수. Bps 또는 보오 레이트(baud rate)라고 부른다)와 통신을 시작할 때에 보내는 신호의 길이(스타트 비트(start bit)이라고 한다)를 결정한다. 수신 측은 신호 라인의 전위를 일정빈도로 감시한다. 스타트 비트만큼 신호를 수신한 때에 통신이 개시된 것을 인식하고, 이후 정해진 시간간격으로 데이터를 순차적으로 읽음으로써 클럭 신호 없이도 데이터를 수신할 수 있는 구조이다.

**그림 4.2.5** 비동기 직렬 인터페이스

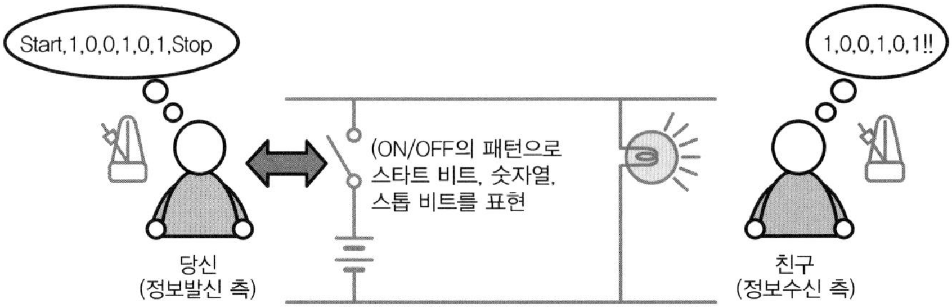


이와 같이 비동기 직렬 인터페이스에서는 송신 측과 수신 측에서 보오 레이트를 엄밀하게 맞추어야 할 필요가 있다. 또한 동기식 직렬 인터페이스와 같이 마스터, 슬레이브와 같은 역할 분담은 필요하지 않지만, 송신 측 수신 측의 구별이 존재한다. 트랜시버(transceiver)와 같이 송수신을 바꾸어서 사용하는 것도 가능하나, 수신을 하기 위해서는 신호 라인을 감시할 필요가 있으며 신호가 뜻밖에 바뀔 위험성도 있다.

### (2) 전기적 인터페이스의 설계

탑재된 컴포넌트와의 전기적 인터페이스를 실현하기 위해서는 각 전기적 인터페이스의 정보(인터페이스 리소스)를 적절히 정리하고, 탑재 컴퓨터가 규정된 모든 컴포넌트의 인터페이스를 커버할 수 있도록 설계하는 것이 중요하다. 설계에서는 먼저 인터페이스 리소스에 대하여 철저히 관리할 수 있는 도표를 작성하고(그림 4.2.6), 정보를 정리하는 것이 효과적이다. 이때에 특히 유의하여야 할 것은 다음과 같은 4항목이다.

- 인터페이스의 종류(UART, SPI, AA; PA 등)
- 전압레벨, 전압범위
- Single-end, Differential의 식별
- 통신속도

**그림 4.2.6** 인터페이스 관리표의 사례

자세제어 OBC 전기적 인터페이스 표

| 컴포넌트 | 약칭 | 인터페이스 | | | |
|---|---|---|---|---|---|
| | | 타입 | 레벨(V) | 입력(I)/출력(O) | 채널 수 |
| 자이로 | GYR | UART | RS422 | IO | 1 |
| | | DC | 3.3 | O | 1 |
| star tracker | STT | SPI | 3.3 | IO | 1 |
| | | DC | 3.3 | O | 4 |
| 태양센서1 | NSAS1 | DC | 3.3 | IO | 1 |
| | | UART | RS422 | I | 1 |
| | | DC | 5 | O | 1 |
| 태양센서2 | NSAS2 | UART | RS422 | I | 1 |
| | | DC | 5 | O | 1 |
| 태양센서2 | NSAS3 | UART | RS422 | I | 1 |
| | | DC | 5 | O | 1 |
| 자기센서 | GAS | AA | – | I | 1 |
| GPS 수신기 | GPS–R | UART | TTL | IO | 1 |
| | | DC | – | I | 1 |
| reaction wheel1 | RW1 | UART | RS422 | IO | 1 |
| | | DC | 3.3 | I | 3 |
| reaction wheel2 | RW2 | UART | RS422 | IO | 1 |
| | | DC | 3.3 | I | 3 |
| reaction wheel3 | RW3 | UART | RS422 | IO | 1 |
| | | DC | 3.3 | I | 3 |
| reaction wheel4 | RW4 | UART | RS422 | IO | 1 |
| | | DC | 3.3 | I | 3 |
| 전력배분 유닛(자기 토커 포함) | PDU (MTQ) | AA | 5 | I | 4 |
| | | DC | 5 | O | 6 |
| 미션 OBC | MOBC | SpW | – | IO | – |
| | | UART | RS422 | IO | 1 |

자세제어 OBC 전기적 인터페이스 표(계속)

| 컴포넌트 | 약칭 | 인터페이스 | | | |
|---|---|---|---|---|---|
| | | 타입 | 레벨(V) | 입력(I)/출력(O) | 채널 수 |
| 자세제어 OBC | AOBC | SpW | – | IO | 1 |
| | | UART | RS422 | IO | 1 |
| 전력제어 유닛 | PCU | UART | RS422 | IO | 1 |
| 전력제어 유닛 | PDU | UART | RS422 | IO | 1 |
| S 밴드 수신기 | S-RX | UART | 3.3 | IO | 1 |
| | | DC | RS422 | I | 3 |
| S 밴드 송신기 | S-TX | DC | RS422 | O | 2 |
| X 밴드 송신기 | X-TX | AA | – | I | 2 |
| 온도센서 | THERM | PA | – | I | 8 |
| 미션기기 | MISSION | UART | RS422 | IO | 1 |

통합 인터페이스 표

| 타입 | AOBC | MOBC | 통합 | 라인 | 커넥터 |
|---|---|---|---|---|---|
| RS422 | 10 | 1 | 10 | 50 | MDM-25×2 |
| SPI | 1 | 1 | 3 | 12 | MDM-25 |
| DC IN | 13 | 3 | 16 | 32 | MDM-37 |
| DC OUT | 14 | – | 16 | 32 | MDM-25 |
| AA | 8 | – | 8 | 16 | MDM-37 |
| PA | – | 8 | 8 | 16 | – |

그림 4.2.7은 실제의 초소형 위성의 인터페이스 계통도이다. 세밀한 부분은 제외하더라도 「이러한 그림을 그려서 시스템 전체를 보면서 관리하는 것이 중요하다」라는 것을 꼭 느끼기를 바란다.

**그림 4.2.7** 인터페이스 계통도의 사례

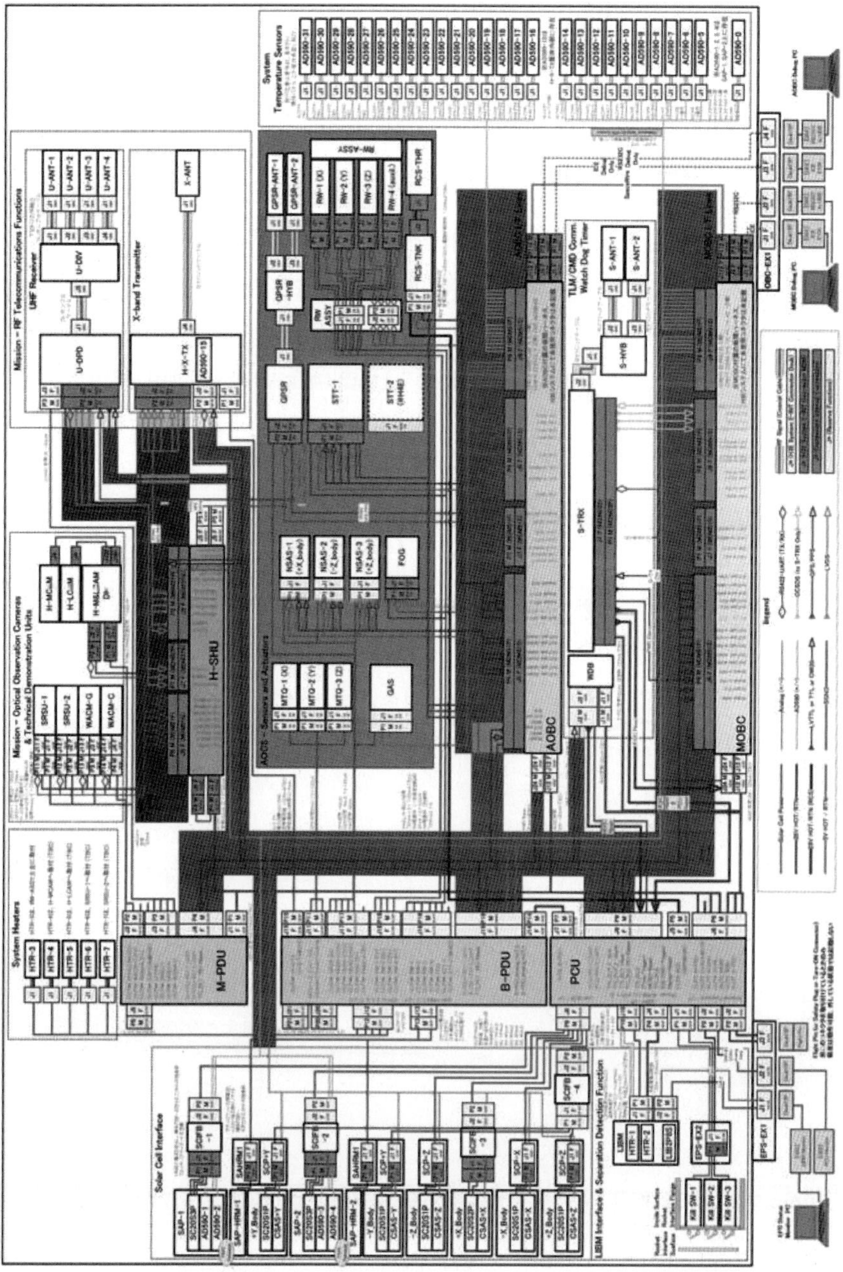

### (3) 프로토콜에 대한 대응

물리적 차원의 전기적인 인터페이스의 이해뿐만 아니라, 그 통신경로로 전달되는 데이터의 구조에 대해서도 제대로 이해하는 것이 중요하다. 탑재 컴포넌트 사이에서는 미리 결정된 형식으로 정보가 교환된다(그림 4.2.8). 예를 들면 어떤 컴포넌트는 특정 명령을 보내면 그에 대응하는 정보를 반송하는 반면, 다른 컴포넌트에서는 전원을 투입하면 미리 결정된 형식에 따라 자동적으로 정보를 연속적으로 반송하는 등 몇 가지 형식이 있다. 또한 들어오는 데이터 속에서 정보가 어떻게 구성되어 있는지, 기기에 보내야 할 데이터의 형식은 무엇이 적당한지 등도 기기 별로 규정되어 있다. 이와 같은 데이터의 송수신에 관한 규격을 총칭해서 프로토콜이라고 부른다. 송수신하는 데이터 중에서 필요한 정보를 검색하기 위해서는 프로토콜에 대응하는 소프트웨어를 준비한다. 프로토콜은 일반적으로 데이터 시트나 인터페이스 관리 사양서(ICD)에 기재되어 있기 때문에 물리적 인터페이스와 함께 정리해 두자.

**그림 4.2.8** 컴포넌트 사이의 데이터 전송 프로토콜의 사례

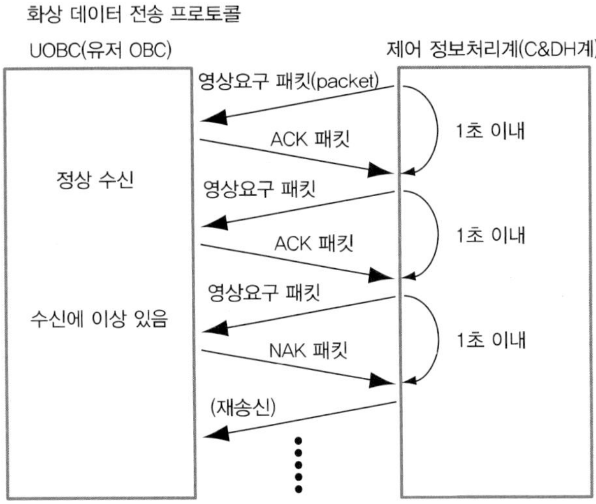


## 4.2.3 텔레메트리(telemetry: 원격검침자료)/커맨드(command) 처리기능

위성이 일단 발사되면 텔레메트리 정보가 위성에 대해서 알 수가 있는 유일한 수단이 된다. 위성에 대한 지시는 커맨드를 통해서 하는 것 이외에는 없다. 이와 함께 위성에서 지상으로의

텔레메트리 통신범위는 한정되어 있다. 위성에서 보낼 수 있는 정보는 적고, 커맨드에 대해서도 탑재 컴퓨터가 대응할 수 있는 종류에는 한계가 있다. 그렇기 때문에 필요 충분한 정보를 추출하여 텔레메트리 정보로 정리하는 것은 위성의 기능이나 운용뿐만이 아니라, 위성의 생존에 대해서도 상당히 커다란 영향을 준다. 여기에서는 텔레메트리/커맨드의 처리기능에 대해서 설명한다.

### (1) 텔레메트리/커맨드의 기본

텔레메트리/커맨드에 대해서도 데이터의 구성이나 배치가 필요하다. 이들 정보는 지상국과 위성 사이에서의 프로토콜에 해당한다. 텔레메트리/커맨드의 데이터 포맷은 운용성이나 위성의 설계에 맞추어, 어느 정도 자유롭게 설계할 수 있다. 자 당신이라면 어떻게 구성할 것인가?

먼저 어떤 타이밍에서 수신할 것인지를 모르는 상황에서는 확실하게 텔레메트리 정보를 파악하기 위하여 지상국이 시시각각 수신하는 데이터 열(코드) 속에서 텔레메트리 프레임의 개시 타이밍을 알 필요가 있다. 텔레메트리 프레임을 특정의 기호(개시코드)로 시작하면 이 기호를 파악했을 때에 텔레메트리 프레임이 시작된 것을 알 수 있다. 또한 이러한 개시부호는 우연한 데이터가 도중에 발생하는 것을 방지하기 위하여 한 문자가 아닌, 0x80,0x80나 0x10,0x02와 같이 연속된 2문자로 주어지는 경우가 대부분이다. 지상국에서 검출하기 쉬운 부호를 이용하는 경우도 있기 때문에 지상국의 사양과도 대조하면서 검토하자.

텔레메트리의 개시위치가 식별되었으면, 다음 문제는 어디까지의 코드를 하나의 프레임으로 수신하면 좋을지를 아는 것이다. 정의하는 텔레메트리가 항상 일정한 길이라고 한다면 이를 수신하기만 하면 되기 때문에 간단하다. 텔레메트리는 통신범위를 최대까지 사용한 프레임을 항상 송신하는 것이 대부분이기 때문에 비교적 길이가 고정의 프레임(고정길이 프레임)이 되는 경우가 많다. 한편 위성이 지상국으로부터 커맨드를 수신하는 경우에 커맨드는 종류에 따라 필요한 파라미터(parameter)가 다르며, 커맨드에 따라 프레임의 길이가 다른(자유길이 프레임) 것이 많다. 자유길이 프레임의 경우는 프레임의 길이 또는 프레임의 끝을 알 필요가 있다. 이러한 경우 프레임의 길이를 특정의 위치에 배치해 두고, 커맨드의 종류(코드)에 따라 개별적으로 길이를 규정해 두며, 프레임의 끝에 특정 문자열(종료 코드)을 넣어 그 코드를 찾는 등 여러 가지 방법이 사용되고 있다.

어떠한 방법으로든 한 프레임의 데이터를 추려내는데 성공하면 꺼낸 프레임이 신뢰할 수 있는지의 여부를 판단한다. 통신 도중에 오류가 발생한 것은 아닐까, 또는 커맨드 중에 오류가 섞였다면 위성이 오작동하는 위험도 있다. 이와 같은 오류는 어떻게 검출하면 좋을 것인가?

가장 간단한 방법은 프레임 마지막에 특정한 종료코드를 넣어 두는 것이다. 만일 수신한 프레임의 마지막이 종료코드가 아니면, 프레임의 중간 데이터를 빠뜨렸던가, 아니면 어떤 심각한 오류를 포함하고 있을 가능성이 있으며, 그 프레임은 당연히 신뢰할 수 없음을 알 것이다.

더욱 효과적인 검출수단은 프레임 속에 미리 정해진 방법으로 계산된 오류정정 부호를 넣어 두는 것이다. 예를 들면 데이터 내용을 정해진 규칙에 따라 서로 맞춤으로써 계산되는 CheckSum은 간단한 오류정정 부호의 사례이다. 프레임을 수신한 때에 계산한 CheckSum 값과 수신한 CheckSum 값이 다른 경우에는 그 프레임은 신뢰할 수 없는 것임을 알 수 있다. 보다 강력한 오류정정 부호로 CRC(Cyclic Redundancy Check: 순환 중복검사)가 있다. CRC란, 생성다항식이라 불리는 다항식에 의해 도출된 특정 숫자로, 대상이 되는 문자열을 나눌 때의 나머지를 오류정정 부호로 사용한다. CheckSum의 경우 데이터 내의 문자가 바뀐 경우에는 같은 결과가 되어 버리지만, 이러한 오류도 검출할 수 있다. CRC는 비교적 계산이 간단하고 연산부하도 높지 않기 때문에 널리 이용되고 있다. 단 생성다항식에는 매우 많은 종류가 존재하기 때문에 어떤 생성다항식을 사용할 것인지를 반드시 확인할 필요가 있다.

이상과 같이 텔레메트리와 커맨드 프레임은 어느 정도 자유롭게 설계할 수 있다. 기본적으로 개시코드, 프레임길이 정보, 오류정정부호, 종료코드 등을 갖춘 구조로 해 두면, 운용성 및 커맨드 송신에서 텔레메트리 수신까지의 일련의 프로세스의 신뢰도를 높이는데 효과적이다.

구조를 결정했다면 그림 4.2.9와 같이 데이터 정렬 순으로 표로 정리하고, 개발도중에 변경이 생긴 경우에는 표도 업데이트하여 유지하는 것이 좋을 것이다.

**그림 4.2.9** 텔레메트리/커맨드 프레임의 사례

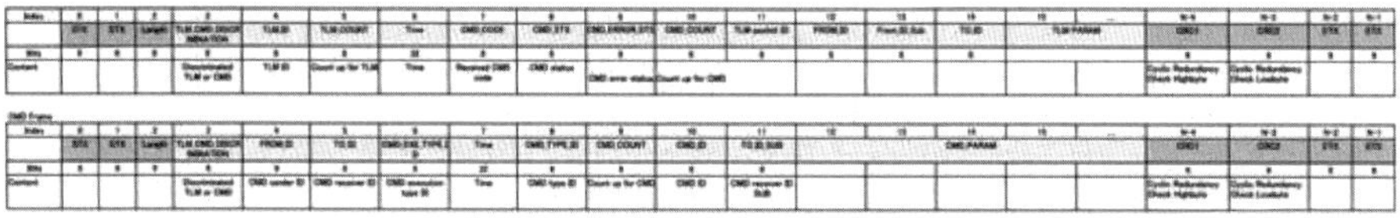

※ 데이터의 상세는 UNISEC 홈페이지 참조 http://www.unisec.jp/c3st/

## (2) 텔레메트리/커맨드의 종류

텔레메트리/커맨드의 가장 기본적인 기능은 위성과 지상을 연결하여 현재의 위성 상태를 텔레메트리로 송신하여, 현재 위성상태를 커맨드로 제어하는 것이다. 단 위성은 항상 지상국과 통신할 수 있는 것은 아니다. 위성이 소정의 미션을 실현하기 위해서는 지상국과 통신할 수 없

는 시간대에도 위성의 운용정보를 아는 것과 제어하는 것이 필요하다.

대부분의 위성에서는 지상국과 통신할 수 없는 시간대의 텔레메트리 정보를 위성 내에 축적하는 기능을 갖추고 있다. 이와 같이 축적된 텔레메트리를 스토어드(stored) 텔레메트리라고 한다. 이것과 구별해서 현재의 상황을 직접 다운링크하는 텔레메트리는 실시간 텔레메트리라고 부른다. 스토어드 텔레메트리는 일반적으로 탑재 컴퓨터의 메모리 내에 축적되는데, 그 용량은 한정되어 있으며 축적한 텔레메트리를 지상에 전송하는 회선도 한정되어 있다. 따라서 스토어드 텔레메트리를 효과적으로 활용하기 위해서는 축적하는 항목과 빈도를 적절히 설계할 필요가 있다.

한편 지상국에서 수신한 커맨드를 위성 내에 축적해 놓고, 지정한 시간에 자동적으로 실행하는 커맨드를 스토어드 커맨드라고 한다. 텔레메트리와 같이 축적된 스토어드 커맨드를 해석하는 기능은 대부분의 경우 리얼타임 커맨드와 공통이기 때문에 커맨드의 종류 등은 한꺼번에 관리할 수 있다. 단 커맨드를 축적할 수 있는 영역을 메모리 내에 확보할 필요가 있기 때문에 용량에 대해서는 관리할 필요가 있다.

스토어드 텔레메트리나 스토어드 커맨드를 활용하는 경우에는 특히 시간관리가 중요하다. 각 기기 사이에서 어떻게 시간을 관리할 것인가(동기 여부), 위성상의 시각을 지상국에서 어떻게 파악, 관리할 것인가, 그리고 시간과 궤도 상의 위치 등을 어떻게 대응시킬 것인가, 하는 것은 위성을 제대로 운용하는데 대단히 중요한 과제이다. 지상에서의 커맨드로 위성 상의 시간을 수정하는 방법이나 위성에서 리얼타임 텔레메트리 등으로 정기적으로 시간정보를 다운링크하여 지상국과의 보정 값을 얻는 방법 등 미션이나 요구의 정밀도를 감안하면서 검토해 간다.

일부 위성에서는 미리 설정한 커맨드의 시퀀스를 하나의 커맨드로 실행하는 기능을 갖추고 있다. 이와 같은 기능을 매크로 커맨드라 한다. 매크로 커맨드는 특정의 운용시퀀스를 반복해서 사용할 때에 편리하다. 매크로 커맨드를 활용하는 경우는 매크로 커맨드 내에서의 시간관리나 리얼타임 커맨드나 스토어드 커맨드가 간섭한 경우에 어떻게 처리할 것인가에 대해서도 검토해 두자.

또한 탑재 컴퓨터의 프로세스 내용을 지상국에서의 커맨드에 의해 변경하는 기능을 두면 소프트웨어 버그 수정(bug fix)을 비롯한 다양한 응용이 가능하다.

이와 같은 커맨드를 재 프로그램 커맨드라 한다. 프로그램의 수정이 어디에서 필요한지는 예상하기 어렵기 때문에 프로그램의 차이에 상당하는 바이너리(binary) 데이터를 지상에서 전송하여 프로그램의 일부를 대체하는 것으로 구현되는 경우가 많다. 단 이와 같은 메모리 내용의 교체는 편리한 반면 프로그램의 폭주 등 치명적인 문제가 발생할 위험이 있다. 오류정정 부호를 사용한 바이너리 데이터의 내용을 보호하는 것은 물론이고, 업링크한 데이터를 다시 다운링크하여 데이터를 비교하는 등 세심한 주의를 한다. 일시적인 프로그램의 대체와 함께 비휘발성 메모리에 기록된다. 기동프로그램 그 자체를 바꾸는 것도 원리적으로는 가능하다.

### (3) 텔레메트리/커맨드의 설계

텔레메트리/커맨드 기능 개발담당자의 역할은 프레임 구조설계, 데이터 내용설정, 스토어드, 매크로 등 대응하는 텔레메트리/커맨드의 기능설계와 그 용량의 설정, 나아가서는 이들 정보의 유지관리 등 다양하다. 특히 유한의 리소스 속에서 각종 요구의 정합점을 찾아 가는 프로세스는 마치 시스템디자인 그 자체이다. 미션 요구와 시스템구성, 리소스 배분을 감안하면서 진행할 필요가 있다.

다음은 텔레메트리 항목을 생각하는데 있어서 몇 가지의 힌트를 첨부한다. 텔레메트리를 송신할 때에 카운트 업(count up)하는 텔레메트리 카운터나 커맨드를 수신할 때에 카운트 업 하는 커맨드 카운터는 매우 간단히 구현할 수 있으며, 송수신 상태를 파악하는데 효과적인 항목의 하나이다. 또한 커맨드의 실행 상태를 표현하는 텔레메트리 항목도 매우 중요하다. 이들은 기본적인 항목으로 프레임 구조를 정의할 때에 포함하는 편이 좋다.

파라미터 조건에 따라 텔레메트리 프레임의 특정 장소의 내용을 변경함으로써 다형적인 텔레메트리 표현을 실현하면 지상에서의 운용이나 텔레메트리 해석이 조금 복잡하게 되지만, 한정된 리소스를 유효하게 활용하는데 도움을 준다. 특히 커맨드에 대응하여 결과의 표현이 다른 경우에 커맨드에 대한 고유의 반환 값을 텔레메트리 프레임 내에 준비해 두면, 커맨드의 확장 등에도 유연하게 대응할 수 있다.

그리고 그림 4.2.10과 같이 표 계산 소프트웨어나 데이터베이스 등으로 관리하며, 개발도중에 변경사항이 있더라도 즉시 대응할 수 있는 준비를 해야 한다.

**그림 4.2.10** 텔레메트리/커맨드 관리표의 사례

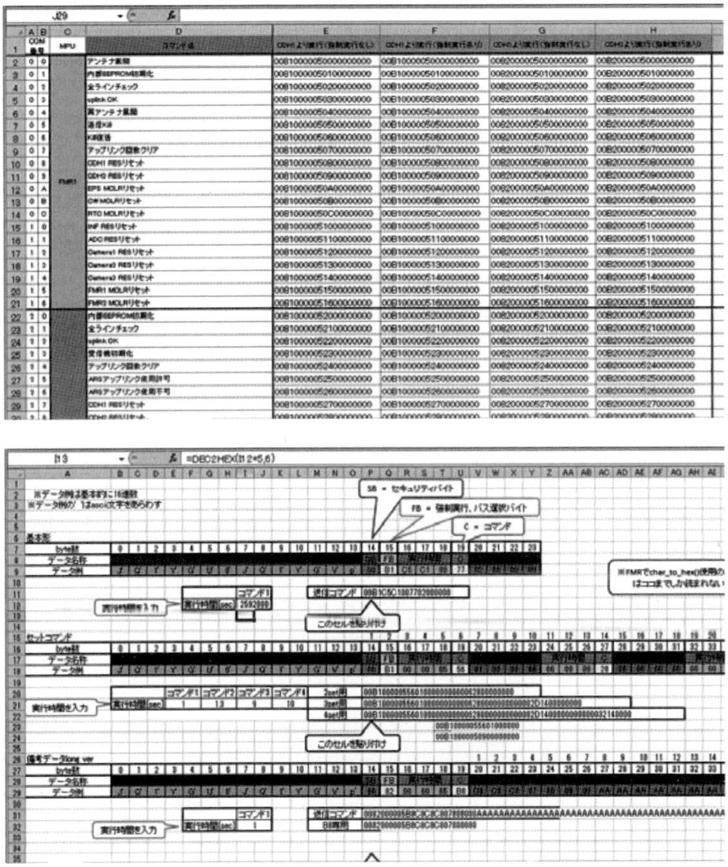

※ 데이터의 상세는 UNISEC 홈페이지 참조 http://www.unisec.jp/c3st/

## 4.2.4 자율제어기능

위성은 일단 발사되면 자율적으로 자신의 상태를 관리할 필요가 있다. 지상과의 통신을 할 수 없는 사이에 명령 및 데이터처리계는 위성을 구성하는 각 기기의 상황을 파악하면서 상황에 따라 그것들에 적절한 지시를 내린다. 즉, 명령 및 데이터처리계는 위성 스스로 항상성 유지(하우스키핑(housekeeping))부터 미션의 실시까지 자율적으로 표현할 필요가 있다.

위성의 자율제어기능은 크게 나누면 이하의 (1)~(3)의 3가지로 나누어 생각할 수 있다.

### (1) 실시간 제어

자세궤도 제어 등을 하고자 하는 경우에 명령 및 데이터처리계는 센서와 액추에이터를 연결하여 실시간으로 동작하는 피드백 루프(feedback loop: FBL)를 구성할 필요가 있다. 이와 같은 제어의 총칭을 리얼타임 제어라고 부른다. 리얼타임 제어에는 제어 프로그램을 확실하고 정기적으로 실행할 것이 요구된다. 실행 간격의 흔들림이나 결함 또는 처리 프로세스의 정체 등은 치명적인 문제를 일으킬 위험성이 있다. 구현하는데 있어서 타이머 인터럽트(interrupt)나 리얼타임 오퍼레이팅 시스템을 활용하여 같은 시간에 특정 프로그램을 실행하는 것이 일반적이다. 또한 각 스텝에서의 처리가 타임 슬롯(time slot) 내에서 완료하고 처리도중에 스택(stack)하는 위험성을 배제하는 것 등도 요구된다.

그림 4.2.11은 자세제어계의 폐루프 구조의 사례를 제시하고 있다. 실제 하드웨어, 소프트웨어의 관계를 확실히 생각하여 개발, 운영하는 것이 중요하다.

**그림 4.2.11** 자세제어의 폐루프 구조

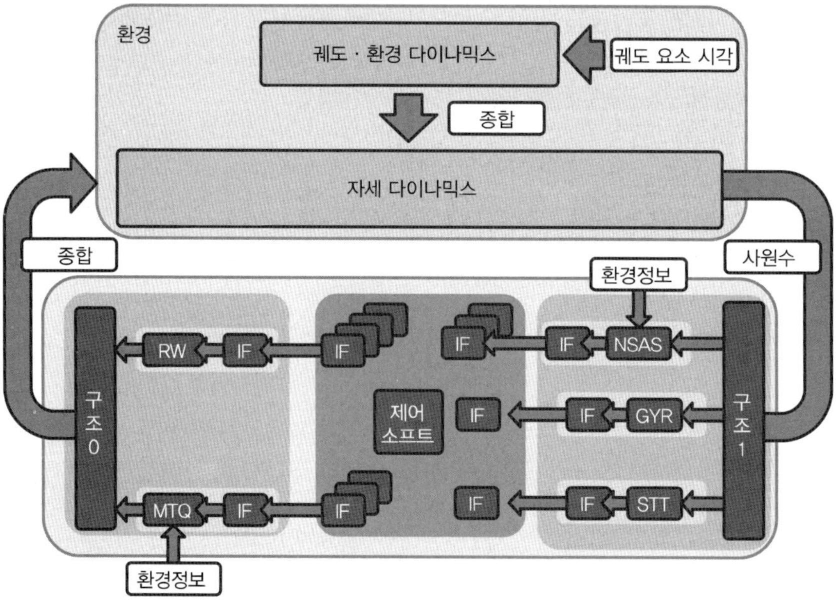


### (2) 시퀀스 제어

위성에서는 시퀀스의 자동실행이 요구되는 경우가 있다. 예를 들면 궤도상에 투입되고 나서 지상과의 통신을 확립할 때까지 위성 자신이 초기의 시퀀스를 실행하여, 스스로 생존을 확보하여야 한다. 이와 같은 시퀀스의 자동실행도 명령 및 데이터처리계 기능의 하나이다.

시퀀스의 자동실행에 있어서는 무엇보다도 우선적으로 위성의 생존을 확보하도록 프로그램을 디자인하는 것이 긴요하다. 이를 위하여 시퀀스는 되도록 간단하고 너무 복잡한 실행조건을 설정하지 않는 것이 바람직하다. 복잡한 실행조건을 설정하면 오동작 등으로 실행조건이 충족되지 않고, 발사 전의 검증프로세스가 복잡하게 되는 등의 위험성이 있다. 시퀀스에 대해서는 가능한 한 간단한 구현이 바람직할 것이다.

### (3) FDIR(Failure Detection, Isolation, and Recovery) 제어

어떤 경우에 위성은 부분적인 결함이나 이상현상, 예를 들면 배터리 충전량의 저하(UVC: Under-Voltage Control) 등이 발생할 수도 있다. 이와 같은 현상을 확실하게 검출하여 적절한 대응책을 실현하는 것도 명령 및 데이터처리계 기능 중의 하나이다. 이 기능은 일반적으로 FDIR 제어(Failure Detection, Isolation, and Recovery: 이상현상 대응제어)라고 부른다. FDIR 제어를 실현하기 위해서는 먼저 FMEA(Failure Mode and Effect Analysis: 고장형태 영향분석)이나 FTA(Fault Tree Analysis: 고장의 목 해석) 등의 수법을 구사하여 위성의 예상되는 결함을 빠짐없이 해석해 둘 필요가 있다. 이 해석은 단순히 명령 및 데이터처리계만으로는 끝나지 않기 때문에 시스템 전체가 협력하고 살피면서 실시한다. 해석의 결과는 명령 및 데이터처리계가 책임을 가지고 구현에 반영한다.

또한 FDIR 제어도 시퀀스 제어와 같이 복잡한 실행조건을 피하고, 아주 간단한 구현에 유의하는 것이 중요하다. FDIR의 경우는 위성의 결함이나 이상에 관련되므로 조건의 검출은 보다 안전한 쪽으로 바이어스(bias)를 설정하자.

## 4.2.5 궤도상 환경의 특수성

명령 및 데이터처리계의 핵심은 탑재 컴퓨터이다. 탑재 컴퓨터는 위성을 구성하는 각 컴포넌트와의 인터페이스를 확립하고, 필요한 메모리나 연산능력을 갖도록 설계할 필요가 있다. 우주용 부품은 상당히 고가이며 능력이 부족한 것들도 많기 때문에 최근에는 상용 부품(COTS: Commercial-Off-the-Shelf)의 프로세서가 적극 활용되는 경향이다. 그러나 궤도상의 환경은 여러 면에서 지상과는 다르기 때문에 이러한 특성을 고려하여 설계할 필요가 있다. 여기에서는 하드웨어 설계를 진행하는데 있어서 궤도상 환경이 지상과 어떠한 점에서 다른가에 대하여 생각해 보자. 전자부품이 주로 영향을 받는 것은 진공상태라는 것과 방사선의 영향이 있다는 2가지이다.

### (1) 열 진공환경

평소에는 그다지 의식하지 않을지도 모르지만, 지상에서는 공기가 존재하기 때문에 대류로 인하여 디바이스의 열이 자연스럽게 빠져나간다. 한편 궤도상에서는 공기가 존재하지 않기 때문에 열은 전도 또는 복사에 의해서만 빠져나간다. 전자 디바이스에서 소비되는 전지에너지는 거의 열로 변환되기 때문에 이 열을 어떻게 해소할 것인가, 하는 검토가 필요하다. 또한 궤도상에서는 위성전체의 열 환경도 크게 변동한다. 이러한 열 환경에 대해서도 적응할 수 있는 디바이스를 선정하고 필요에 따라 히터 등으로 열적 상황을 능동적으로 조절할 필요가 있다. 또한 무연납땜(Lead-free solder alloy)은 고 진공환경에 방치되면 위스커(whisker)라는 돌기가 발생하여 기판 위에서 쇼트 등이 발생할 위험성이 있다. 무연납땜의 사용은 피하고 상황에 따라 코팅 등을 하도록 하자.

### (2) 방사선환경

지상은 대기와 자기권으로 보호되고 있지만, 궤도상에서는 태양에서 방출되는 방사선, 특히 프로톤(proton) 등의 하전(荷電) 입자가 위성에 직접 영향을 끼친다. 방사선은 전자 디바이스를 궤도상에서 이용할 때에 지상과 다른 차이를 주는 것이다.

방사선의 전자디바이스에 대한 영향은 2종류로 대별된다.

하나는 방사선에 장기간 연속해서 노출됨으로써 전자 디바이스에 손상을 일으키는 TID(Total Ionizing Dose)이다. 일정량 이상 노출되면 동작불량이 발생된다. 또한 열화의 영향은 비가역적으로 누적된다. 방사선 영향의 크기는 디바이스의 종류나 제조 프로세스에 따라 다르다. 실드(shield) 등에 의해 어느 정도 완화할 수 있는 부분도 있으나, 일반적으로는 감마선 등의 방사시험에서 특성을 파악한 다음에 디바이스를 사용할 필요가 있다.

다른 하나는 입자선에 의해 확률적으로 결함이 발생하는 SEE(Single Event Effect)이다. 메모리 디바이스 등에 기록내용의 비트 반전이 발생하는 SEU(Single Event Upset)나 전자 디바이스 내의 기생 사이리스터(thyristor) 구조라고 불리는 부분이 입자선의 영향으로 쇼트를 일으켜 전류가 흐르는 SEL(Single Event Latch-up) 등이 잘 알려져 있다. 일반적으로 전원을 일단 차단하는 하드 리셋을 함으로써 복귀가 가능하다. 또한 SEU에 대해서는 메모리 내용을 복원하면 문제없이 동작을 지속할 수 있다. 입자선에 의해 발생하는 확률적인 현상이기 때문에 입자선 방사

시험으로 그 발생 확률을 추정할 수 있다. 만일 미션에 지장이 발생하는 차원이라면 메모리 내의 오류정정보호 로직(logic)의 도입, 과전류검출 리셋 회로의 도입, 2중 다수결 로직의 도입 등의 대책이 필요하다.

### 4.2.6 소프트웨어 구현의 특수성

반복되기는 하지만, 명령 및 데이터처리계는 위성 탑재 컴퓨터를 중심으로 구성된다. 각종 기능의 발현에는 하드웨어와 함께 탑재 컴퓨터로 조작하는 소프트웨어의 존재가 필수적이다. 그렇기 때문에 소프트웨어의 신뢰도는 명령 및 데이터처리계의 신뢰도이며 나아가서는 위성전체의 신뢰성·로버스트(robust)성에 직결된다.

#### (1) 소프트웨어 구현의 유의점

소프트웨어 프로그램은 구조가 간단하고 짧을수록 이해하기 쉽다. 프로그램 구조의 적절한 파악은 의도하지 않은 결함이나 버그를 피하는데 상당히 중요하다. 복수의 멤버가 분담하여 소프트웨어를 개발할 때에는 특히 이점에 주의하면서 작업하기 바란다.

복잡한 구조라고 하더라도 요소별로 분해해 가면 비교적 단순한 작업의 집합체로 파악할 수 있다. 시스템 매니지먼트의 분야에서는 실시하여야 할 작업을 계층적으로 분해하는 WBS(Work Breakdown Structure)라는 기법이 잘 알려져 있다. 소프트웨어에서도 같은 방법을 사용하는 것이 바람직하다. 작업 내용을 분할하고, 계층적으로 기술하는 것은 프로그램의 구조를 적절히 파악하는데 유효하다. 또한 다른 것과의 공통점을 의식하고 분류하면 각 요소를 복수의 프로그램에서 사용할 수 있다. 이 방법은 효율이 좋을 뿐만이 아니라, 반복 사용함으로써 신뢰도의 향상에도 도움이 된다. 이와 같이 프로그램에서 공통적인 기능단위로 분할하는 작업을 모듈화라고 한다. 적절한 모듈화를 하는 것은 소프트웨어 개발의 기본이다. 또한 최근의 소프트웨어 개발환경의 대부분은 복수의 파일을 결합하여 소프트웨어를 개발할 수 있다. 모듈을 기능별로 그룹화하여 관리해 두면 문제가 발생했을 때 대상이 되는 파일에만 집중할 수 있으며 재활용성도 높다.

#### (2) 소프트웨어 검증의 중요한 역할

소프트웨어의 신뢰도는 다양한 상황에서 검증함으로써 비로소 확보할 수 있다. 위성에 탑재하는 소프트웨어의 개발에는 이 검증 프로세스가 상당히 중요하다. 예를 들면 소프트웨어를 시뮬레이터 환경에서 실제 기기 등의 플랫폼으로 전환하면 그 사이에 버그가 침투하여 플랫폼의 차이에 따라 타이밍이 동일하지 않는 등의 문제가 발생할 위험성이 있다. 그렇기 때문에 소프트웨어의 검증은 실제 기기를 사용하던가, 실제 기기에 가까운 상황에서 실시하는 것이 바람직하다. 「예상되지 않은 사건」에 대한 검증은 원리적으로는 어렵지만, 적어도 예상되는 모든 가능성에 대해서 그 조합을 검증해 두면 「예상되지 않은 사건의 범위」를 최대한 작게 하는 것으로 연결된다.

그러나 이 조합 모두를 수작업으로 망라하는 것은 매우 어렵다. 또한 실제 기계를 이용한 검증의 경우에 다양한 상황을 지상으로 모의하는 것이 곤란한 경우도 있다.

그래서 탑재 컴퓨터의 실제 기계와 주변 기계의 일부 또는 전부를 컴퓨터에서 모의하는 시스템을 구축한다. 지상에서는 실현하기 어려운 상황도 컴퓨터에서 자유롭게 발생시킴으로써 효율 좋게 검증할 수 있게 된다. 이 시스템은 HILS(Hardware in the Loop Simulator)라고 부른다(그림 4.2.12).

**그림 4.2.12** HILS(Hardware in the Loop Simulator)의 사례

실험풍경

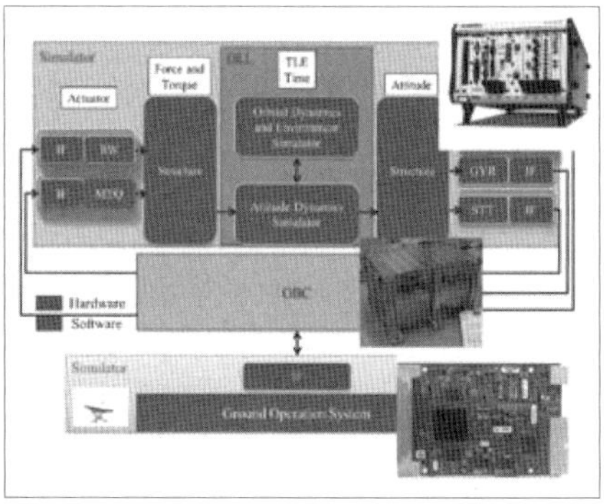


시스템 구성

### (3) 공통 프레임 워크(frame work)의 활용

소프트웨어는 반복해서 이용하며 다양한 환경에서 검증함으로써 신뢰성이 향상된다. 위성이나 캔위성에서는 각 팀이 각각 다른 플랫폼을 이용하여 개별적으로 개발하는 것이 대부분인데, 소프트웨어 자산의 공유화가 어렵다. 커뮤니티 내에서 상호간에 소프트웨어 자산을 공유할 수 있는 프레임 워크를 실현할 수 있다면 커뮤니티 전체에서 소프트웨어 자산의 상호이용이 촉진된다. 또한 소프트웨어 개발의 노력, 비용절감, 신뢰성 구축에도 연계된다(그림 4.2.13).

**그림 4.2.13** 소프트웨어 프레임 워크에 의한 소프트웨어 자산공유

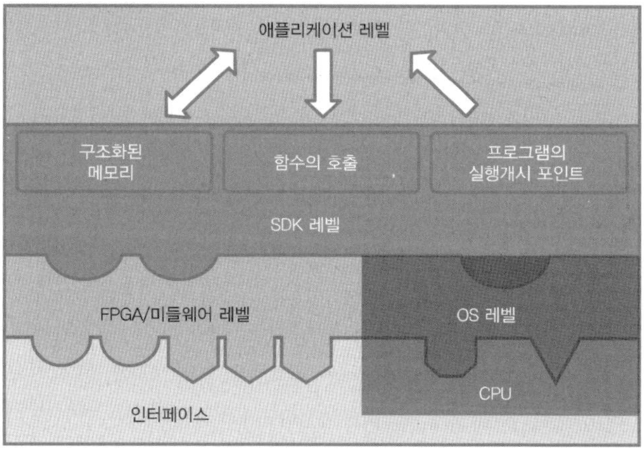


이러한 관점으로 일본에서는 초소형위성 커뮤니티에서 공통적으로 사용할 수 있는 소프트웨어 프레임 워크인 「호도요시(ほどよし) SDK」가 정비되었다[2]. 호도요시 SDK는 처음에 호도요시 위성[3]에 탑재하는 고기능 탑재 컴퓨터의 사양을 전제로 개발되었다. 그 후에 호도요시 SDK에 대응하여 소프트웨어적으로 완전한 상호성을 지닌 캔위성에서도 이용이 가능한 낮은 비용의 초소형 교육용 탑재 컴퓨터 보드인 「BoCCHAN-1」이 발표되었다(그림 4.2.14). 캔위성 개발에서 이와 같은 공통 소프트웨어 프레임 워크를 활용하는 것도 하나의 선택이다. 소프트웨어 프레임 워크를 이용하면 기존의 소프트웨어 자산을 활용할 수 있으며 복잡하고 고도한 프로그램도 비교적 용이하게 실현할 수 있다. 또한 이용하는 과정에서 알아 가는 사항을 피드백함으로써 커뮤니티 전체의 소프트웨어 신뢰도 향상에도 도움이 된다.

**그림 4.2.14** 호도요시 SDK 대응 탑재 컴퓨터 BoCCHAN-1

## 4.2.7 명령 및 데이터처리계의 역할

전항에서는 명령 및 데이터처리계가 갖추어야 할 기능과 설계상의 유의점에 대해서 언급하였다. 이를 바탕으로 캔위성이나 위성을 개발할 때에 명령 및 데이터처리계 팀이 담당하여야 할 역할에 대해 정리한다.

### (1) 명령 및 데이터처리계의 하드웨어 설계/개발

명령 및 데이터처리계 팀은 탑재 컴퓨터와 명령 및 데이터처리계를 구성하는 하드웨어의 설계와 개발을 담당한다. 탑재 컴퓨터는 앞에서 언급한 것과 같이 탑재되는 대부분의 컴포넌트와 인터페이스를 확립한다. 그 다음에 자율제어를 실현하는 연산능력, 메모리 용량 등의 리소스를 갖추어야 한다. 탑재 컴퓨터를 적절히 개발하기 위해서는 위성의 구성과 미션 시퀀스를 올바르게 이해할 필요가 있다. 필요한 리소스를 정리하고 방사선이나 열 진공환경과 같은 환경요소도 고려하면서 설계를 진행한다.

### (2) 텔레메트리/커맨드 관리

텔레메트리/커맨드의 프레임구조 디자인, 텔레메트리 정보나 커맨드 종류 등의 설계에 대해서는 탑재 컴퓨터의 소프트웨어와 밀접하게 관련되기 때문에 지상국 팀과 명령 및 데이터처리계 팀이 연계하여 실시한다. 이때에 통신 리소스나 탑재 컴퓨터의 메모리 리소스의 제약을 파악하면서 필요 충분한 리소스 배분을 실현할 필요가 있다.

### (3) 소프트웨어 구현

탑재 컴퓨터의 하드웨어 설계와 함께 그곳에서 작동하는 소프트웨어의 구현은 명령 및 데이터처리계 팀의 가장 중요한 역할 중의 하나이다. 소프트웨어의 신뢰도는 명령 및 데이터처리계의 신뢰도이며 나아가서는 위성 전체의 신뢰성 · 로버스트(robust) 성을 크게 좌우한다. 먼저 각 컴포넌트와의 하드웨어적 인터페이스를 근거로 프로토콜을 소프트웨어적으로 대응함으로써 기기의 정보를 적절히 취득하며, 제어를 실현한다. 또한 자세제어나 FDIR, 미션시퀀스와 같은 자율제어기능에 대하여 구현하고 위성시스템으로서의 기능을 실현한다. 더욱 중요한 것은 검증프로세스의 실시이다. 위성이 궤도 상에서 올바로 작동하기 위해서는 다양한 조건 하에서의 기능검증이 불가결하다. 각 컴포넌트의 기능검증부터 위성 전체로서의 기능실현까지 단계적이고 계층적으로 검증을 실시한다.

### (4) 명령 및 데이터처리계 팀을 담당할 때의 장점

캔위성의 명령 및 데이터처리계의 설계 개발에는 실제의 위성 개발로 이어지는 많은 프로세스를 배울 수 있다.

캔위성은 여러 가지 센서와 액추에이터로 구성되어 있으며, 탑재 컴퓨터는 각 기기와의 사이에서 인터페이스를 확립하는 것이 먼저 요구된다. 그 과정은 위성 개발에서 인터페이스의 구조설계와 동일하다. 각 컴포넌트의 하드웨어나 소프트웨어적인 인터페이스를 정리하고 확립해야 할 필요가 있다. 이 과정에서 위성개발의 인터페이스 구조설계에 관한 기본을 실천적으로 몸에 익힐 수 있다.

캔위성에서는 커맨드에 의한 원격조작은 일반적으로 허용되어 있지 않지만, 텔레메트리로 위성 상태를 리얼타임으로 전송하는 것 이외에 SD카드에 데이터를 축적하고 회수 후에 취득할 수 있다. 용량 제한 속에서 어떠한 데이터를 리얼타임으로 전송하고, 어떠한 데이터를 축적할 것인지, 또는 그 프레임의 구조는 어떻게 디자인하면 좋을 것인지 등 텔레메트리 디자인에 관한 기본적인 프로세스를 습득할 수 있다.

또한 캔위성 발사 후에는 기본적으로 자율적으로 제어할 필요가 있으며, 개발자가 선정한 미션을 실현하는 자율제어기능의 구현에 대하여 실험할 수 있다. 컴백 경연은 그러한 자율제어기술에 대한 유용한 경험이 된다. 또한 이 소프트웨어 개발에는 실시간으로 동작하는 프로그램의 구현, 검증의 실시 등 실제 위성의 소프트웨어 구현에 상당하는 과정을 실천적으로 습득할 수 있다. 시뮬레이션과는 달리 실제 센서, 액추에이터 등을 사용함으로써 예상치 못한 사건이나 FDIR 등의 대응에 대해서도 필연적으로 경험하게 된다.

## 4.3 전력계의 설계

전력계는 위성의 전력 생성과 분배를 관리한다. 중요한 역할을 담당하고 있다. 위성에 있어서 전력은 유일한 에너지원이며, 그것의 트러블은 위성의 생사에 직결된다. 여기에서는 전력계의 기능과 설계를 중심으로 해설하고 캔위성에서 습득할 수 있는 기술 포인트를 이야기한다.

## 4.3.1 전력계가 해야 할 역할

전력계의 역할은 전력을 안정적으로 효율 좋게 생성함과 동시에 만약의 경우에 대비하여 예비전력을 축적하고, 필요한 기기에 적절히 배분하는 일이다.

위성에서 전력생성의 원천은 대부분의 경우 태양전지가 된다. 태양광 입사방향의 변화와 궤도상에서의 시간 경과에 따른 열화 등도 고려하면서 미션 수행에 필요한 전력을 생성할 수 있는 태양전지를 준비한다. 또한 단순히 전력을 발생시킬 뿐만이 아닌, Peak Power Tracking(최대 전력 추적) 등 발전효율을 높이기 위한 전력제어기능도 필요하다. 전력축적에 대해서는 잉여전력의 조절과 배터리의 충/방전 관리를 한다. 배터리에는 태양전지로부터 전력공급을 할 수 없는 시간대 또는 태양전지로부터의 전력공급을 초월하여 전력을 공급하여야 할 시간대를 커버할 수 있는 전력 용량을 확보한다. 또한 배터리의 충전량에 대해서도 검출하고 관리하며 배터리 잔량이 기준치를 밑도는 UVC(Under Voltage Control) 등에 대한 대책도 필요하다.

위성을 구성하는 컴포넌트는 전원으로 다양한 전압을 필요로 한다. 태양전지나 배터리에서 공급되는 전력의 전압을 안정시키고, 각 컴포넌트가 필요한 전압으로 변환하여 공급하는 역할도 전력계의 중요한 기능 중의 하나이다(그림 4.3.1). 그 때에 각 컴포넌트의 동작과 비 동작에 대응하여 전원의 공급과 차단을 적절히 실현할 필요가 있다. 발사 시점에는 차단 상태인 위성의 주 전원을 위성이 궤도에 들어간 후에는 적절한 타이밍에 공급을 개시하는 분리 스위치에 대해서도 전력계의 일부로 설계되는 경우가 대부분이다. 그 어느 기능도 위성의 유일한 에너지원인 전력을 관리하기 위하여 위성의 생존에 직결되며 높은 신뢰도가 요구된다.

**그림 4.3.1** 전력계 구성의 사례

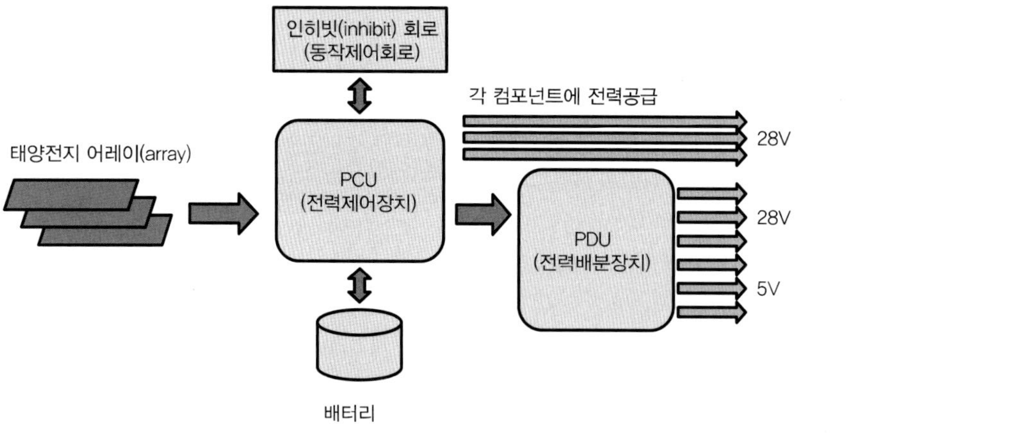

## 4.3.2 전력계 팀의 역할

전력계 팀은 전력계의 설계와 개발을 실시한다. 그 흐름은 크게 분류하면 크기조정(sizing), 전력배분 · 계통의 관리, 전력계 컴포넌트의 개발, 분리 스위치의 설계 · 개발, 이상현상에 대한 대응의 5개 항목으로 분류된다.

### (1) 크기조정

전력계 팀이 처음으로 해야 할 것은 위성의 필요 전력량을 추정하는 것이다. 추정한 수치를 바탕으로 태양전지나 배터리 등의 크기조정을 실시한다. 태양전지의 크기는 위성의 구조나 크기에 직접 영향을 주며, 배터리의 크기는 위성의 질량에 크게 영향을 미친다.

필요량을 추정하기 위해서는 먼저 탑재 컴포넌트 각각의 전력요구를 수집하여 동작모드에 맞추어 적산한다. 적산은 전력관리표의 형태로 정리하면 전체를 파악하기 쉽다. 전력배분의 설계 시에 필요한 전압과 안정도의 요구도 함께 수집해 두는 것이 바람직하다. 소형 위성은 일반적으로 표면적이 적기 때문에 미션 요구에 대하여 발생 전력량이 충분히 확보할 수 없는 경우도 많다. 때문에 미션 실시 시에 일반적으로 배터리 전력을 병용하는 등 동작모드를 복수로 설정하고 대응해야 한다. 또한 크기조정 관리의 기본으로 마진(margin)을 반드시 확보해 두는 것도 중요하다.

### (2) 전력배분 · 계통의 관리

탑재 컴포넌트는 각각 다른 전압을 요구하는 경우가 많고, 요구하는 전력도 다양하다. 앞의 크기 조정뿐만 아니라 각 컴포넌트가 요구하는 전압 · 전력의 파악과 관리가 필요하다. 전력관리표에 각 컴포넌트가 요구하는 전압, 전력에 대해서도 정리해 두면 좋다.

전력배분을 정리한 다음에 위성버스 전압부터 각 컴포넌트가 요구하는 전압으로 변환하는 전력배분장치를 개발한다. 일반적으로 전압 변환을 실시하는 DC/DC 컨버터(converter)의 용량에는 한계가 있다. 너무 큰 용량의 것을 사용하면 부담이 크기 때문에 이를 고려하면서 몇 가지 계통으로 나누어서 설계한다.

또한 컴포넌트에 따라서는 전원의 투입 · 차단을 조절할 필요가 있으며, 트랜지스터(FET)로 스위치 기능을 구현한다. 상황에 따른 스위치 기능의 조절은 C&DH계에서 실시하기 때문에 C&DH계 간의 인터페이스 설계가 필요하다. 전원스위치의 상태는 물론이고 발생전력이나 각 계통의 전압, 전류 등 전력계의 상태는 위성의 존재에 중요한 정보이기 때문에 그것들은 텔레메트리 정보로서 C&DH계에 보내도록 인터페이스를 검토한다.

전원의 투입 · 차단을 하는 컴포넌트에 대해서는 정상 상태에서의 전류량에 이외에 전원투입 시의 과도전류가 문제가 되는 경우가 있다. 과도전류에 대해서는 인터페이스 회로의 정보를 수집하는 것으로 어느 정도 예측이 가능하다. 공급하는 측과 받는 측의 상호작용이기 때문에 최종적으로는 맞물리는 시험에서 전류 프로브 등으로 과도전류를 계측하여 확인하자.

그림 4.3.2는 실제 초소형 위성의 전력계통도이다. 그림 4.2.7의 인터페이스 계통도와 같이 상세한 부분은 놓아두고 우선은 「이와 같은 그림을 그려서 시스템 전체를 바라보면서 관리하는 것이 중요하다」라는 것을 꼭 느껴주기 바란다.

**그림 4.3.2** 전력계통도의 사례

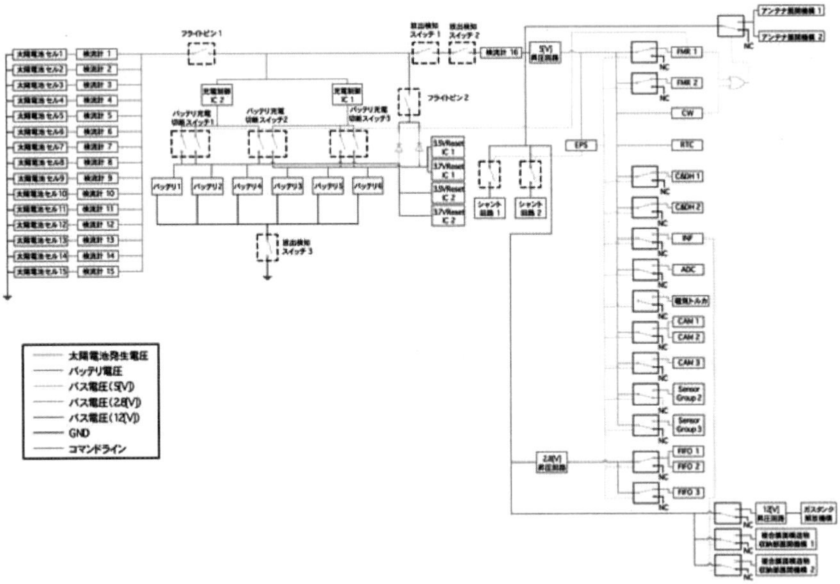


※ 데이터의 상세는 UNISEC 홈페이지 참조 http://www.unisec.jp/c3st/

### (3) 분리 스위치의 설계 · 개발

발사 시에 확실히 전원을 차단하고, 위성이 궤도에 진입 시에는 확실히 전원을 투입한다. 분리스위치 기능의 설계 · 개발도 전력계의 중요한 일 중에 하나이다. 발사 시에 전원을 차단하기 위하여 로켓 측으로부터 3가지 차단 스위치를 요구하는 경우가 많다. 그 한편으로 위성 측에서는 확실히 전원을 투입하고자 하기 때문에 그에 상응되는 설계가 요구된다. 분리 스위치에는 물리적으로 분리를 검출하는 마이크로 스위치를 이용하는 일이 많다. 마이크로 스위치는 발사 시 진동으로 순간적인 접속상태가 발생되지 않는데, 진동이 발생한 후에 분리로 인하여 확실히 접속되어 있는지를 진동시험의 일부로 실시한다(채터링 테스트(chattering test)).

### (4) 이상사건 대응의 설계 · 개발

배터리를 과도하게 방전하여 충전량이 일정치를 밑돌면 재충전이 상당히 곤란해지기 때문에(데드(dead) 배터리), 이 상태는 절대로 피하여야 한다. 배터리 충전량의 관리는 전력계에서 배터리 충전량을 계측하고, C&DH계에서 관리하는 것이 일반적이다. 또한 최후의 보루로 전력계가 더욱 위험한 수준으로 떨어졌을 때 대처할 수 있도록 배터리에서 다른 서브배터리로 전원공급을 차단하는 기구를 준비하는 것이 대부분이다.

이러한 전원 문제에 관하여 이례적인 사건의 대응을 전력계에서 구현해 두면, 신뢰도 향상에 효과가 있다. 단 이상현상의 검출은 C&DH계의 구현 내용과 정합성을 확보할 필요가 있다. 전원상태에 따라서는 C&DH계의 전원을 차단할 필요에 직면하는 경우가 있으며, 이것에도 대응할 수 있도록 조건에 따라 확실하게 복귀할 수 있도록 설계한다.

### (5) 전력계 컴포넌트의 개발

상기의 설계를 한 다음에 전력계를 구성하는 태양전지, 배터리, 전원 제어장치(Power Distribute Unit) 등 각 컴포넌트를 개발한다. 제어계의 전원 컴포넌트에는 높은 신뢰성이 요구되기 때문에 방사선 등의 영향도 고려하여, 마이크로컴퓨터 등은 사용하지 않고 기본 로직이나 아날로그 회로에서 구현하는 사례가 많다. 또한 개발한 컴포넌트에 대해서는 충분히 기능 검증을 할 필요가 있다. 제어계의 전원 컴포넌트는 물론, 태양전지나 배터리에 대하여 성능이나 특성의 확인과 검증을 실시해 두는 것도 중요하다.

### (6) 전력계 팀을 담당하는 메리트

캔위성은 태양전지 등의 전력을 입력할 수단을 지니지 않은 것이 많지만, 그래도 위성의 전력계 설계에 관한 기본적인 요소를 갖추고 있어 배울 것은 많다.

먼저, 배터리의 크기를 조정하는 과정을 통하여 위성의 전원 개발에서 크기 조정의 기본에 대하여 배울 수가 있다. 미션의 운용 페이스(phase)에 따라 각 컴포넌트의 필요 전력량을 집계하는 것은 전력계 크기 조정의 기본적인 프로세스에 상당한다. 또한 동시 요구 전압도 관리함으로써 전원의 계통설계, 전압변화기술, 운용의 상태에 따른 각 기기의 전원투입 · 차단에 대해서도 배울 수 있다. 로켓이나 기구에서의 방출 타이밍을 분리 스위치로 검출함으로써 높은 신뢰도의 분리스위치를 실현하는 방법에 대하여 다양한 트라이얼(trial)을 실천할 수 있다. 장시간 운용에 따른 이상현상 등은 체험할 수 없으나, 그래도 발생할 수 있는 이상현상을 정리하고, 그 대책을 생각하는 것은 위성 설계에서 가장 중요한 이상현상 분석의 기본 프로세스에 해당한다.

## 4.4 통신계의 설계

통신계의 역할은 지상국에서 업링크된 커맨드를 수신하고, 하우스키핑 데이터나 미션데이터를 지상국으로 다운링크하는 것이다. 커맨드란, 캔위성의 상태를 파악하거나 변경하는 데이터이다. 예를 들면 캔위성에 탑재된 기기의 ON/OFF 선택 데이터와 절전모드나 미션데이터의 다운링크 모드 등의 모드 선택 데이터 등이 있다. 하우스키핑 데이터란 캔위성의 상태를 모니터하는 데이터로 예를 들면 온도, 압력, 전압, 전류, 스위치의 ON/OFF 상태 등이 있다.

그림 4.4.1에 제시한대로 통신계는 수신안테나, 수신기, 모뎀, 디코드 처리장치(마이콘)로 구성되는 수신계와 인코드(encode) 처리장치(마이콘), 모뎀, 송신기, 송신 안테나로 구성된 송신

**그림 4.4.1** 통신계의 개념

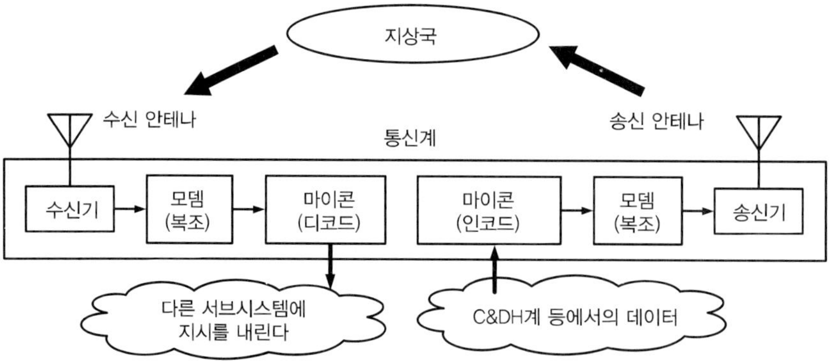

계의 2계통으로 구성된다. 각 기기의 기능에 대하여 상세하게 이해하기 위해서는 통신에 관한 기초지식이 필요하기 때문에 한번 무선공학[5]이나 안테나공학[6]의 입문서를 읽어보기를 권장한다. 여기에서는 캔위성을 개발하는데 최소한 알아두어야 할 것에 대하여 해설한다.

### 4.4.1 캔위성 무선통신의 기초

전파를 사용하는 주파수는 그 이용법에 따라 법률로 엄격하게 규정되어 있다. 예를 들면 「○○Hz~○○Hz는 지구관측용 위성 신호에 이용한다」, 「○○Hz~○○Hz는 휴대전화에 이용한다」와 같은 규정이다. 자세한 사항은 총무성의 홈페이지에 기재되어 있기 때문에 그것을 참조하기 바란다[7].

또한 전파의 강도(단위 W: 와트)에 따른 무선면허의 규정이 있으며, 무선면허를 취득하지 않고 이용할 수 있는 전파의 강도도 법률로 규정되어 있다. 즉, 통신에 사용하는 무선기기(수신기나 송신기)는 이러한 법률에 근거한 것을 사용할 필요가 있다.

캔위성용으로 사용하는 무선기기로는 「특정 소전력 무선기기」라고 하는 것이 가장 간단할 것이다. 특정 소전력 무선기기로 유명한 제품의 하나는 디지 인터내셔널(Digi International)사의 제품인 "XBee"이다. XBee는 하나로 송수신용 모뎀, 송수신기, 송수신용 안테나 등 캔위성에서 필요한 모든 기능을 지닌 상당히 편리한 무선기기이다. 전파가 약하여 통신거리가 짧기는 하지만 그를 제외하면 캔위성에는 최적이라고 할 수 있다.

캔위성과 지상국 사이에는 명령의 업링크와 하우스키핑 데이터나 미션 데이터의 다운링크가 행해진다. 먼저 업링크 때에는 통신계는 지상국에서 전송한 아날로그 신호를 모뎀으로 디지털화(복조)하고, 디지털 신호의 커맨드로 마이콘에 보낸다. 마이콘은 그 커맨드를 해석(디코드)하여 지상국에서 전송된 것이 올바른 데이터인가를 판단한다. 이 커맨드의 내용에 따라 스스로 무언가를 하거나 다른 서브시스템에 지시를 하거나 한다.

또한 다운링크 때에는 C&DH계 등 다른 서브시스템에서 데이터를 디지털 신호로 받은 다음에 미리 결정된 프로토콜에 따라 인코드하고, 모뎀으로 변조하여 송신기를 통하여 송신안테나에서 전파로 송신한다. 이와 같이 업링크나 다운링크는 미리 결정된 프로토콜에 따라 명령이나 데이터를 전파에 실어 주고받는다.

무선통신을 하기 위해서는 안테나가 필요하다. 안테나란 무선기기에서 케이블을 통하여 전송되어 온 전파를 증폭하여 특정 방향으로 방사하는 것이다. 무선기기와 안테나를 연결하는 케이블은 일반적으로 잡음에 강한 피복된 동축 케이블을 사용한다. 큐브 위성(CubeSat) 등 실제의 초소형 위성에서 사용되는 안테나로는 모노폴(monopole) 안테나, 다이폴(dipole) 안테나, 파라볼라(parabola) 안테나, 패치(patch) 안테나 등 다양한 것들이 있으며, 각각에 대하여 올바르게 설계, 개발할 필요가 있다. 이는 전문적인 지식이 필요하며, 전파를 취급하기 때문에 무선면허의 취득 등 법적인 절차도 함께 실시한다.

일반적인 캔위성의 경우에는 그렇게까지 본격적으로 할 수 없고, 시판하는 무선기기에 부속된 안테나를 그대로 사용하는 경우가 대부분이다(XBee에는 안테나도 부속되어 있기 때문에 그것을 그대로 사용하게 된다). 그림 4.4.2는 일반적인 안테나의 사례이다.

**그림 4.4.2** 안테나의 사례

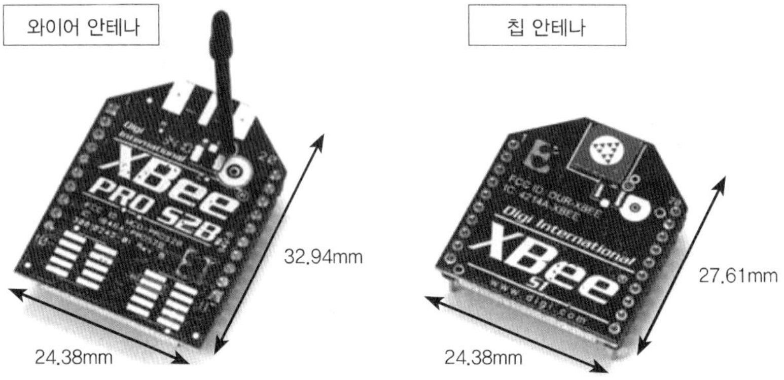


※사진제공 : 주식회사 스위치 사이언스(http://www.switch-science.com/)

## 4.4.2 통신방식의 기초

여기에서는 캔위성 통신방식의 기초로 프로토콜, 회선속도, 변조/복조에 대하여 간단히 설명한다.

프로토콜이란 간단히 말하자면, 통신의 규칙을 말한다. 사람의 대화에는 언어라는 규칙이 존재하는 것과 같이 무선으로 컴퓨터 사용자들이 통신하는 경우에도 규칙(프로토콜)이 존재한다. 그림 4.4.3은 통신 프로토콜의 한 사례이다. 이 사례에서는 통신 데이터의 시작과 끝을 나타내는 스타트 바이트(start byte)와 엔드 바이트(end byte), 데이터의 송신처나 수신처 등을 나타내는 헤더, 모든 데이터를 오류 없이 수신했음을 확인하기 위한 체크섬(CheckSum), 그리고 통신 상대에게 보내는 모든 데이터를 포함하여 하나의 패킷(packet)을 구성하고 있다.

**그림 4.4.3** 패킷 통신 프로토콜의 사례

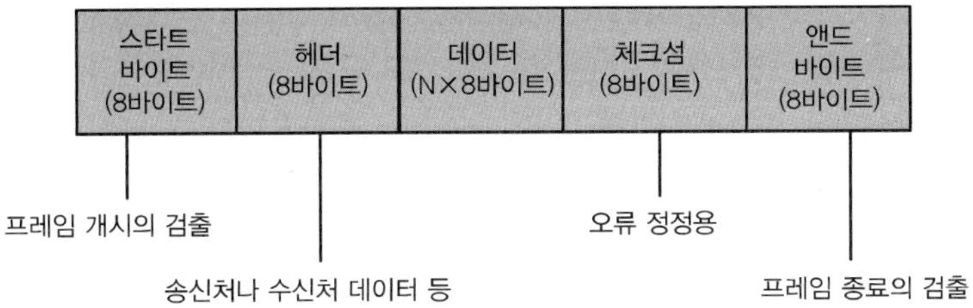


지상국과 캔위성 간에 통신을 성립시키기 위해서는 패킷 내의 데이터 순서(포맷)를 미리 결정해 두는 것도 필요하다. 예를 들면 GPS의 데이터를 지상국에 다운링크한다면 다운링크 포맷은 콜사인(5바이트), 세계표준시(6바이트), 위도(9바이트), 경도(10바이트), 취득 위성개수(1바이트), 고도(5바이트), 속도(5바이트), 오류 판정을 위한 체크섬(2바이트)의 순서 등이 된다.

또한 프로토콜에는 후술하는 CW 통신에 사용되는 모스(morse) 프로토콜과 무선기기 독자의 프로토콜(예를 들면 XBee의 API 프로토콜) 등 얼마간의 통신방식이 있다. 여기에서는 캔위성이나 큐브 위성에서 흔히 사용되는 방식인 모스 프로토콜을 사용한 CW 통신과 AX.25 프로토콜[8]을 사용한 패킷 통신의 2가지에 대하여 소개한다.

CW 통신(Continuous)이란, 말하자면 모스 신호에 의한 통신으로 전파를 보내는 시간 간격을 바꿈으로써 데이터를 전송한다. 이 방식은 송신에 시간이 걸리기 때문에 대량 데이터를 송신하기에는 부적합하다. 단, 패킷 통신과 비교하면 무선장애 등으로 송신이 일시적으로 차단되더라도 일부가 결손될 뿐, 다른 부분의 데이터는 수신 가능하다는 것과 소비전력이 적다는 등의 이점이 있다. 특히 소비전력이 적다는 것은 위성의 커다란 이점이며, 큐브 위성의 경우에는 특정 미션을 할 때 이외에는 CW 통신을 이용하는 경우가 많다. 또한 전파의 밴드 폭을 작게 할 수 있는 것도 CW 통신의 이점 중 하나이다. 일정한 주파수와 함께 상하의 주파수도 이용하는 경우에 그 상하의 주파수 폭을 밴드 폭이라고 한다. CW 통신에서는 이론상 밴드 폭을 한없이 0에 가깝게 할 수 있다(실제로는 무선기기는 온도 등 환경조건에 따라 약간 주파수가 어긋난다).

한편, 패킷 통신은 데이터의 일정한 비트 수만큼 한꺼번에 송수신하는 방식이다. 휴대전화에서의 데이터 통신 등 널리 일반적으로 사용되고 있는 통신방식이다. 큐브 위성 등에서도 사용되는 대표적인 통신방식의 하나인 「아마추어 패킷 통신」은 AX.25 프로토콜에 따라 패킷을 구성한다. 그림 4.4.3에 제시한 것과 같이 AX.25 프로토콜도 패킷의 시작과 끝을 표시하는 부분, 통신 에러를 체크하는 부분, 송신하는 패킷의 송신처와 발신처를 제시하는 부분, 데이터 부분으로 패킷이 구성된다. 수신 측은 프로토콜에 따른 데이터를 받음으로써 그 데이터가 어디에서 온 것인지, 모든 데이터가 오류 없이 수신되었는지 등의 정보를 얻는다. 즉, 무선통신 등에서 「통신속도는 ○○bps」라는 표현을 들은 적이 있는 독자도 있을 것이다. bps란 bit per second의 약자로 1초에 평균 ○○bit분의 데이터를 송신할 수 있는 통신속도를 표시하는 단위이다. 통신속도는 무선기기별로 미리 정해져 있다. 당연한 말이지만, 통신속도가 클수록 대량의 데이터를 수신할 수 있으며, 성능이 좋은 무선기기가 된다. 그러나 하나의 패킷량을 너무 높게 하면 무선장애 등으로 패킷 수신 중에 통신이 중단되면 그 패킷의 정보를 모두 읽게 된다. 한 번에 보낼 수 있는 패킷량의 상한은 무선기기에 따라 결정되기 때문에 그 상한을 넘지 않도록 주의하면서 1초에 몇 회, 무선기기로 패킷 데이터를 보낼 것인가가 중요하다. 즉, 이 횟수 N과 하나의 패킷량 D를 곱한 것이 실제의 통신속도가 되는 것이다. 여전히 계산 결과가 반드시 위의 통신속도와 일치한다고 할 수는 없다. 계산에서 얻을 수 있는 통신속도는 정해진 패킷량 D와 횟수 N의 경우의 것이 있으며, 그 이외에는 그 통신속도를 밑도는 통신속도가 되는 것이 보통이다. 따라서 설계 시에는 무선기기 통신속도의 사양 값은 참고 정도로 하고, 실제로 어느 정도의 패킷을 1초에 몇 회, 무선기기로 보낼 것인가를 결정함으로써 실제의 통신속도로 하는 것이 중요하다.

무선기기에 관해서는 주파수나 전파강도, 통신방식만이 아니라, 변조/복조방법도 확인할 필요가 있다. CW 통신 등의 특수한 통신방식을 제외하고, 일반적으로는 전파로 어떠한 데이터를 보내는 경우는 반송파라는 전파(이 반송파의 주파수가 그 무선기기의 주파수로 정의되어 있다)로 데이터를 싣는다. 즉, 전하고 싶은 데이터에 관한 전파를 반송파에 중첩시킨다. 이것을 변조라고 한다. 반대로 전파를 수신한 경우에는 변조된 전파에서 그곳에 실려 있는 데이터를 추출할 필요가 있다. 이것을 복조라고 한다. 변조와 복조의 이미지는 그림 4.4.4와 같다.

**그림 4.4.4** 변조와 복조의 이미지

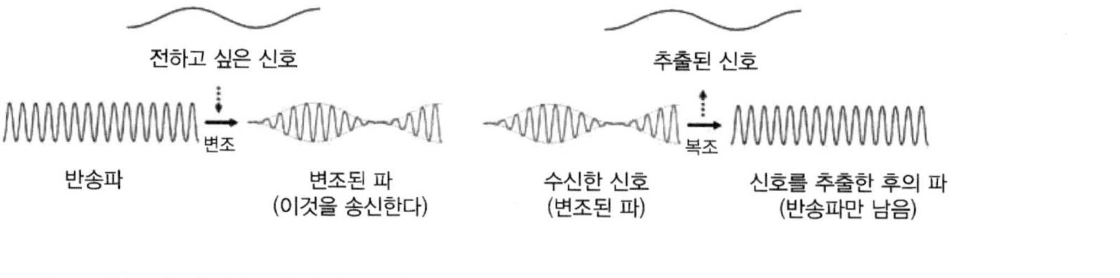


변조/복조의 방식은 다양한 것이 있다. 예를 들면 라디오에는 AM과 FM이 있는데, 이것들은 변조의 방식을 나타내고 있다. AM이란 반송파로 같은 주파수이기는 하지만, 진폭이 서로 다른 전파를 중첩함으로써 데이터를 싣는 것이다. FM이란 같은 진폭이기는 하지만, 주파수가 서로 다른 전파를 중첩함으로써 데이터를 싣는 것이다. 전자와 같은 진폭변조방식, 후자와 같은 주파수변조방식에도 다양한 종류가 있으며, 소규모 시스템의 통신방식으로는 전자라면 ASK(Amplitude Shift Keying), 후자라면 FSK(Frequency Shift Keying)이나 GMSK(Gaussian Minimum Shift Keying)이라는 방식을 열거할 수 있다. 이들의 이미지는 그림 4.4.5와 같다.

**그림 4.4.5** 변조방식의 개념도

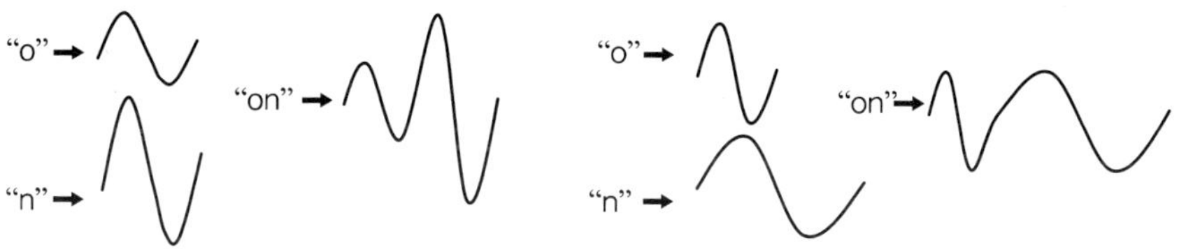


(a) 진폭 변조 (b) 주파수 변조

단, 그림 4.4.5의 사례는 아날로그 데이터이지만, 디지털 데이터의 경우에도 마찬가지로 변조/복조가 된다. 그림 4.4.6은 디지털 데이터의 주파수 변조의 개념도이다.

**그림 4.4.6** 디지털 데이터의 주파수 변조 개념도

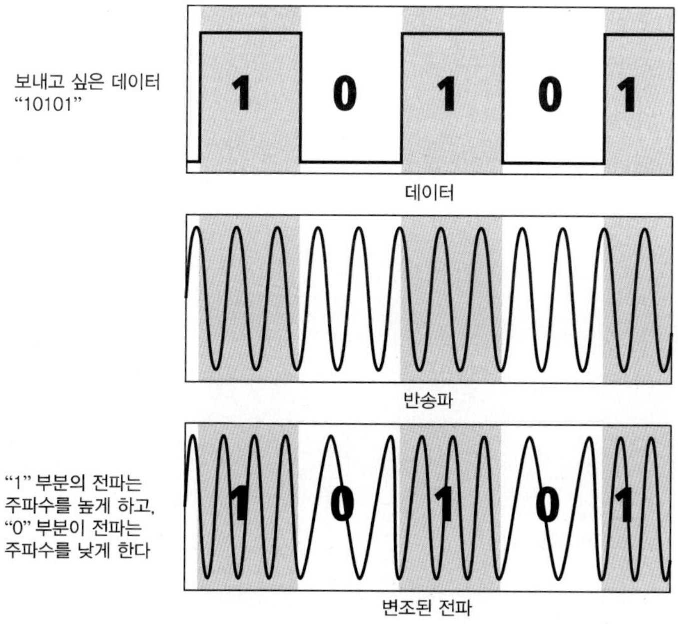

이와 같이 모뎀은 반송파의 특성(진폭이나 주파수, 상위 등)을 사용하여 변조/복조를 하는 역할을 담당하고 있다. 수신 측이라면 변조된 전파가 모뎀으로 보내져서 복조(즉, 데이터 추출)하고, 그것을 디코드 처리장치(마이콘)에 시리얼 통신방식으로 보낸다. 송신의 경우에는 그 반대이다. 그 통신방식은 모뎀의 종류에 의존하기 때문에 모뎀의 데이터 시트를 잘 확인하고 그에 맞추어 디코드/인코드 처리장치를 설정할(마이콘의 프로그래밍을 실시) 필요가 있다.

### 4.4.3 회선설계

통신계의 임무는 주어진 데이터의 양을 주어진 거리 사이에서 무선으로 송수신하는 것이다. 위성에서는 회선설계를 하여, 회선이 성립할 수 있도록 설계 값(송신기의 출력전압이나 통신속도, 안테나 게인 등)을 결정한다. 그 후에 설계에 따라 하드웨어, 소프트웨어를 개발해 나가게 된다.

원래 회선성립의 유무는 송신기에서 송신된 전파를 수신기로 수신할 때의 전력(반송파 전력 C)과 잡음전력밀도 No와의 비 C/No를 구하여 2배 이상되면 회선성립이라고 판단하는 경우가 많다. 이것을 dB값으로 고치면 약 3dB 이상의 차이가 나게 된다. 회선설계에서는 전력을 dB값으로 바꾸어 실제의 C/No와 요구 값과의 차이, 즉 마진이 +3dB 이상이 되도록 설계 값을 결정한다. 요점은 C/No가 큰 값이면 좋다는 셈이다. 원래 C/No란 필요한 신호와 잡음과의 비율이기 때문에 잡음에 비해서 신호가 충분히 커서 잡음에 묻히지 않으면 된다는 것이다. 트랜시버를 사용한 적이 있는 독자라면 서로의 거리가 멀어지게 되면 잡음이 커져 마지막에는 통화를 판별할 수 없게 되는 경험을 한 적이 있을 것이다.

일반적으로 수신기에서 출력된 전파의 전력은 이하의 흐름에 따라 안테나 게인에 의해 증폭되거나 다양한 로스(loss) 때문에 약해지거나 하여 최종적으로 수신국의 디코드 처리장치에 도달하게 된다.

(a) 송신기 ⇒ 송신안테나(배선부에서의 전력소비, 즉 송신급전 손실)
(b) 송신안테나 처리(송신안테나에 의한 게인, 송신안테나의 방향과 수신국 방향과의 차이로 포인팅(pointing) 손실
(c) 송신안테나 ⇒ 수신안테나(자유공간 손실, 대기흡수 손실, 편파 손실, 강우 손실)
(d) 수신안테나 처리(수신안테나의 방향과 송신국 방향과의 차이로 포인팅 손실, 수신안테나에 의한 게인)
(e) 수신안테나 ⇒ 수신국(수신급전 손실, 시스템 잡음)
(f) 수신국 처리(수신국 처리 손실)

위성과 지상국 사이의 통신에서는 이들 게인이나 손실을 계산함으로써 C/No를 구한다.

계속해서 C/No의 이론적인 요구 값을 구한다. 요구 값을 구하기 위해서는 먼저, 수신 신호를 복조할 때의 손실이나 수신국 내의 손실을 설정하거나 실측한다(설정 값 A). 다음으로 수신 데이터의 허용오차 비율을 설정함으로써 1bit당 신호에너지와 단위주파수 당 잡음전력밀도의 비율 Eb/No를 설정한다(설정 값 B). 또한 통신속도를 설정하고(설정 값 C), 설정 값 B와 설정 값 C의 합보다 이상적인 C/No를 요구하며, 그것에 설정 값 A의 손실분을 가산함으로써 요구 값이 구해진다. 마지막으로 그러한 차이에서 마진을 요구함으로써 회선의 성립성을 판단한다. 구체적인 계산방법은 문헌[9]를 참조하기 바란다.

캔위성의 경우 지금까지는 엄밀한 회선설계를 할 일은 없었을 것이다. 실제로 상기의 「(C)송신 안테나 ⇒ 수신안테나」사이의 손실 이외에 관해서는 실측하지 않으면 모르는 것으로 계측자체도 용이하지 않다. 따라서 회선설계를 하는 것은 송신기의 출력전력, 송신안테나, 수신안테나의 게인을 각각의 데이터 시트에서 파악하고, 송신안테나 ⇒ 수신안테나 사이의 손실만 계산하고 다른 손실은 적당히 설정하여 계산하는 것이 한계일 것이다. 현실적으로는 송신기와 안테나 세트 상품을 구입하여, 데이터 시트에 기재되어 있는 송신가능 거리를 확인한다. 그것에 적당히 마진을 예상하여 통신가능 거리를 설정하여, 그 거리에서 가능한 미션을 생각해 가는 프로세스가 될 것이다. 판정은 실제로 통신실험을 실시하고 통신가능 거리를 실측하여 예상하는 거리에서 통신할 수 있으면 합격이 된다. 또한 XBee 등의 일부 무선기기에서는 통신상대와 통신함으로써 통신 게인을 확인하는 기능을 갖춘 것도 존재한다. 문헌[10]에는 그 방법도 소개하고 있기 때문에 꼭 읽어보기 바란다.

## 4.5 센서의 이용

센서란 빛, 온도, 압력, 속도, 가속도, 각속도, 전압, 전류 등의 변화를 물리 측정법이나 화학 측정법을 사용하여 파악하기 쉬운 신호로 변환하는 장치를 말한다. 일반적인 위성에서 센서의 역할은 위성의 전압, 전류, 온도, 자세 등 상태의 측정이며, 이들은 위성이 자율적으로 우주공간에서 살아남기 위하여 필요 불가결한 요소이다. 또한 천문관측, 기상관측, 지구관측 등에서는 센서 자체가 특별한 미션기기가 되는 경우도 있다.

본 절에서는 캔위성에서 센서의 역할과 구성, 종류에 대하여 설명한다.

### 4.5.1 센서의 역할과 구성

캔위성에서 센서의 역할은 위성과 대부분이 동일하며, 전압이나 주요기기의 온도, 자세 등 캔위성의 상태를 감지하는 것이다. 또한 미션에 따라서는 미션기기로서의 역할도 지닌다. 예를 들면 카메라는 캔위성의 방향이나 자세를 알기 위한 센서도 되며, 촬영자체가 미션이 되는 경우도 많을 것이다.

센서에 의한 계측은 1. 측정대상의 변화를 전기적 변화로 변환한다, 2. 전기적 변화를 필요에 따라 증폭하고 필터링한 후에 A/D 변환을 하여 디지털화한다.라는 흐름으로 실시한다(그림 4.5.1).

그림 4.5.1 센서의 계측흐름

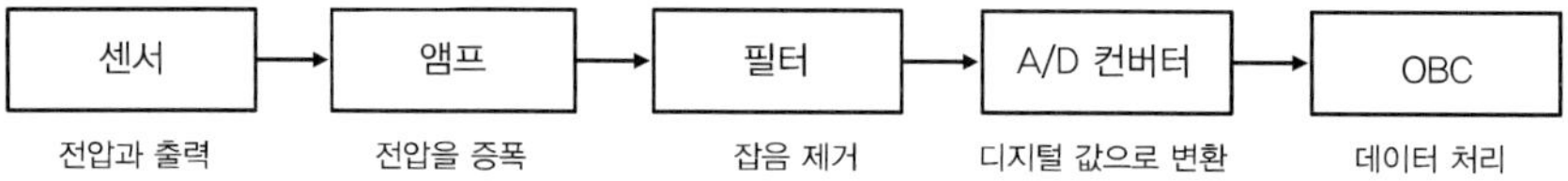


일반적으로 센서는 단독으로 작동하는 것이 아니다. 출력전압이 작은 센서 값을 증폭하는 오피엠프(operational amplifier), 출력 값에 맞추어 잡음을 제거하는 필터, 필터를 통한 데이터를 아날로그 값에서 디지털 값으로 변환하는 A/D 컨버터, 데이터를 조절하는 OBC, 그리고 데이터를 보존하는 기억장치 등도 조합하여 구성된다.

또한 센서 데이터는 보존될 뿐만이 아니라, 액추에이터의 제어 신호의 생성이나 지상으로의 다운로드 등에도 이용된다. 따라서 캔위성의 센서시스템으로 기능을 최대한으로 발휘하기 위해서는 센서 자체의 계측범위나 정밀도뿐만 아니라, 기억장치의 스펙(용량이나 쓰기, 읽기의 속도), 데이터를 지상으로 송신하는 통신시스템의 스펙과 사양(다운링크의 양이나 다운링크의 형식), 센서를 정해진 방향으로 고정하는 구조계의 정밀도 등 다른 시스템과의 연계를 포함하여 설계 · 개발해 간다.

## 4.5.2 센서의 종류

센서에 의한 계측에는 크게 나누면, 어떤 참조물을 계측하는 것, 스스로 운동하고 있는 상태를 계측하는 것, 자신의 위치를 계측하는 것의 3가지가 있다. 참조물의 계측에는 예를 들면 태양광의 입사방향을 계측하여 태양의 방향을 계산해 내는 태양 센서, 지구의 자기장 벡터(Vector)의 3가지 성분을 계측하는 자기 센서, 온도변화를 계측하는 온도 센서, 전압 · 전류계측 센서 등을 들 수 있다. 자신의 운동상태를 계측하는 것으로는 속도계나 가속도계를 계측하는 자이로 센서나 가속도 센서를 들 수 있다. 자신의 위치를 계측하는 것으로는 위치를 계측하는 GPS 센서나 대상과의 거리를 감지할 수 있는 초음파 센서 등을 들 수 있다.

예를 들면 그림 4.5.2와 같은 플라이 백 캔위성의 미션 프로필을 생각해 보자. 발사 시에 어느 정도의 하중이 캔위성에 실렸는지를 알고 싶은 경우에는 가속도계를 설치한다. 파라 포일 등을 분리하는 고도를 제어하는 경우에는 GPS와 기압계를, 이동방향을 제어하는 경우에는 GPS와 자기 센서를, 장애물을 회피하는 경우에는 적외선 센서나 초음파 센서를 이용하는 등 센서의 조합에 따라 많은 것이 가능해진다.

**그림 4.5.2** 플라이 백 캔위성의 미션프로필

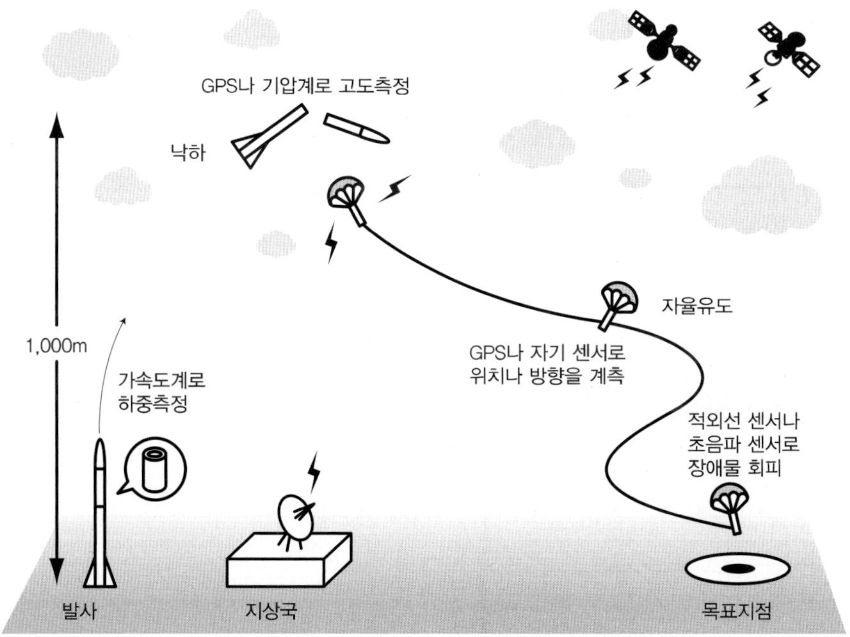

## 4.5.3 아날로그 신호와 디지털 신호

센서는 출력되는 신호 형식에 따라 아날로그 신호와 디지털 신호로 분류할 수 있다. 예를 들면, OBC 센서의 계측치를 해독하기 위해서는 디지털 형식으로의 변환이 필요하다. 디지털 신호(그림 4.5.3 왼쪽)를 출력하는 센서라면 그림 4.5.5와 같이 A/D 컨버터를 사용하여 디지털 신호로 변환하고 나서 OBC와 통신을 한다. 또한 신호에 따라 이 사이에 오피엠프(예를 들면, 센서의 출력이 작은 경우)나 필터회로(센서 출력의 잡음을 제거하기 위하여) 등이 들어가는 경우도 있다. 또한 센서에 따라서는 증폭회로나 필터, A/D 컨버터 부분도 포함하여 하나의 패키지로 되어 있는 것과 검출 시에 신호의 유무(예를 들면 스위치의 ON/OFF)를 1 또는 0으로 검출하는 디지털 형식의 센서도 있다.

**그림 4.5.3** 아날로그 신호와 디지털 신호

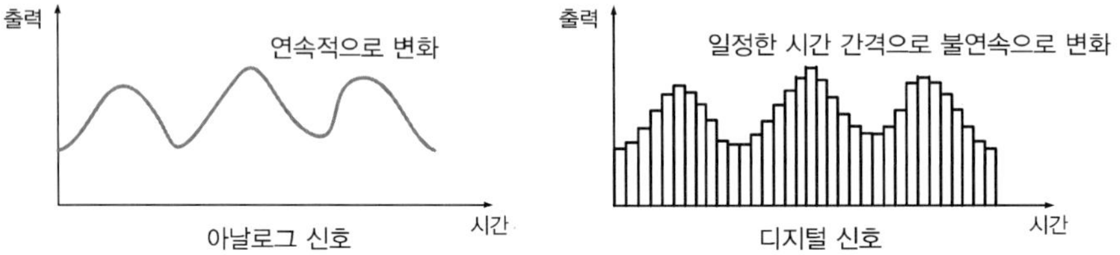


**그림 4.5.4** 디지털 형식의 센서 구성 사례

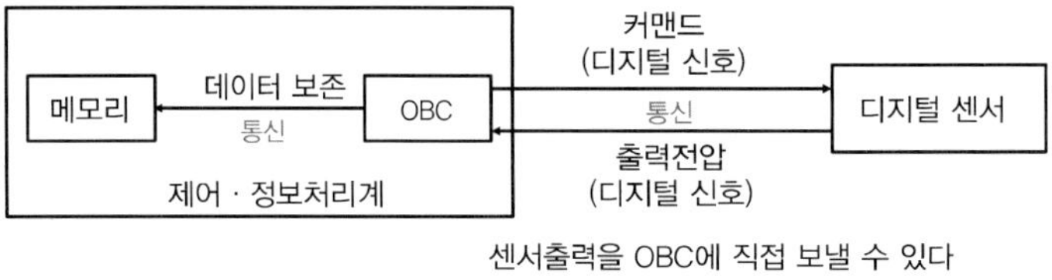


**그림 4.5.5** 아날로그 형식의 센서 구성 사례

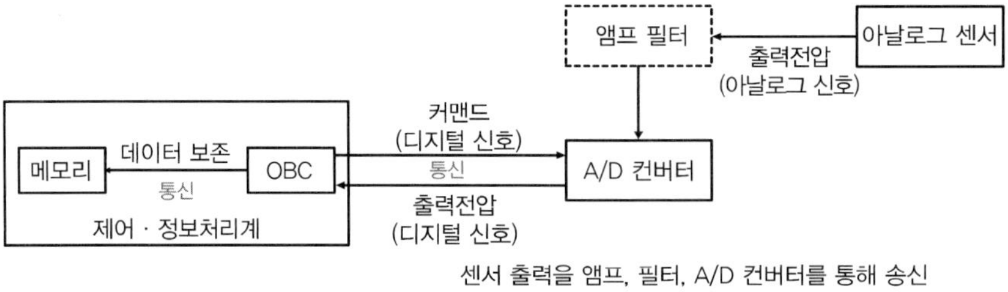

아날로그 단계에서는 잡음의 혼입 등 다양한 열화가 발생하기 쉽다. A/D 컨버터 부분도 포함하고 패키지화하여 디지털 형식으로 출력하는 센서라고 하더라도 내부에는 아날로그 형식으로 존재하는 부분이 있기 때문에 주의가 필요하며, 또한 잡음에 주의를 기울일 필요가 있다. 아날로그는 약간의 전압변화도 계측하는 반면에 디지털은 어느 정도 값을 넘지 않으면 변화로 인식하지 않기 때문에 일단 디지털화된 데이터는 비교적 잡음에 강하다.

### 4.5.4 센서의 계측범위와 정밀도

센서에는 각각 측정범위가 미리 설정되어 있다. 그렇기 때문에 캔위성의 사용환경 하에서 예측되는 계측의 최대값이 센서의 계측범위를 초월하지 않는 것을 데이터시트에서 확인하여 선정하게 된다. 또한 센서에는 각각의 감도가 있으며, 물리량의 변화에 대하여 전압이 변화되는 비율이 정해져 있다. 예를 들면, 센서의 감도가 우수하더라도 A/D 변환에 충분한 분해 능력이 없으면 센서의 감도는 생겨나지 않기 때문에 주의하자. 예를 들면 각속도를 계측하기 위한 자이로 센서가 계측범위 0~100deg/sec, 감도 20mV/(deg/sec), 0점(자이로 센서라면 정지상태에서 출력) 2.5V라는 특성을 갖추고 있을 것이다. 이 경우 0deg/sec의 출력은 2.5V가 되며, 2.5V ±2V의 범위에서 센서가 신호를 출력하게 된다. A/D 변환에서는 아날로그 양을 몇 개로 분할하여 단계적으로 변환한다. 얼마나 세밀하게 표현할 수 있는가를 나타내는 수치를 A/D 변환의 분해능이라고 하며, 단위는 bit로 표시한다. 예를 들면 분해능이 1bit라면 어떠한 값이라도 0 또는 1 두 가지 밖에 나타낼 수 없다. 분해능이 10bit라고 하면, 센서에서 보낸 아날로그 전압을 「0」과 「1」 10개의 나열로 표현하기 위하여 A/D 변환이 받아들일 수 있는 전압의 폭이 0~5V라고 한다면, 0V는 「0000000000」, 5V는 「1111111111」이 된다. 덧붙여서 3V라면 「1001100110」이다. 즉 0~5V의 폭을 10bit, 즉 $2^{10}$=1,024로 분할하여 표현한다. 예를 들면 5V로 조정된 입력이라면 10bit의 A/D 컨버터에 의해 OBC에서 감지할 수 있는 가장 작은 전압의 변화는 5V/1,023 =4.89mV가 된다.

A/D 컨버터는 OBC에 내장되어 있는 것도 있으며, A/D 컨버터를 외부에 붙이는 경우도 있다. OBC 내장의 것이 성능이 충분하지 않은 경우, 외부 부착의 A/D 컨버터를 이용하면 희망하는 분해능을 얻는 것이 가능하다. OBC가 센서 값을 정확하게 해독하기 위해서는 센서의 출력전압을 OBC의 작동전압의 범위에 포함하고, 센서의 분해능이 너무 작은 경우에는 출력 신호의 증폭이 필요하다. 예를 들면 A/D 컨버터가 0~5V를 10bit의 디지털 변환를 하는 경우에 사용예정의 센서의 출력범위가 0~5V보다도 작은 범위 내라면 A/D 컨버터의 분해능을 충분히 살릴

수 없다. 그래서 센서출력을 증폭함으로써 0~5V에 가깝게 최대한 활용하자는 것이다. 센서의 출력을 증폭하는 방법으로는 일반적으로 오피엠프를 사용한 증폭 회로가 사용된다. 오피엠프는 연산증폭기라고도 하며, 전압, 전류의 증폭만이 아닌, 가산, 감산, 적분, 미분 등도 가능하다.

또한 발사 시나 방출 시에 진동으로 잡음, 센서 자체의 잡음, 통신이나 액추에이터에 의한 잡음 등 센서 데이터에는 다양한 잡음이 따라오기 때문에 진정한 값과 차이가 있음을 고려하여야 한다. 그림 4.5.6은 자기 센서 가까이에 통신기를 둔 경우의 사례이다. 통신기가 on이 되면 자기 센서에 고주파의 잡음이 부가된 것을 알 수 있다. 캔위성과 같이 한정된 공간 속에서 통신기나 액추에이터 등을 배치하는 경우에는 센서에 영향을 미치는 요인도 고려하여 배치나 운용방법(센서를 계측할 때에는 통신기나 액추에이터를 동작하지 않는 등)을 검토하는 것이 필요하다.

**그림 4.5.6** 자기 센서에 의한 계측의 사례

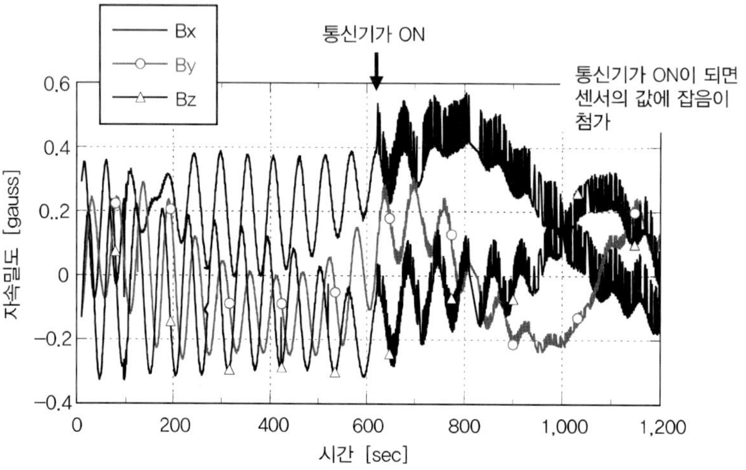


잡음 제거는 센서에서 얻어진 아날로그 신호를 필터회로에 통과시킴으로써 잡음을 제거하는 아날로그 필터나 A/D 변환 후의 디지털 신호로 디지털 필터 등을 사용한다. 필터에는 저주파를 통과하는 로우패스(Low-pass) 필터나 고주파를 통과하는 하이패스 필터 등 여러 종류가 있으며, 센서 데이터와 잡음의 특성에 맞추어 적절한 것을 선택한다. 그림 4.5.7은 서로 직교하는 3축에 장착된 3개의 자이로에 대하여 X축 주변에서 일정한 각속도로 회전시키는 실험을 했을 때 각속도의 사례이다.

이 데이터는 하나의 자이로(X축)만이 각속도를 검출하여 출력전압이 높아지고, 나머지 2개는 회전하지 않을 때의 값을 나타내고 있다고 해석할 수 있다. 그림 4.5.7 왼쪽은 로우패스 필터를 끼우기 전, 그림 4.5.7 오른쪽은 끼운 후의 데이터로 로우패스 필터를 끼우면 고주파의 잡음이 줄어드는 것을 알 수 있다.

**그림 4.5.7** 로우패스 필터의 효과 사례(왼쪽: 필터 회로 무, 오른쪽: 필터 회로 유)

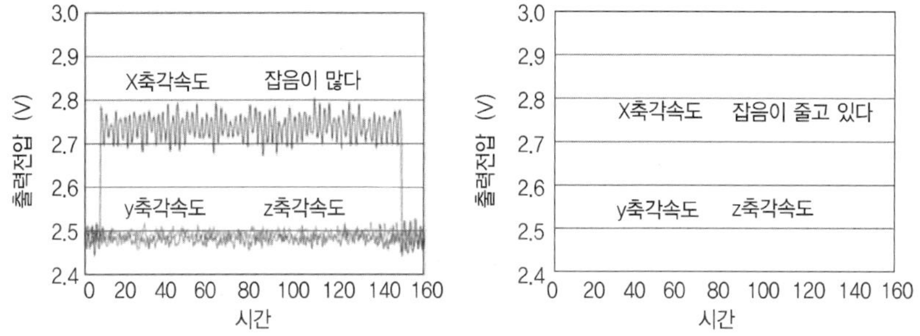


## 4.5.5 센서와의 통신

디지털 형식으로 변화된 센서 데이터는 OBC로 송신된다. 센서와의 통신방식으로는 시리얼 통신방식과 패러럴 통신방식이 이용된다. 시리얼 통신방식은 그림 4.5.8과 같이 데이터를 1bit씩 연속적으로 송수신하는 통신방식이다. 패러럴 통신과 비교하여 신호 라인을 제거할 수 있으며, 효율적으로 OBC를 사용할 수 있다. 시리얼 통신방식으로는 데이터를 1bit씩 연속해서 송수신하기 위하여 A/D 컨버터와 타이밍을 맞추기 위한 클럭(CLK) 라인과 데이터가 흐르는 데이터(Data) 라인으로 구성된다. 한편 패러럴 통신은 그림 4.5.8 오른쪽과 같이 데이터의 bit별로 신호 라인이 연결되어 있으며, 1문자(8bit)의 데이터를 동시에 실시할 수 있다.

**그림 4.5.8** 시리얼 통신(왼쪽)과 패러럴 통신(오른쪽)의 비교

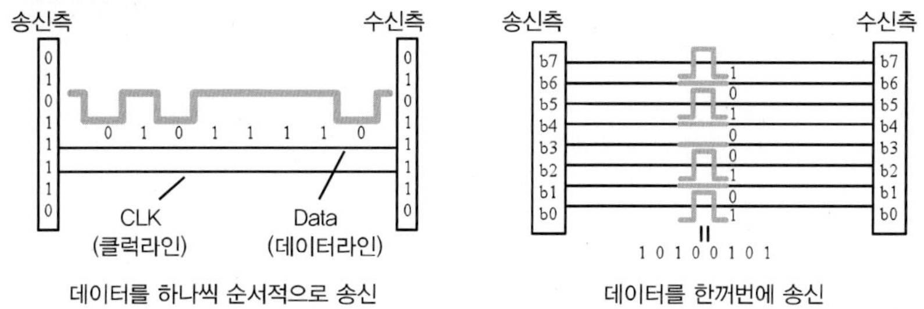

### 4.5.6 샘플링(sampling) 주파수와 보존량

OBC는 디지털 신호의 센서 데이터를 일정한 샘플링 주파수로 취득한다. 샘플링 주파수는 1초에 샘플링을 취득하는 횟수를 표시하며, 그 값은 실현하고 싶은 제어나 미션에 따라 달라진다. 단, 희망하는 샘플링 주파수를 실현하기 위해서는 OBC의 프로그램 처리시간이 문제가 된다. 샘플링 주파수를 높이기 위해서는 A/D 변환에 걸리는 시간이나 메모리에 적어 넣는 시간, 통신계나 제어계에 데이터를 송신하는 시간 등 센서를 취득하는 OBC 프로그램의 처리시간을 단축할 필요가 있다. 이때 어느 정도의 시간 간격으로 샘플링을 하면 원래의 신호 성질을 정확하게 재현할 수 있는지에 대한 기준을 이론적으로 제시한 것이 샘플링 정리이다. 샘플링 정리는 연속 신호에 포함되는 주파수 성분을 올바르게 샘플링 값 데이터로 재현하기 위해서는 샘플링 주파수가 원래의 신호가 지닌 주파수 성분의 상한 주파수의 2배 이상으로 하여야 한다.

또한 샘플링을 메모리에 확보하는 경우에는 그 보존하는 양에도 주의가 필요하다. 메모리의 선정은 캔위성에서 실현하는 예정의 샘플링 주파수와 센서 데이터를 취득하는 합계의 시간을 충분히 고려하여 결정하자.

### 4.5.7 센서의 선정과 구성 사례

캔위성의 개발에는 미션 전체에서 발생할 수 있는 상태를 모두 생각하고, 그 실현을 위해 다른 시스템과의 관계(데이터 통신이나 간섭)도 포함하여 진행한다. 특히 센서는 위성과 같은 부분이 많으며, 센서 시스템의 개발에서는 많은 것을 배울 수 있다. 다음으로 미션 프로필의 구체적인 사례를 제시하고 캔위성에서 센서의 선정이나 구성사례에 대하여 설명한다.

센서 선정 단계에서는 정해진 레귤레이션(regulation: 규정)(무게나 크기)이나 과거의 실험환경에 대한 데이터(진동, 가속도, 온도, 바람), 최대 비행시간, 예상하고 있는 미션 프로필 등을 근거로, 탑재해야 할 센서의 요구를 명확하게 하는 것에서부터 시작된다. 여기에서는 그림 4.5.9와 같은 플라이 백을 실시하는 캔위성의 미션프로필을 사례로 필요한 센서를 생각해 보자.

**그림 4.5.9** 플라이 백 캔위성의 미션프로필 사례

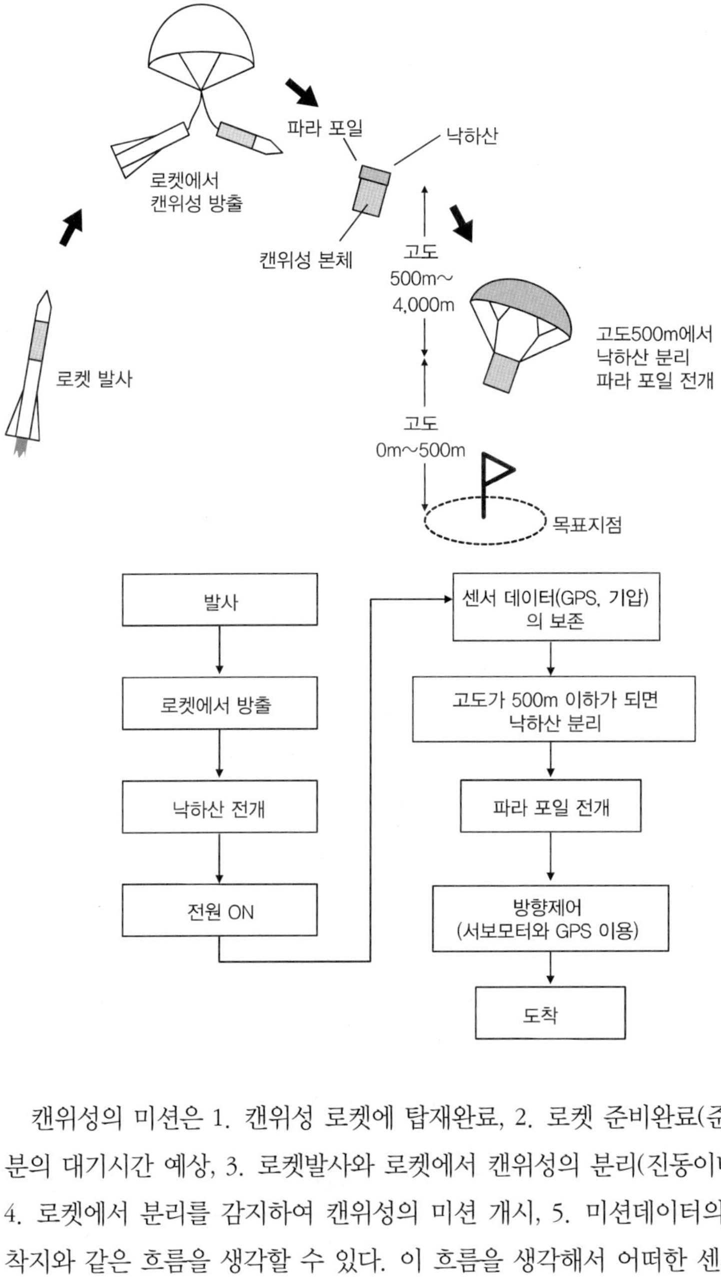


캔위성의 미션은 1. 캔위성 로켓에 탑재완료, 2. 로켓 준비완료(준비완료까지 수분에서 수십분의 대기시간 예상, 3. 로켓발사와 로켓에서 캔위성의 분리(진동이나 높은 가속도환경에 노출, 4. 로켓에서 분리를 감지하여 캔위성의 미션 개시, 5. 미션데이터의 취득 · 보존 · 다운링크, 6. 착지와 같은 흐름을 생각할 수 있다. 이 흐름을 생각해서 어떠한 센서(정밀도, 샘플링 빈도, 환경대응성, 소비전력, 데이터 형식, 크기, 무게, 동작전압 등)가 이용 가능한가, 어느 정도로 간단

하게 캔위성에 넣을 수 있는 가를 생각하고 선정해 간다. 이 미션 사례에서는 분리 후에 바람의 영향을 피하기 위하여 고도 4,000m에서 500m 사이는 낙하산에 의해 낙하하며, 500m부터는 낙하산을 분리하여 파라 포일을 전개한다. 그 후에 캔위성은 파라 포일을 제어하면서 목적지점에 도착한다. 이 미션 프로필에서 센서의 주요한 역할은 낙하산의 분리·파라 포일의 전개고도의 감지, 캔위성의 위치감지이다. 이들 감지에는 예를 들면 고도의 감지에 압력 센서를, 위치감지에 GPS를 이용함으로써 실현이 가능하다. 센서의 특성으로는 오프셋(offset)이나 게인 특성, 센서 값의 재현성, 응답성, 환경특성, 센서출력과 피 측정량과의 관계성, 데이터 형식, 분해능 등이 있으며, 이들을 데이터 시트에서 확인한 다음에 선정한다. 단, 각 값은 카탈로그에 기재되어 있는 표준 값과 차이가 있기 때문에 각각 단독으로 실험을 실시하여 평가한다. 그림 4.5.10은 그림 4.5.9의 미션 프로필을 실현하는 캔위성의 시스템 다이어그램의 사례이다.

**그림 4.5.10** 캔위성의 시스템 다이어그램의 사례

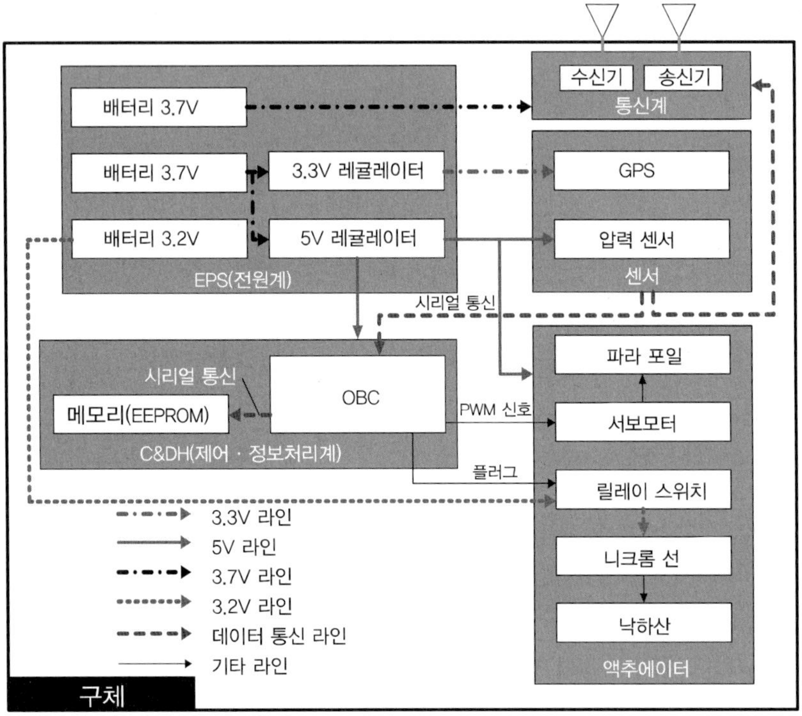


각 컴포넌트 간의 상호작용이나 서브시스템 간의 상호작용을 알 수 있는 그림으로 하는 것이 중요

단독 동작을 확인한 후에 각종 환경 하에서의 시험(전력확인시험, 간섭확인시험, 성능확인시험, 통신시험, 온도시험, 진동시험, 교정시험 등)을 하고, 동작을 보증한다. 이때에 캔위성으로서의 동작(운용)을 확실히 생각하면서 시험방법을 결정한다. 또한 반드시 실전과 동일한 조건에서 실험확인을 할 수 있는 것은 아니므로, 한정된 조건 속에서 복수의 실험과 확인시험 결과를 조합하여 자신감을 가질 수 있는 시스템을 구축하자.

## 4.6 액추에이터의 이용

액추에이터란 입력된 에너지를 물리적인 운동으로 변환하는 정치를 말한다. 위성에서 액추에이터의 주된 역할은 위성에 탑재되는 전체 구조물(예를 들면 통신을 위한 안테나나 전력을 얻기 위한 태양전지 패널)의 전개, 궤도제어 · 자세제어를 위한 토크(torque)의 추가이다. 또한 기본 장치의 전개만이 아닌, 미션기기로서의 역할을 지닌 것도 있으며, 위성이 자율적으로 우주공간에서 미션을 수행하기 위해 필요한 필수적인 장치이다.

본 절에서는 캔위성에서 액추에이터를 갖는 시스템의 구체적인 사례와 역할, 구성을 설명한다. 또한 다른 서브시스템을 조합한 경우의 검증시험에 대해서도 서술한다.

### 4.6.1 액추에이터의 역할

캔위성에서는 미션 중의 다양한 상황에서 액추에이터를 이용하게 된다. 그림 4.5.2에 제시된 플라이 백 캔위성의 미션 프로필을 사례로 액추에이터의 역할을 살펴본다.

예를 들면 캔위성을 목적지점까지 운반하는 방법으로는 GPS와 서보모터(servo motor)를 이용한 파라 포일의 제어를 생각할 수 있다. 또한 착륙 후에 바퀴로 목적지점까지 주행하는 로버 유형으로 전환하고자 하는 경우에는 별도의 접근 방법이 필요하다. 구체적으로는 초음파 센서 등으로 지상과 캔위성과의 거리를 측정하면서 이 거리가 한계 값(낙하산을 분리하여 자유 낙하가 되어도 부서지지 않는 높이를 설정)을 넘으면 낙하산과 캔위성의 연결 라인을 니크롬선 용융장치로 태워버리는 시스템 등을 검토한다. 더욱이 착륙 후에는 GPS 센서와 바퀴를 구동하는

DC 모터를 사용한 제어도 필요하다. 그림 4.6.1에 캔위성의 자세제어 흐름도를 제시한다. OBC가 자세결정용 센서에서 데이터를 받고, 받은 정보에서 「자세제어 로직」을 사용하여 액추에이터에 제어 신호를 보낸다. 이와 같이 캔위성의 액추에이터는 그것을 단독으로 동작시키는 것이 아니라 OBC와 액추에이터, 심지어 센서 등 다른 시스템과 밀접하게 협력하면서 역할을 수행한다.

**그림 4.6.1** 액추에이터를 사용한 자세제어의 흐름

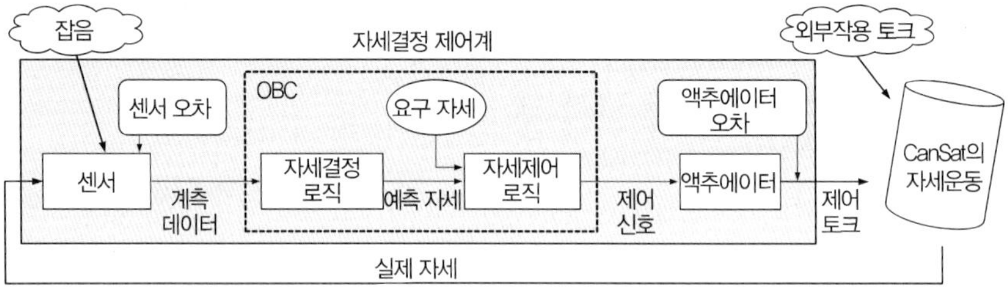


## 4.6.2 액추에이터의 종류와 제어방법

본 항에서는 캔위성에서 주로 사용되는 액추에이터의 사례와 그 사용방법에 대하여 간단하게 설명한다. 액추에이터 선정 시에는 중량, 크기, 소비전력, 동작전압, 제어방식, 응답성, 출력토크 등 각종 성능 등을 검토하는 것이 중요하다.

캔위성의 개발초기단계에서는 데이터 시트나 유닛 시험에서의 스펙을 확인하게 된다. 개발후기단계에서는 다른 시스템도 교차하면서 서로의 간섭이나 알고리즘 등을 확인하면서 기대하는 동작을 액추에이터가 수행하는지를 확인한다.

캔위성의 액추에이터에는 예를 들면 캔위성의 위치와 비행궤도를 제어하기 위한 서보모터, 바퀴 구동용 토크 발생을 위한 DC 모터 등이 있다(그림 4.6.2).

서보모터는 입력전류에 따라 일정한 각도 범위(예를 들면, 0°~180°) 안에서 위치를 결정할 수 있는 액추에이터이다. DC 모터는 직류전원으로 입력전류에 따른 회전수를 얻을 수 있는 액추에이터이다. 즉, 그 어떤 동작도 입력전류의 제어가 필요하게 된다. 캔위성에서는 펄스(pulse)폭 변조(PWM: Pulse Width Modulation)라는 방법으로 흐르는 전류를 제어하고, 이것을 실현한다.

그림 4.6.2 플라이 백 캔위성과 바퀴 구동형 로버 캔위성

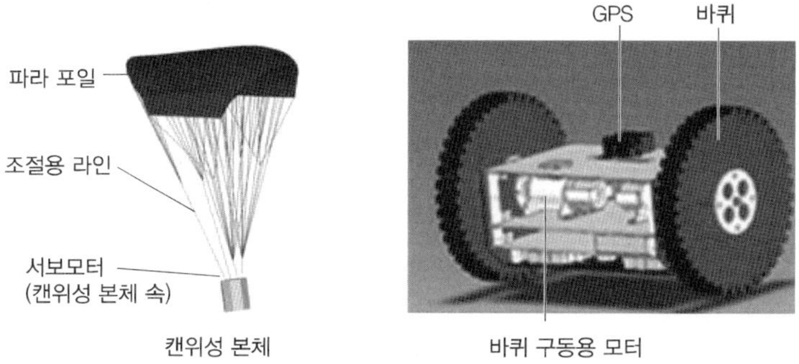


펄스폭 변조에는 그림 4.6.3과 같이 일정 주기의 펄스 신호로 H레벨과 L레벨의 비율을 변화시켜, 전압의 평균값을 변화함으로써 흐르는 전류를 제어하는 구조이다.

그림 4.6.3 서보의 동작사례와 펄스폭 변조

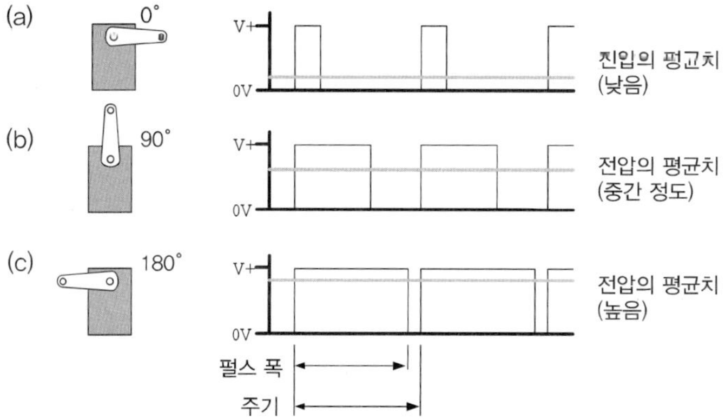


펄스 신호의 1주기 시간을 $P_T$, V+를 출력하는 시간을 $H_T$, 0V를 출력하는 시간을 $L_T$로 하면, 이때 듀티(duty)비율 $D$라는 펄스주기와 펄스폭의 비율은 다음과 같이 계산할 수 있다.

$$D = \frac{H_T}{P_T} = \frac{H_T}{H_T + L_T}$$

듀티 비율 1은 항상 H레벨(V+)이 출력되며, 듀티 비율 0은 항상 L레벨(0V)이 출력된다. 모터를 PWM 방식으로 제어하는 경우는 이 듀티 비율을 얼마로 설정할 것인가를 OBC에서 제어하

게 된다. 예를 들면 듀티 비율을 그림 4.6.3의 (b)로 함으로써 중립상태, 듀티 비율을 그림 4.6.3의 (a), (c)와 같이 설정함으로써 최대 180°로 변화시킬 수 있는 서보 등이 있다.

사용하는 OBC의 종류에 따라서는 미리 OBC에 PWM용의 핀이 할당되어 있는 것도 있다. 또한 PWM용의 핀이 없는 경우에도 delay 함수를 이용하여 high와 low를 반복하고 펄스 파를 생성함으로써 서보모터를 움직이는 것이 가능하다.

그림 4.6.4는 PIC16f877 마이콘을 이용한 펄스 신호의 1주기 PT가 18,000usec의 서보모터 제어 프로그램의 사례이다. 핀 번호가 b3인 핀을 이용하여 $H_T$가 1,500usec, $L_T$가 16,500usec의 펄스폭 변조를 하고 있는 것을 알 수 있다.

**그림 4.6.4** 서보의 펄스폭 변조제어 프로그램의 사례

```
1. #include<16f877.h>
2. #fuses HS, NOWDT, NOPROTECT, PUT, BROWNOUT, NOLVP
3. #use delay (CLOCK = 10000000)
4. void main()
5. {
6.          int i;
7.          while(1)
8.          {
9.                   for(i=0;i<10;i++)
10.                  {
11.                           output_high(pin_b3);
12.                           delay_us(1500);
13.                           output_low(pin_b3);
14.                           delay_us(16500);
15.                  }
16.         }
17. }
```

11행째에서 b3핀의 전압을 high로 하고, 12행째에서 delay 함수를 이용하여 펄스 폭을 설정하고, 13행째에서 핀의 전압을 low로 하고, 14행째에서 주기를 조정한다

모터의 ON/OFF 제어나 회전속도의 제어는 PWM을 이용하면 가능하다. 그러나 DC모터로 바퀴 구동제어에는 앞으로 진행하기 위하여 바퀴를 올바로 회전시키고자 하는 것뿐만이 아니라, 후진을 위하여 역회전시키고자 하는 경우도 있기 때문에 모터 드라이버라고 하는 IC가 이용된다. 모터 드라이버 IC는 앞뒤로 진행하기 위한 전환용 회로가 내장되어 있으며, PWM과 결합함으로써 정지, 역전, 스톱, 브레이크의 4종류의 모드를 제어할 수 있다, 표 4.6.1과 같이 일반적인 모터 드라이버는 모드를 선택하기 위한 입력 핀이 2개(IN1, IN2), 모터의 앞뒤 회전을 실현하기 위한 출력 핀이 2개(OUT1, OUT2), 모터에 흐르는 전류를 억제하기 위한 핀이 1개 준비

되어 있다. IN1, IN2, 그리고 모터에 흐르는 전류의 억제를 OBC가 펄스폭 변조에서 실행하고, OUT1, OUT2를 모터에 연결함으로써 제어를 실현한다.

**표 4.6.1** 모터 드라이버의 입출력 관계의 사례

| IN1 | IN2 | OUT1 | OUT2 | Mode |
|---|---|---|---|---|
| 0 | 0 | OFF | OFF | STOP |
| 1 | 0 | H | L | Clockwise |
| 0 | 1 | L | H | Counterclockwise |
| 1 | 1 | L | L | Brake |

또한 캔위성의 미션에 따라서는 센서가 한계값을 넘는 경우에 전개물(예를 들면, 파라 포일 등)의 유지를 해방하는 액추에이터가 필요하게 된다. 이 액추에이터에는 니크롬선 용융장치가 매우 간단하고 사용하기 쉬우므로 권장한다.

그림 4.6.5는 릴레이 스위치, 다이오드, 트랜지스터(PNP형)로 구성된 니크롬선에 전류를 가열하는 회로의 사례이다. 이 회로는 다음과 같은 흐름으로 작동한다.

(a) 트랜지스터 기반에 OBC로부터의 신호 라인, 콜렉터에 릴레이 스위치, 에미터(emitter)에 전원 라인을 배치하고, 베이스는 대기상태에서는 H레벨을 유지한다.
(b) OBC가 L레벨의 신호를 트랜지스터의 베이스에 보낸다.
(c) 에미터와 베이스 사이에 전위차가 생겨, 릴레이 스위치가 접속되어 있는 콜렉터 측으로 증폭된 전류가 흐르면서, 릴레이 스위치가 ON이 된다.
(d) 전지와 니크롬선이 연결되어 니크롬선이 과열된다.
(e) 니크롬선의 과열로 전개물 등을 유지하는 와이어를 용융한다.

이와 같은 니크롬선 용융장치는 캔위성뿐만이 아니라, 많은 초소형 위성에서도 전개구조물의 유지해방기구로 활용되고 있다. 예를 들면, 일본대학의 큐브 위성 "SEEDS"에서는 우주공간에 도착한 후에 OBC의 타이머 카운트가 한계값을 초과하면 안테나를 유지하고 있는 나일론선을 니크롬선에 의해 용융하는 장치를 이용하고 있다.

그림 4.6.5 니크롬선 용융 장치와 회로도

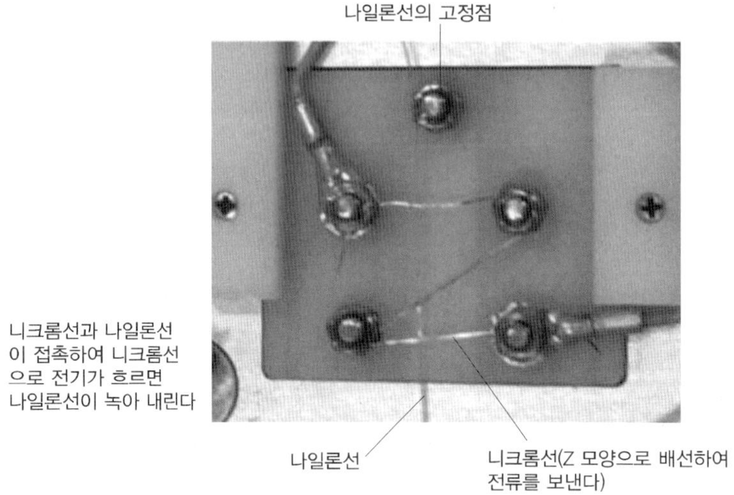


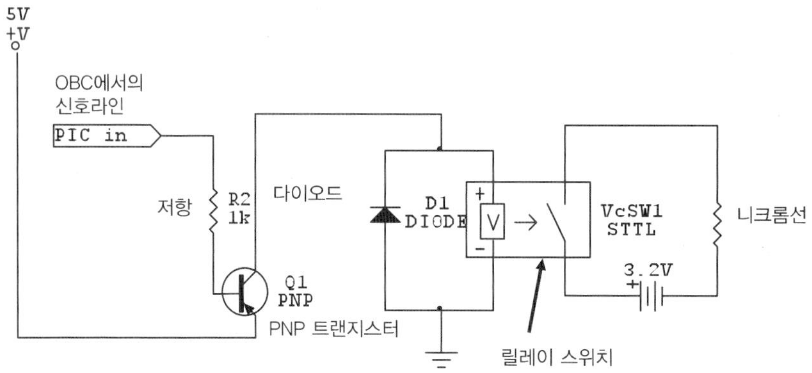


캔위성의 미션에 따라서는 센서의 이력 등을 기억매체에 보존하면서 액추에이터를 조절하는 경우가 있다. 이 경우는 센서로부터의 데이터 취득 간격뿐만이 아니라, 데이터의 보존기간도 고려하여 액추에이터의 제어주기가 미션을 수행하는데 충분한지를 판단한다.

## 4.6.3 시스템 구성과 검증방법

이 항에서는 액추에이터를 이용한 캔위성의 시스템 구성과 그 검증방법에 대하여 언급한다. 그림 4.5.9에 제시한 목적지점에의 유도제어를 실시하는 플라이 백 캔위성을 사례로 생각해 보자. 이 미션에서는 로켓에서 분리된 후에 바람의 영향을 피하기 위하여 고도 4,000m에서 500m

사이는 낙하산에 의해 낙하하며, 500m부터는 낙하산을 분리하여 파라 포일을 전개한다. 그 후에 캔위성은 파라 포일을 제어하면서 목적지점에 도착한다.

그림 4.6.6은 그림 4.5.9에서 제시한 캔위성의 시스템 구성 사례이다. 이 시스템은 다음과 같이 동작한다.

(a) 압력센서로 전개고도의 감지를 실시하고, OBC가 그 데이터를 수신한다.
(b) 수신한 데이터를 근거로 목표 고도에 도달한 것을 OBC가 판단하여 니크롬선 용융장치로 낙하산을 분리하고 파라 포일을 전개한다.
(c) 파라 포일 제어로 전환된 후에 GPS 센서가 캔위성의 위치를 측정
(d) GPS 센서에서의 위치 데이터를 OBC가 수신한 후에 목적지와의 오차를 작게 하는 알고리즘에 의해 제어 신호를 결정
(e) 서보모터를 OBC로부터의 제어 신호에 따라 조작하고 파라 포일의 조타를 실시

**그림 4.6.6** 액추에이터를 사용한 플라이 백 캔위성의 시스템 구성 사례

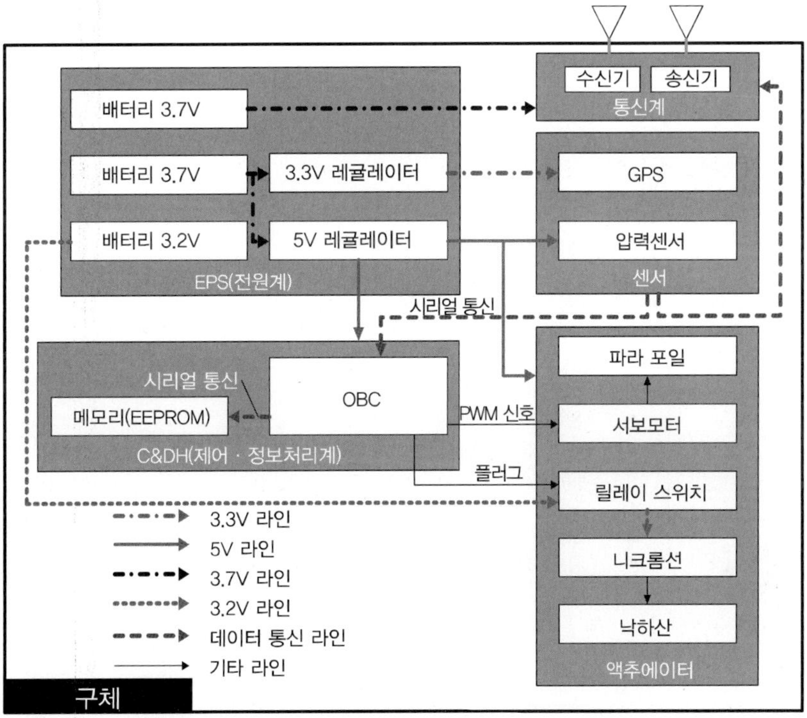


각 컴포넌트 간의 상호작용이나 서브시스템 간의 상호작용을 알 수 있는 그림으로 하는 것이 중요

액추에이터를 올바르게 작동시키기 위해서는 액추에이터 하나의 성능만이 아닌, 다른 서브시스템과 연계된 상태에서의 성능을 고려하는 것이 중요하다. 예를 들면 전력계는 동작전압이나 전력용량과 관련된다. C&DH계, 센서계, 통신계 등은 샘플링 간격이나 제어간격, 통신계의 동작에 의한 센서에 잡음 부가를 원인으로 한 제어량의 오차 등에 관련된다. 또한 구조계란 제어 액추에이터나 센서의 설치오차에 의한 제어량의 오차에 관련된다. 이것들을 고려하면서 캔위성 설계를 하자.

또한 설계에서 고려하지 못했던 점 등을 밝혀내기 위하여 캔위성의 미션 환경을 모의(模擬)한 검정시험도 중요한 프로세스이다.

그림 4.6.7은 GPS 센서에서 얻어진 위치정보와 목적지점의 위치정보의 관계에서 방향을 제어하는 알고리즘과 그 검정시험 결과의 사례이다. 이 알고리즘에서는 목적지점의 위치를 캔위성에 대하여 뉴트럴(neutral), 좌우 소선회, 좌우 대선회의 5가지 경우로 나누어서 서보모터로 파라 포일의 제어를 하고 있다. 검증시험에서는 센서, OBC 등 다른 시스템과 연계하여 액추에이터

**그림 4.6.7** 액추에이터의 제어 알고리즘과 확인시험 결과의 사례

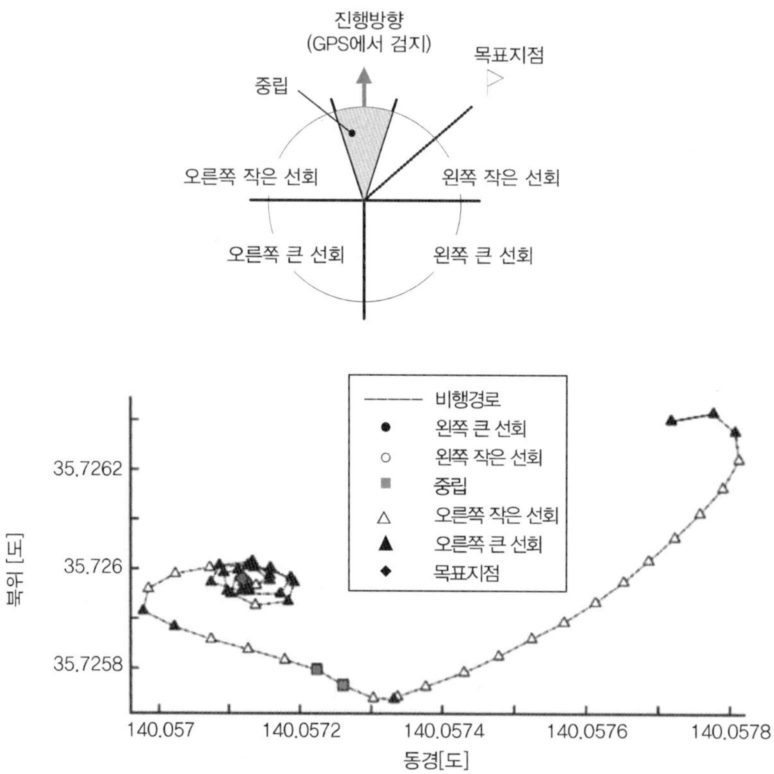

가 정상적으로 기능하고 있는지를 확인하고 있다. 또한 알고리즘이 제시하는 모드에 따라 제어를 하며, 캔위성이 목적지를 향해 가는지도 함께 확인하고 있다.

그림 4.6.8은 미션 기간 중에 전력공급이 가능한지에 대한 검증시험의 사례이다. 그림 4.5.9에 제시한 플라이 백 캔위성의 미션은 주로, 1. 발사대기 단계, 2. 서보모터로 파라 포일 제어 단계, 3. 지상에 도착한 다음에 자신의 위치를 지상국에 알려주기 위한 단계의 3가지 전력 단계로 구성되어 있다. 따라서 두 번째 단계에서는 서보모터에 부하를 걸어서 실제의 전력소비를 확인하고, 미션 기간 전체에 걸쳐 전력균형을 유지할 수 있는지를 확인하고 있다.

**그림 4.6.8** 전력공급의 검증시험 사례

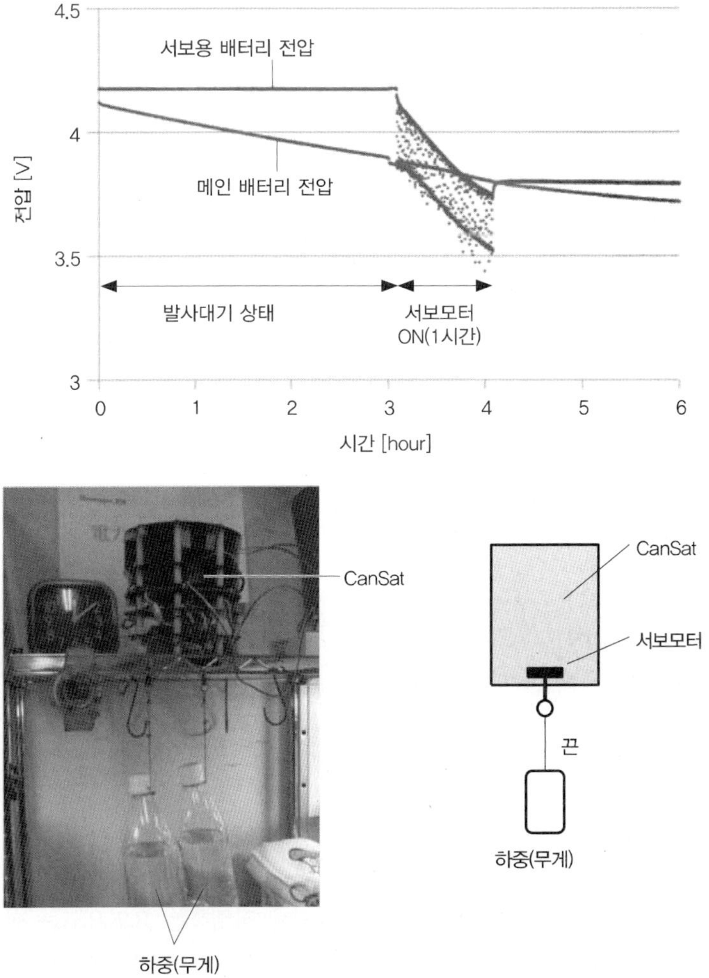

그림 4.6.9는 파라 포일의 성능을 확인하는 검증시험 사례이다. 파라 포일을 이용한 비행궤도의 제어는 파라 포일의 조절 라인을 끌어당기는 구동량의 조절이 중요한 파라미터(parameter)가 된다. 따라서 파라 포일의 성능 등의 특성을 충분히 이해하고 있지 않으면 효과적인 제어를 할 수 없다. 검증시험에서는 풍동을 이용하여 파라 포일의 성능을 확인한다거나, 건물 옥상이나 기구 등을 높은 곳에서 실제로 낙하시켜 활공성능이나 제어성능을 조사한다.

**그림 4.6.9** 풍동 시험으로 파라 포일의 성능측정

안쪽에서 앞쪽으로 바람을 흐르게 하여,
파라 포일에 걸리는 힘을 계측

# 4.7 구조계의 설계

캔위성의 구조계는 탑재기기를 유지하는 구조체와 낙하산이나 파라 포일 등의 전개구조로 이루어져 있다. 여기에서는 구조계의 설계 포인트에 대하여 언급한다.

## 4.7.1 구조계의 역할

캔위성 구조체의 역할은 캔위성의 개발부터 사전검증, 필드 실험, 미션 종료까지의 모든 라이프사이클에 걸쳐서 탑재기기를 구조적으로 유지하는 것이다. 유지를 저해하는 요인으로는 변형되거나, 일부가 파손되거나 한다. 따라서 구조체가 이러한 하중에 견디기 위한 강도를 갖추도

록 설계하는 것이 필요하다. 일반적으로 크기가 작을수록 강도설계는 용이하다. 그럼에도 불구하고 어느 곳에 하중이 집중되는지를 사전에 생각해 두지 않으면 곤란해질 수 있다.

또한 낙하산과 같은 전개구조는 로켓에 수납되어 있을 때에는 작게 접혀 있지만, 로켓에서 방출 후에 확실한 전개가 요구된다. 전개되지 않으면 지면까지 자유 낙하하여 캔위성이 손상되어 미션을 수행하지 못하게 된다. 즉, 미션을 수행하도록 「작동하는 것이 당연」한 것이 전개구조라고 할 수 있다.

그림 4.7.1에 2009년 ARLISS에 참가한 도쿄 공업대학 팀인 「Space Crawler」의 미션을 제시한다. 이 캔위성은 강하 중에는 파라 포일로 비행을 제어하고, 공중에 설정한 목표영역을 통과한다. 또한 착륙 후에는 파라 포일을 분리하고 크롤러(Crawler)형의 로버로 지상에 설정한 목표지점으로 주행한다. 목표지점에 도착한 다음에는 8자 주행을 반복한다는 미션수행을 목표로 했다.

다음으로 이 Space Crawler의 사례로 구조계의 설계와 개발의 흐름을 설명한다.

**그림 4.7.1** 캔위성의 미션 시퀀스의 사례

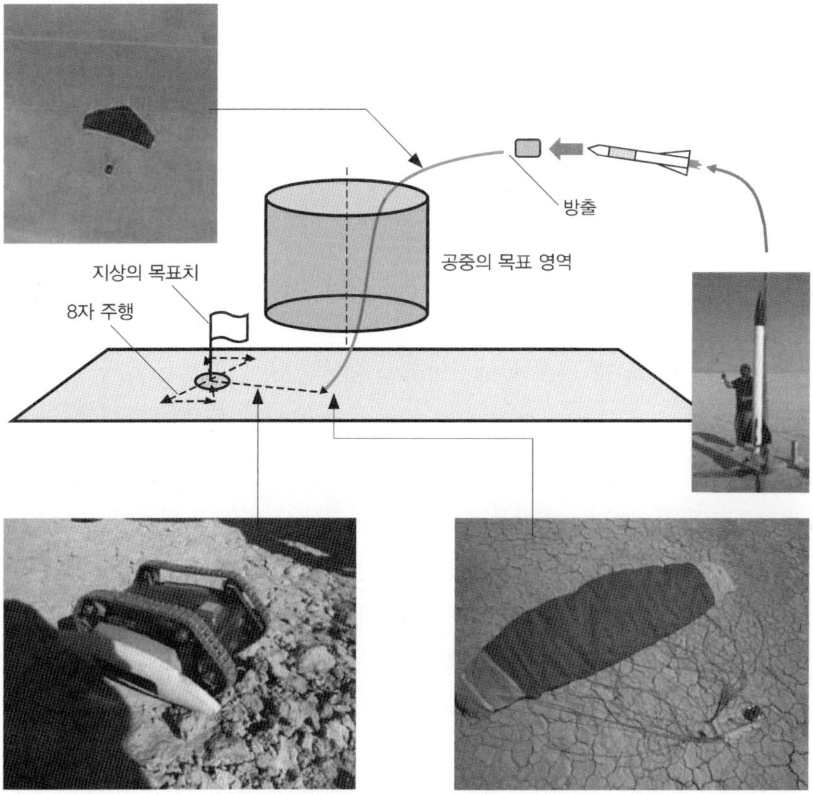

## 4.7.2 구조계에 대한 요구와 설계프로세스

캔위성의 모든 서브시스템과 마찬가지로 구조계의 설계도 캔위성의 미션 시퀀스를 잘 생각하고 시작한다. 설계가 진행되었으면, 각각의 미션시퀀스에서 구조에 요구되는 것(요구)을 가능한 한 정량적으로 적는다. 예를 들면 Space Crawler의 경우는 미션시퀀스와 그에 대응한 요구는 표 4.7.1과 같다.

**표 4.7.1** 미션시퀀스에 대응한 구조계에 대한 요구의 사례

| 미션단계 | 요구 |
|---|---|
| 발사 · 상승 | • 용적, 질량이 규정에 맞을 것<br>• 정가속도 하중이나 진동하중에 견딜 것(깨지지 않을 것)<br>• 파라 포일이 전개되지 않고 수납되어 있을 것 |
| 방출 · 파라 포일의 전개 | • 방출 시의 충격하중에 견딜 것<br>• 파라 포일을 전개할 것 |
| 강하 · 비행억제 | • 비행 중에 파라 포일이 형상을 유지할 것(찌그러지지 않을 것) |
| 파라 포일의 절단 | • 파라 포일이 캔위성 본체에서 분리될 것<br>• 캔위성 본체가 파라 포일과 휘감기지 않을 것 |
| 주행 · 목표지점에 도착 | • 사막 위를 스택(stack)하지 않고 주행할 것 |
| 모든 단계 | • 탑재기기를 목표 위치에 유지할 것 |

이상과 같이 요구가 명확해 지면 그것을 충족한 구조계를 생각한다. 특히 중요한 것은 요구되는 용적에 수납할 수 있도록 탑재기기를 배치하는 것(configuration)이다. 탑재기기끼리 부딪치는 것(다른 서브시스템과의 간섭)이나 다른 탑재기기가 방해가 되어 나사를 끼우기 위한 드라이버가 들어가지 않는 등 기기 그 자체의 배치는 물론이고 유지관리 상의 문제가 발생되지 않도록 유의한다.

사실 이것은 그렇게 쉬운 일이 아니며, 개발을 진행하는 과정에서 배치의 변경이나 그것에 대응한 구조체의 재설계를 부득이하게 강요될 수도 있다. 이를 방지하기 위해서는 미션을 수행하는 도중뿐만이 아니라, 그 전 단계에서의 개발, 설계변경, 시험, 수리, 발사 전 준비의 각 단계도 포함한 보다 폭넓은 라이프사이클에서 요구를 추출할 필요가 있다.

요구를 추출했다면 그림 4.7.2에 제시한 과정을 반복함으로써 설계를 한다.

**그림 4.7.2** 구조계의 설계 프로세스

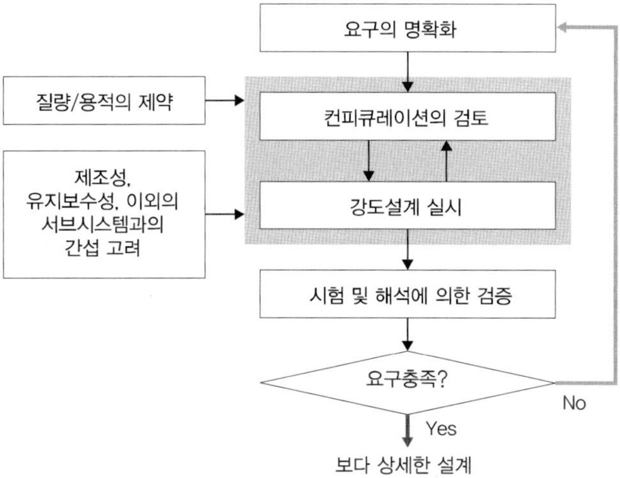


## 4.7.3 강도설계의 기초

### (1) 응력과 변형

강도설계를 하기 전에 구조계에서 사용하는 부재가 어떠한 경우에 파손 또는 구부러진 채로 돌아오지 않는지 등의 영구변형이 생기는지를 알 필요가 있다. 단면적 $A$의 부재에 하중 $P$가 작용할 때에 단위면적에 작용하는 힘 $P/A$를 응력이라고 한다. 일반적으로 응력 $\sigma$가 일정한 값(항복응력이라 함)을 초과하면 그 부재는 영구변형을 일으킨다. 항복응력은 사용재료의 종류에 따라 다르다. 따라서 하중 $P$가 큰 경우에는 응력이 항복응력을 초과하지 않도록 할 필요가 있다. 안전을 위하여 항복응력을 허용치로 할 뿐만이 아니라, 보다 작은 응력을 허용치(허용응력이라 함)로 하는 경우도 많다. 응력이 허용응력을 초과하지 않도록 단면적 $A$를 크게 하거나 항복응력이 큰 재료를 사용하는 것이 강도설계의 기본이다.

부재의 길이를 L, 하중이 작용할 때의 부재의 증가를 $\Delta L$로 할 때, 그 비율 $\Delta L/L$를 변형이라고 한다. 변형 $\varepsilon$와 응력 $\sigma$의 관계도 재료에 따라 다르며, 같은 응력이라고 하더라도 변형이 늘어나기 쉬운 것도 있고, 잘 늘어나지 않는 것도 있다. 작은 힘으로 신축하고자 할 때는 늘어나기 쉬운 재료를, 커다란 하중이 작용하더라도 신축을 원하지 않을 때는 잘 늘어나지 않는 재료를 선택한다. 단, 잘 늘어나지 않는 재료 중에는 유리와 같이 허용응력을 초과하면 갑자기 파열되어 버리는 깨지기 쉬운 재료(취성 재료라 함)가 있다. 반면에 알루미늄과 같이 허용응력을 초과하더라도 서서히 늘어나, 일정한 응력(파괴응력 또는 극한강도하고 함)을 초과한 곳에서 파열되는 재료(연성재료)도 있다. 자신들의 요구에 맞는 재료를 선정하는 것이 중요하다.

### (2) 좌굴

구조를 경량화하기 위하여 가느다란 기둥이나 얇은 판(박육 구조)을 사용하면, 부재의 축 방향으로 압축하중이 걸려서 줄어들 때에 허용응력을 초과하지 않았는데도 부재가 크게 휘는 경우가 있다. 이를 「좌굴」 현상이라 한다. 크게 휨으로써 부재에 허용응력을 초과하는 응력이 걸린 결과가 된다. 그래서 박육 구조는 축 방향의 신축에 대한 강도보다도 「좌굴 강도」를 생각하는 것이 보다 중요한 경우가 많다.

좌굴을 일으키지 않는 구조를 설계하기 위해서는 균일한 단면형상을 지닌 길쭉한 기둥의 좌굴 하중을 제시한 다음과 같은 오일러 좌굴 하중 공식을 알아두면 편리하다. 길쭉한 기둥에 압축력 $P$를 걸 때에, $P$가 오일러 좌굴 하중 $P_{cr}$을 초과하면 좌굴이 생긴다.

$$P_{cr} = n\frac{\pi^2 EI}{L^2}$$

$E$는 재료의 영률(Young's modulus), $I$는 부재의 단면 2차모멘트, $L$은 기둥의 길이이다. 단면 2차모멘트 $I$는 단면형상에 따라 결정되며, 예를 들면 직사각형 단면이라면 기둥의 폭을 $h$, 두께를 $t$라고 하면 $I = ht^3/12$이다. 또한 $n$은 기둥의 상단과 하단의 고정방법에 따라 결정되는 계수로 0.25~4의 값이 된다.

오일러 좌굴 식은 균일한 단면의 길쭉한 기둥이라는 가정에 기초하고 있지만, 그 식이 제시하는 연구 결과는 많은 약육 구조 설계에 도움이 된다. 먼저, 좌굴의 용이성은 박육 구조 길이의 2승으로 그 결과가 나타났다. 예를 들면 기둥의 길이가 2배가 되면, 1/4의 하중으로 좌굴되어 버린다.

또한 $EI$(휨 강성이라 함)를 크게 하는 것이 좌굴을 피하는 방법이다. 예를 들면 두께를 2배로 하면 $I$는 8배가 되기 때문에 좌굴에 견딜 수 있는 하중도 8배가 된다. 단, 두께를 2배로 해 버리면 무게도 2배가 되어 버리나, 같은 질량이라고 하더라도 단면을 I형으로 하는 등 단면형상을 고려함으로써 같은 질량에서도 $EI$를 크게 할 수 있다.

마지막으로 구조 경계의 고정조건에 따라 $n$이 0.25에서 4, 즉 16배 정도 좌굴 강도의 차이가 생기기 때문에 고정방법에도 주의한다.

캔위성의 경우는 소형으로서 부재의 길이 *L*이 작기 때문에 *EI*가 너무 작지 않도록 주의하면 좌굴 하중을 초과하는 일은 없을 것이다.

### (3) 공진

캔위성을 아마추어 로켓으로 발사할 때에 캔위성에는 정가속도 하중 이외에 진동적인 하중도 작용한다. 구조에는 일정한 주파수(고유진동수)에서의 진동하중에 따라 크게 변형하는 「공진」이라는 특성이 있다. 따라서 로켓이 진동하는 주파수대역보다 캔위성의 고유진동수를 높게 설계하거나 공진이 발생되더라도 구조에 허용응력을 초과하는 응력이 발생되지 않도록 구조의 강도를 충분히 높게 하던지, 감쇠가 높은 구조로 하는 등 3가지 중 하나의 대책이 요구된다.

고유 진동수 값이나 공진이 발생한 때의 응력 값을 구하는 방법은 상당히 전문적이기 때문에, 문헌[11] 등을 참고하기 바란다. 대략적으로 고유진동수를 크게 하기 위해서는 질량을 가볍게 하던가, 구조의 크기를 소형화 하던가 영률이 큰 재료, 단면적이나 휨 강성이 큰 부재를 사용하면 좋다. 또한 기둥이나 탑재기기는 테이프나 접착제로 접착하기 보다는 나사로 튼튼하게 고정하는 것이 좋다. 캔위성의 경우에는 원래 가볍고 소형이기 때문에 고유진동수는 높겠지만, 탑재기기를 확실히 고정하지 않으면 고유진동수가 낮게 될 가능성이 있으므로 주의하자.

## 4.7.4 강도설계의 검증

위성의 강도설계에는 컴퓨터 상에서 수치모델을 만들고, FEM(유한요소 법)이라는 계산수법으로 구조내부에 발생하는 응력을 예측하고, 그 응력이 허용응력을 초과하지 않는 것을 확인하는 것이 일반적이다. 단 캔위성의 경우는 위에서 언급한대로 원래 소형이기 때문에 좌굴이나 공진에 대하여 강한 것이나 구조가 위성과 비교하여 간단하다는 점에서 고도의 지식을 필요로 하는 FEM 계산을 하지 않더라도 다음 수순에 따른 강도설계로 충분할 것이다.

(a) 지금까지 언급해 온 것과 같은 기초적인 구조이론 등에 의해, 간단한 수준의 계산으로 발생응력을 예측하고 부재의 재료나 무게 등을 선정하여 프로토타입의 캔위성을 설계, 개발한다.

(b) 실제 상황에 걸리는 그 이상(예를 들면 예상하는 하중의 1.25~1.5배)의 하중을 프로토타입에 작용하는 시험을 하여, 파손이나 영구변형이 일어나지 않는 것을 확인한다. 이상이 생긴 경우에는 그 부분을 보강하는 설계변경을 하여 새로운 프로토타입을 제조하여 다시 시험을 한다. 이렇게 함으로써 「설계가 올바른지의 여부」를 확인할 수 있다.

(c) 마지막으로 프로토타입과 동일한 설계의 비행모델을 제작하여 「제조가 올바르게 되었는지의 여부」를 확인하기 위하여 다시 시험을 한다.

캔위성에 커다란 하중이 작용하는 미션단계의 대표적인 것으로 아마추어 로켓에 의한 발사(진동시험), 분리 · 낙하산의 펼침(펼침 충격 시험), 착지(착지시험)의 3가지가 있다. 각각의 단계에 대응하는 시험방법에 대하여 언급한다. 각 시험에서 구조의 파손 · 소성변형이 발생하는지에 대하여 확인하는 것이지만, 이때에 구조부재뿐만이 아니라, 다음과 같은 국소적인 부분에서 파손 등의 문제가 발생되지 않는지를 충분히 확인하는 것이 중요하다.

- 볼트 등에 의한 부재의 접합부
- 납땜
- 케이블, 커넥터
- 모터, 기어의 내부

### (1) 진동시험

ARLISS에서 사용되는 아마추어 로켓을 발사할 때에 캔위성에 걸리는 진동가속도는 위성을 로켓으로 우주에 쏘아 올릴 때보다도 클 가능성이 있다. 따라서 그림 4.7.3에 제시한 것과 같은 가진기를 사용한 진동시험을 하는 것은 필수이다.

진동시험에는 크게 분류하면 정현파 가진(加振)과 랜덤 가진에 의한 것이 있다([11~13]. 먼저 일정한 낮은 진폭에서 단일 주파수의 정현파의 가속도를 주고, 그 주파수를 로켓의 특성에 맞는 대역(예를 들면 5~100Hz)에서 천천히 변화시키고, 어떠한 공진모드가 몇 Hz에서 일어나는 가를 관찰하는 정현파 가속시험을 한다(이것을 모달 서베이(modal survey)라고 한다).

다음으로 발사 로켓의 특성에 따른 높은 진폭으로 다시 정현파 가진을 실시하거나 또는 다양한 주파수나 상위의 신호를 랜덤으로 중복된 가속도를 한 번에 입력하는 랜덤 가진을 하여 캔위성이 발사의 진동에 견딜 수 있는지를 확인한다.

이들 시험에서 문제가 발생한 경우에는 적절한 설계변경을 하여, 문제가 생기지 않을 때까지 반복해서 진동시험을 한다.

또한 로켓으로 발사할 때는 진동하중 이외에 로켓의 가속으로 정하중이 걸린다. 정하중 시험은 위에서 언급한 진동시험 때에 낮은 주파수의 정현파 가진을 통해 대용하는 경우가 많다. ARLISS 참가 팀에서 가진기를 사용할 수 없는 팀은 종종 양동이에 끈을 묶어서 캔위성을 넣고 빙빙 돌리는 방법으로 실험하고 있다.

끈의 길이를 $r$[m]으로 하여 일정 주파수 $f$[Hz]로 회전시킨다고 하면 가속도 $r(2\pi f)^2$[m/s$^2$]을 걸 수가 있다.

**그림 4.7.3** 가진기를 사용한 캔위성의 진동시험의 모습

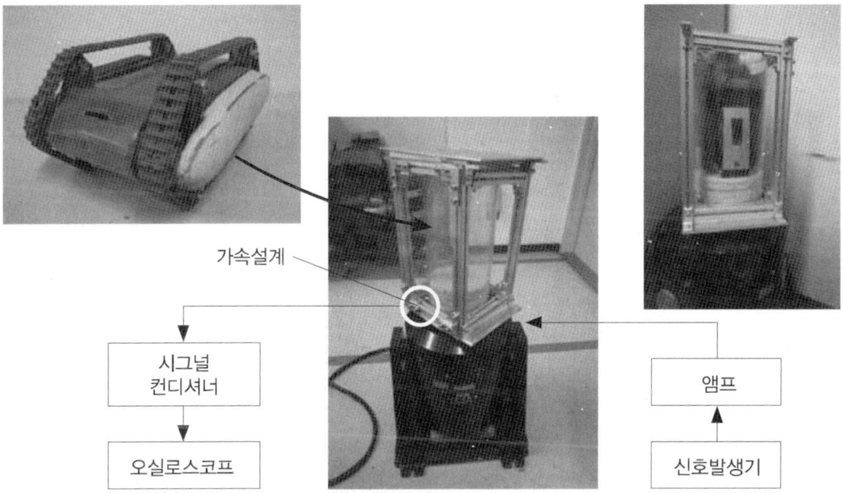


### (2) 분리·낙하산 펼침 충격시험

캔위성이 아마추어 로켓에서 방출되어 낙하산 등의 감속기구를 전개하는 단계이다. 낙하산이 펼쳐짐으로써 발생하는 충격적인 하중 때문에 캔위성 구조가 파괴·소성 변형하는 문제가 ARLISS에서는 매우 많다. 먼저 설계단계에서 충격하중을 추정한 다음에 그 하중이 전해지는 부재를 파악하고, 그 부재가 필요한 강도를 갖춘 구조로 한다. 다음으로는 제조한 하드웨어에서 충격시험을 실시한다.

충격시험의 방법으로는 안전율을 곱하여 설정한 질량의 무게를 캔위성에 설치하여 낙하산을 고정하여 전체를 매달아 놓고, 적절한 높이에서 추가 달린 캔위성을 낙하시키는 것이 편리하고 좋을 것이다. 단, 낙하산 등에 복수의 라인이 연결되어 있는 경우는 어느 라인부터 순차적으로 하중이 입력되는지에 따라 결과가 달라지기 때문에 다양한 조건을 바꾸어서 실험을 하는 것이 필요하다.

### (3) 착지시험

로버기처럼 지상에 착륙 후에도 캔위성 미션이 지속되는 경우는 캔위성이 착지충격에 견딜 수 있음을 시험으로 검증하는 것도 요구된다. 기구나 다리 위 등 높은 곳에서 낙하산을 이용하여 실제 미션에 가까운 형태로 캔위성을 강하시키는 시험도 유효하다. 구조계의 강도만을 검증한다면, 실제 착륙 시의 속도를 예측하고 그 속도에 안전율을 곱한 속도에 달하는 높이에서 캔위성을 낙하산 없이 낙하시키는 방법도 좋을 것이다. 캔위성의 어느 부분이 처음으로 지면에 닿을 것인가, 또는 지면의 경도 등에 따라서 충격의 힘은 변화하기 때문에 그것을 관리하여 복수의 조건에서 시험을 실시한다.

## 4.7.5 구성(configuration) 설계

캔위성은 소형의 구조이기 때문에 몇 가지만 주의하여 실험한다면 그 결과는 비교적 만족할 만한 성과를 낼 것이다. 한편, 소형이며 가벼운 이유로 (1) 용적을 규정 내로 할 것, (2) 제조나 유지보수가 용이하도록 기기를 배치할 것, (3) 질량을 규정 내로 할 것, (4) 기기 간의 간섭을 고려할 것에 대해서는 난이도가 높다.

### (1) 수납성의 관리

「발사 · 상승」 단계의 요구에서 캔위성은 규정의 용적 내에 수납할 수 있는 것이 요구된다(그림 4.7.4).

**그림 4.7.4** 캔위성이 수납된 상태

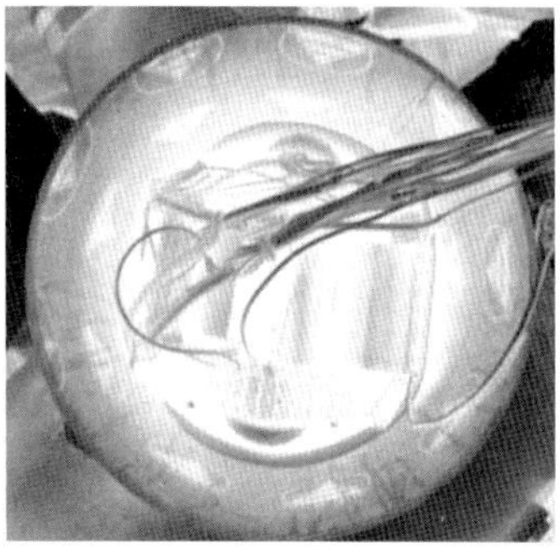

캔위성을 규정 용적에 맞게 설계하기 위하여 일반적으로 다음의 과정을 거친다.

- ○ 스케치를 하여 기기의 배치를 생각한다.
- ○ 골판지, 스티로폼, 플라스틱 판, 목재, 판금 등을 이용하여 간단한 프로토타입을 준비한다..
- ○ 3차원 CAD(Computer Aided Design) 소프트 등을 이용하여 도면을 작성하고, 세부설계를 한다.

그림 4.7.5에 Space Crawlerd의 프로토타입의 사례를 제시한다. 이 그림에서는 게재되어 있지 않지만, 처음에는 골판지와 스티로폼을 이용하여 검토되고, 그 후에 도시한 목제의 로버를 준비하면서 서서히 설계를 구체화했다. 과거에는 최종적인 구조설계에 이르기까지 20기 정도의 프로토타입을 제작하여 미션을 성공으로 이끈 사례도 있다.

탑재기기나 부품이 많은 경우에는 3차원 CAD 소프트웨어를 이용하는 것이 좋다. 그림 4.7.5의 오른쪽 하단의 그림과 같이 하드웨어를 실제로 만들기 전에 3차원으로 형상을 확인할 수가 있으며, 후술하는 조립 순서에 대해서도 사전에 확인할 수 있기 때문에 실제의 기기를 준비하지 않고 기기배치를 결정할 수 있다. 3차원 CAD 소프트웨어에는 무료부터 비싼 것까지 있으며, 상용소프트웨어로는 SolidWorks, Creo Elements/Pro, CATIA 등이 유명하다.

또한 3차원 CAD 소프트웨어로 만든 데이터를 바탕으로 FEM 해석을 하여 강도를 계산하는 것이 전술한 바와 같이 실제의 위성개발에 사용되고 있다.

**그림 4.7.5** 프로토타입 제작의 사례

### (2) 제조성과 유지보수 관리

「제조」 단계에서의 요구로는 설계한 캔위성은 적어도 제조가 가능하며, 가능한 한 용이하게 제조할 수 있는 것이 요구된다. 제조가 용이한 설계를 하기 위해서는 다음과 같은 사항에 유의하면 좋다.

- 자신들이 사용할 수 있는 공작기계(기계톱, 천공기, 밀링 커터, 선반 등)를 확인하고, 되도록이면 그것으로 가공할 수 있는 설계를 한다. 자신들이 가공할 수 없는 경우에는 누구에게 어떻게 의뢰할 수 있는가를 조기에 검토해 둔다.
- 구조를 가능한 한 단순한 형태(평판 · 기둥)의 조합으로 구성하며, 그것을 조립하면 가공이 용이하게 된다.
- 입수 · 가공이 용이한 재료를 선정한다. 특히 알루미늄 합금은 입수성이 좋으며, 기계가공이 용이하다.
- CFRP(탄소섬유 강화 플라스틱)은 가볍고 강도 · 강성이 높지만 가공이 어렵기 때문에 사용의 필요성을 충분히 고려한다.

다음으로 4.7.2항에서 언급한 「설계변경」「시험」「수리」「발사 전 준비」의 과정에서 요구되는 것은 캔위성의 유지보수 관리이다. 스위치 등은 용이하게 접근할 수 있는 위치에 있을 필요가 있으며, C&DH계의 형태 등을 확인하는 발광 다이오드(LED) 등은 외부에서 잘 보이는 장소에 배치하여야 한다. 또한 설계의 파라미터가 불확실한 부분은 시험 후에 변경이 가능한 여지를 남겨두고 설계해야 한다. 시험 중에 고장이 발생한 경우에는 용이하게 수리할 수 있는 것도 고려한다.

따라서 구조계의 담당자는 캔위성의 모든 서브시스템, 모든 라이프사이클에서 유지보수성의 방법을 파악한 후에 유지보수성을 용이하게 하는 구조 구성을 설계 · 개발하는 것이 요구되고 있다.

### (3) 질량의 관리

「발사 · 상승」 단계의 요구에서 용적과 같이 캔위성의 질량이 규정 이내에 수납될 것이 요구된다. 질량의 관리는 매우 중요하며 시스템의 신뢰성에 크게 영향을 미친다.

질량을 규정 이내로 수납하기 위해서 중요한 것은 개념설계 단계부터 항상 질량의 견적을 실시하고, 질량을 지속적으로 관리하는 것이다. 이때 초기 시점에서 규정질량의 20% 정도의 질량 여유(마진)를 둔다. 그리고 설계를 상세화 하는데, 따라서 그 질량 여유도 소비하면서 규정질량 내의 설계로 수렴시켜 나간다.

반대로 그림 4.7.6에 제시한 것과 같이 당초에 질량이 오버된 설계를 채용하여 그 상태에서 각종 시험을 실시하더라도 결국 마지막에는 구조부재를 경량화하고 강도를 떨어뜨리지 않을 수 없게 된다.

이와 같은 캔위성은 실제 상황에서 강도가 부족하게 될 것이다.

**그림 4.7.6** 질량 여유의 방법

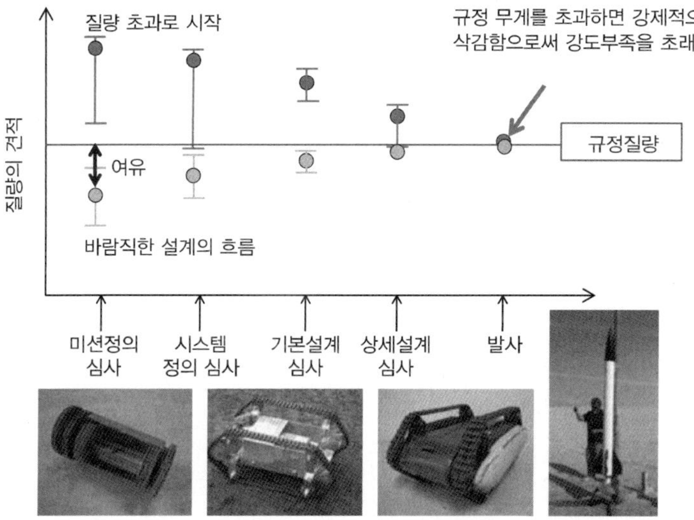


개념을 설계하는 단계부터 가능한 한 정확하게 질량을 계산하는 것이 필요하다. 앞에서 언급한 3차원 CAD는 질량의 정확한 계산에도 매우 도움이 된다. 또한 질량을 계산할 때에 볼트, 나사, 너트 등의 결합부품의 질량을 이에 포함할 것을 잊지 않도록 주의한다. 실제로는 상당한 질량이 이들 결합부품이 차지하고 있다. 수지제품의 볼트가 나사도 있어서 경량화에 도움을 주지만 강도는 금속의 결합부품보다 일반적으로 낮기 때문에 철저한 강도시험이 필요하다.

### (4) 다른 서브시스템과의 간섭 관리

구성 설계에서는 캔위성 내부의 서브시스템끼리의 간섭을 생각하여 기기를 배치하는 것이 요구된다. 기기끼리 부딪히지 않는다는 것 이외에 서브시스템 간의 간섭에 관한 요구의 대표적인 것으로 다음과 같은 것이 있다.

- GPS 수신기의 신호를 구조가 저해하지 않을 것

- ○ 통신 안테나의 통신을 구조가 저해하지 않을 것
- ○ 수정 발진자와 GPS 수신기는 주파수가 가까운 경우가 많기 때문에 전파장애가 발생되지 않을 것
- ○ 방위 자석과 모터가 간섭하지 않을 것

이와 같은 간섭을 피하는 가장 좋은 방법은 기존 정보를 그대로 받아들이지 말고 자신들이 프로토타입을 제작하여 실험해 보는 것이다. 서브시스템 간의 간섭이 미션 수행의 치명상이 되는 경우도 많기 때문에 가능한 한 초기 단계에서 프로토타입에 의한 End-to-End 시험(미션의 개시부터 종료까지의 순서를 모의한 시험)을 실시하여 자신들의 설계로 미션이 실현 가능하다는 것을 확인하는 것이 중요하다. 모의시험에서 문제가 발생한 경우에는 하나 하나 그 문제의 원인을 탐구하고 대책을 세운다.

## 4.7.6 전개구조물의 설계

발사 시에는 접어놓고, 로켓 등에서 방출 후에 전개하는 「전개구조물」에 대하여 언급한다. 안테나나 태양전지 판의 전개 등도 있지만, 여기에서는 낙하산을 전개구조물의 대표로 취급한다. 다음은 5항목에 대하여 순서에 따라 언급한다.

(a) 「강하」 단계의 요구에서 크기 · 형태 결정
(b) 설계와 제조
(c) 수납
(d) 전개방법
(e) 전개 시의 균형에 대한 강도설계

먼저 (a)의 크기 · 형태에 대해서는 캔위성의 「강하」 단계에서 강하속도의 요구를 명확하게 하고, 그 종단속도 $V$를 실현하는 낙하산의 크기를 다음 식에서 계산할 수 있다.

$$V = \sqrt{\frac{2mg}{\rho A C_D}}$$

이 식에서 $m$은 전 질량, $g$는 중력가속도(9.81m/s$^2$), ρ는 대기밀도, $A$는 낙하산의 면적, $C_D$는 낙하산의 항력계수이다. 항력계수 $C_D$는 낙하산의 형상에 의존하는 무차원 수이며, 설계 단계에

서는 문헌 등에서 숫자를 추정한다.

다음으로 (b)는 설계와 제조에 대해서는 몇 개의 라인을 사용할 것인가(몇 각형으로 할까), 구멍을 뚫을 것인가(구멍을 뚫으면 강하자세의 요동이 억제) 등을 제작 · 시험을 반복하면서 설계한다. 낙하산 크로스로는 립 스톱(rip stop) 나일론이 뛰어나다.

(c)의 낙하산을 접는 방법은 전개의 신뢰성과 높은 관계가 있다. 전개 신뢰성이 높은 접는 방법을 찾을 때까지 수납상태에서 전개시험을 반복하고, 발견한 접는 방법을 높은 정밀도에서 재현하는 것이 필요하다. 접는 방법을 비디오로 촬영하여 기록해 두고, 접는 모든 공정에서 체크 항목을 열거하여 여러 사람이 확인하면서 접는다는 대책을 세운다. 재현성을 높이기 위해서는 가급적 주름이 들어가지 않도록 접을 것과 라인이 뒤엉키지 않도록 라인의 수납형상도 관리하는 것이 유효하다.

(d)의 전개방법에 대하여 2가지를 설명한다. 먼저 낙하산을 이용하여 본체에 전원을 투입하는 「비행 핀(킬(kill) 스위치)」를 제외하는 것이 종종 시행된다. 그림 4.7.7에 과거의 캔위성의 플라이 핀의 사례를 제시한다. 로켓 등의 수납작업 중이나 상승과정에서는 플라이 핀이 빠지는 일이 없으며, 낙하산 전개 시에는 확실히 빠지는 것을 확인하기 위하여 철저한 시험이 필요하다.

**그림 4.7.7** 캔위성의 플라이 핀의 사례

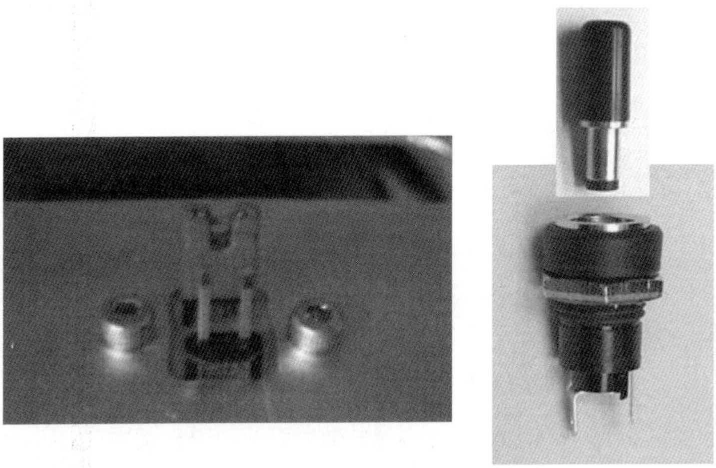

다음으로 낙하산 등의 전개구조를 로켓에서의 방출 시가 아닌, 타임 래그(time lag)를 가지고 전개시키고자 할 때에는 추가적으로 전개기구가 필요하다. 예를 들면 그림 4.7.8에서는 높은

고도에서의 강풍지역에서 바람에 휩쓸리지 않도록 파라 포일을 밴드로 구속해 두며, 적절한 고도에서 밴드를 고정하는 낚시 줄을 니크롬선으로 달구어 끊어서 밴드를 개방하여 낙하산을 전개시킨다. 이 니크롬선을 이용한 기구는 비교적 신뢰성이 높아 많은 캔위성에서 사용되고 있다.

**그림 4.7.8** 낚시 줄, 니크롬선을 이용한 낙하산 전개 구조의 사례

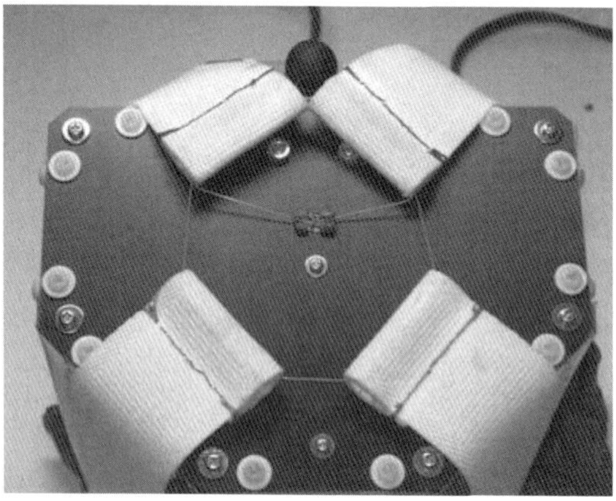

마지막으로 (e) 전개 시의 충격에 대한 강도설계에 대해서는 전개충격시험을 빠지지 말고 시행한다.

## 4.7.7 시험과 설계변경의 사례

도쿄 공업대학 팀인 Space Crawler의 시험과 설계변경의 사례 두 가지를 그림 4.7.9에 제시한다. 이 캔위성에서는 크롤라 기구에 요청하는 요구의 정량화가 어려웠다. 어떠한 곳을 예상한 설계로 할 것인가를 생각하고, 주행시험의 시험조건을 정량화하는 것이 필요했다. ARLISS 회의장의 사막 사진 등을 바탕으로 실내에 모의 사막을 만들어 주행시험을 반복하였다. 그 결과, 그림 4.7.9에 제시한 2가지의 결함모드(조그마한 올라가 주행 불능으로 되는 것, 캔위성이 넘어지는 것)를 발견하여 각각의 결함모드에 대응하는 설계변경(바퀴의 간격을 좁게 할 것, 크롤라의 옆에 전도방지 발포제를 추가할 것)을 했다.

**그림 4.7.9** 사전검증에서 결함모드의 발견과 설계변경

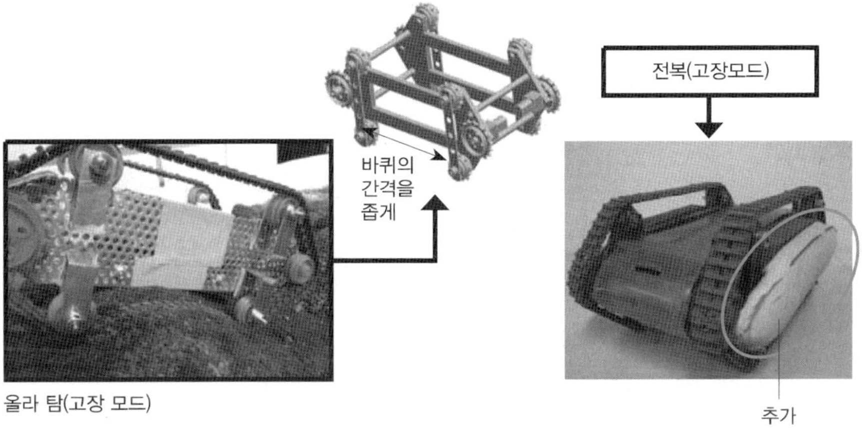


캔위성을 설계할 때에 중요한 것은 자신들의 설계가 「요구를 만족할 것」을 실제 상황까지 시험이나 시뮬레이션을 통하여 「검증하는」 방법이 존재할 것(검증 가능성)이다. 요구를 만족하는 가의 여부를 사전에 검증할 수 없는 설계는 원래 채택해서는 안 된다. 머피의 법칙 「실패할 여지가 있다면 그것은 실패한다」를 항상 염두에 두고 철저하게 검증하는 것이 구조계의 개발에서도 중요하다[14].

## 4.8 지상국의 개발

지상국의 역할은 캔위성의 추적, 상태 유지 · 관리하기 위한 텔레메트리 정보의 다운링크, 지상에서의 커맨드의 업링크, 그리고 미션 데이터의 다운링크 기능으로 구성된다. 따라서 캔위성과 지상국 사이에는 미리 정해진 프로토콜에 따라 데이터를 송수신하는 시스템을 구축한다. 그림 4.8.1에 제시한 바와 같이 지상국은 수신 안테나, 수신기, 변조/복조를 하는 모뎀, 정해진 프로토콜에 따라 데이터를 해석하는 다운링크 소프트웨어, 명령 데이터를 작성하는 업링크 소프트웨어로 구성된다.

**그림 4.8.1** 지상국의 개념도

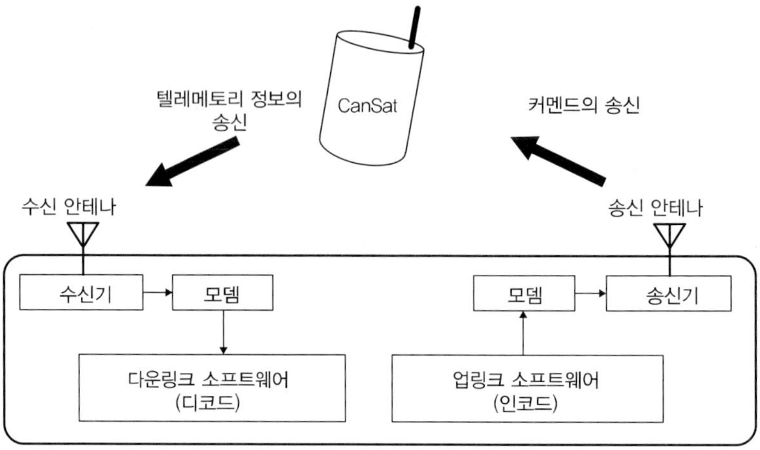


캔위성은 낙하산이 펼쳐지고 20~30분 가까이 지상으로 낙하할 때까지 계획한 미션(예를 들면 카메라 촬영 등)을 실시하고, PC 등을 이용한 간이 지상국과 교신한다. 예를 들면 아마추어 무선통신을 사용하는 캔위성이라면 소형 안테나와 변조/복조를 하는 TNC(Terminal Node Controller) 내장형의 무선기기와 PC를 사용한 지상국을 준비하면 좋다(그림 4.8.2). TNC 내장형의 무선기기가 없는 경우에도 마이콘과 모뎀에 의해 TNC를 자작하면 안테나, 무선기기, TNC, PC에 의해 지상국을 구성할 수 있다.

**그림 4.8.2** 아마추어 무선통신을 사용한 지상국의 개념도

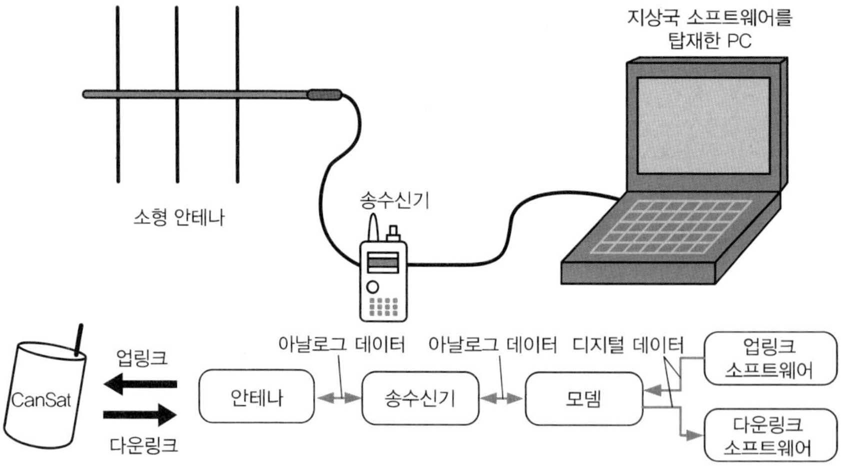

안테나, 무선기기, 모뎀 등의 기능이 일체가 된 XBee 무선기기를 통신에 이용하면 PC와 XBee를 준비하는 것만으로 지상국을 만들 수 있다(그림 4.8.3). 수백 미터 정도의 거리라고 한다면 XBee에 의해 캔위성과 지상국 사이의 통신계를 구성하는 것은 간단하다.

**그림 4.8.3** XBee 무선기기를 이용한 지상국의 개념도

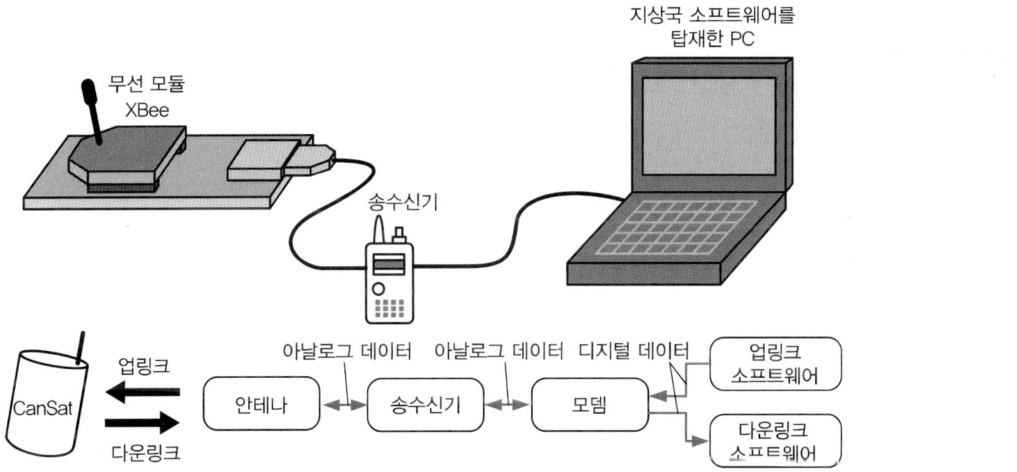


캔위성에 커맨드를 업링크하기 위해서는 PC 상에서 구성한 업링크 소프트웨어를 사용하여 미리 정해진 프로토콜, 포맷에 따른 커맨드의 디지털 데이터를 작성한다. 작성한 디지털 데이터를 모뎀에서 변조하여 아날로그 데이터로 변환하여 안테나를 통하여 무선기기로 캔위성으로 송신한다.

한편 다운링크를 하기 위해서는 캔위성에서 보내 온 아날로그 데이터를 안테나에서 무선기기가 송신하여 모뎀에서 복조함으로써 아날로그 데이터를 디지털 데이터로 변환한다. 변환된 디지털 데이터는 지상국의 PC상의 다운링크 소프트웨어에서 해석한다.

캔위성에서의 통신 데이터를 제대로 받기 위해서는 지상국의 운용자는 안테나를 캔위성 방향으로 향하게 하는 것이 필요할 것이다. 안테나에는 안테나의 방향에 대한 감도의 특성을 나타내는 자료로, 지향성이라는 것이 있다. 안테나의 종류를 크게 나누면 어느 방향으로도 같은 레벨의 감도를 나타내는 무지향성 안테나와 안테나의 방향에 따라 감도레벨이 다른 지향성 안테나가 있다. 그림 4.8.4에 360도 안테나의 감도가 같은 무지향성 안테나의 감도 패턴과 0° 방향으로만 높은 감도를 갖는 지향성 안테나의 감도패턴을 제시한다. 무지향성의 안테나를 사용하면 주위에 균등하게 전파를 수신할 수 있기 때문에 안테나를 수신대상 방향으로 향하게 할

필요는 없다. 그러므로 캔위성의 위치가 육안이나 그 이외의 데이터(예를 들면 캔위성에서 보내오는 캔위성 데이터 등)에서 확인할 수 없는 경우에 유효하다. 반면 수신강도는 지향성 안테나가 일반적으로 강하다. 지향성 안테나(예를 들면 소형 안테나)를 사용하면, 필요한 전파만을 수신할 수가 있고, 효율적인 통신이 가능하게 될 것이다. 또한 안테나에는 수평면과 수직의 양방향으로 지향성이 존재하는 것도 기억해 두자.

**그림 4.8.4** 안테나의 지향특성 사례

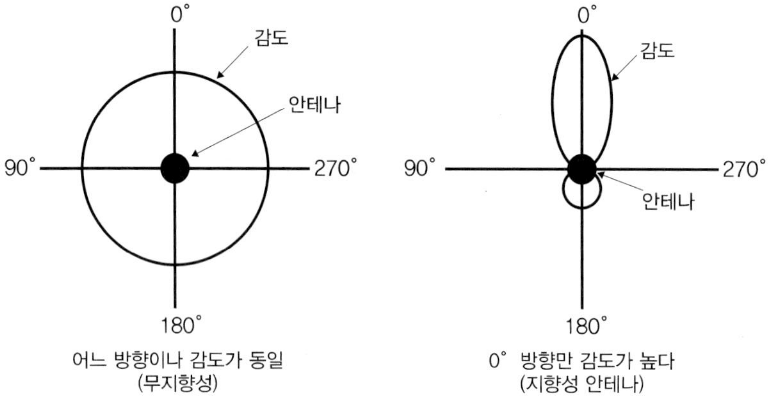


일반적으로 지상국의 무선기기와 PC는 시리얼 통신 · 인터페이스를 통하여 연결된다. PC상에서 Tera Term 등의 터미널 소프트웨어를 기동시킴으로써 캔위성에서 보내오는 실시간 데이터를 PC 상에 표시할 수가 있다. 단, 이대로는 단순히 송수신만이 가능한 것뿐으로, 별도 운영자의 편의성을 생각한 사용자 인터페이스를 갖춘 소프트웨어가 필요하다. 예를 들면, 캔위성의 상태나 위치정보를 바탕으로 커맨드를 보내고자 할 경우에는 데이터 수신 후에 운용자가 신속하게 판단할 수 있도록 알기 쉬운 형태로 데이터를 표시하게 하고 싶은 것이 보통이다. 그림 4.8.5는 지상국 소프트웨어의 사례이다. 이 사례에서는 지상국의 위치정보를 미리 지상국 소프트웨어에 보존해 둠으로써 캔위성에서 보내 온 GPS 데이터를 바탕으로 지상국과 캔위성의 위치관계를 그래픽으로 표현하고 있다. 안테나가 가리키는 방향을 운영자에게 알기 쉽게 보여주고 있다는 것을 확인할 수 있다.

**그림 4.8.5** 지상국 소프트웨어의 사례

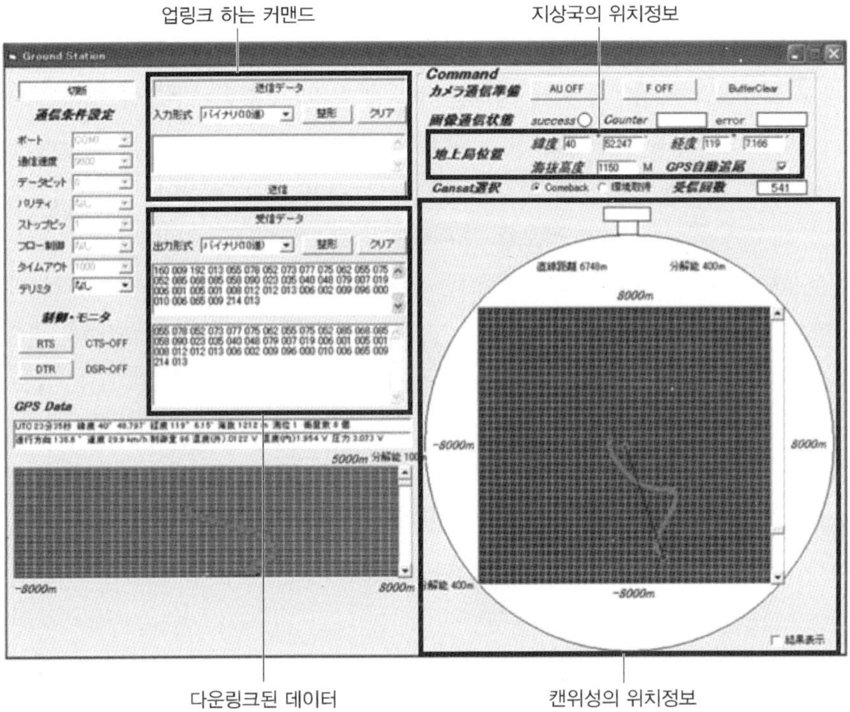


마지막으로 큐브 위성과 같은 위성의 지상국에 대해서도 사례를 소개한다. 위성의 경우도 위성추적, 텔레메트리 정보의 다운링크, 커맨드의 업링크, 미션 데이터의 다운링크가 지상국이 해야 하는 일이다. 그림 4.8.6은 일반적인 큐브 위성 지상국의 구성도이다.

**그림 4.8.6** 위성의 지상국의 구성도

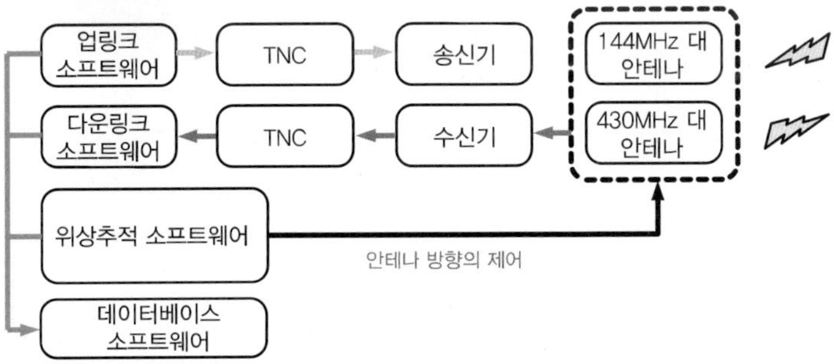

송신용 안테나 및 수신용 안테나, 송신용 TNC(송신 데이터를 송신 프로토콜에 맞추어 인코드하는 장치), 수신용 TNC(수신 데이터를 디코드하는 장치), 송신기, 수신기, 위성추적용 소프트웨어(위성의 궤도를 예측하여 위성의 방향으로 안테나를 향하게 할 수 있는 안테나), 업링크 소프트웨어(위성과 지상국과의 사이에서 미리 정해진 포맷에 따라 위성에 커맨드를 보내기 위한 소프트웨어), 다운링크 소프트웨어(위성과 지상국과의 사이에서 미리 정해진 포맷에 따라 위성에서의 텔레메트리나 미션 데이터를 해석하기 위한 소프트웨어), 데이터베이스 소프트웨어(업링크한 데이터나 해석한 데이터 등의 정보를 보존하는 소프트웨어)로 구성되어 있다.

위성의 경우에는 궤도의 추정이나 도플러 시프트(doppler shift)의 계산 등을 통해 안테나의 방향을 위성의 방향으로 자동으로 추적시킬 수 있는 구조와 대량의 다운링크 데이터에서 필요한 정보를 수신할 수 있는 구조가 필요할 것이다. 또한 저궤도를 도는 위성은 1회 10분 정도, 하루 6회 정도의 시간만 지상국과 통신할 수 있다. 사전에 확실한 운용계획을 수립하며, 통신속도와 통신강도 등을 착실히 고려하여 지상국을 구성하고, 실제 현장과 비슷한 환경 하에서 실험을 하고 검증하는 것이 중요하다. 캔위성은 수십 분이라는 한정된 시간 속에서 미션을 성공시키기 위한 데이터를 송수신하기 때문에 실제 위성운용을 위한 좋은 훈련이 된다.

Column

# 캔위성 프로젝트에 도움이 되는 홈페이지

본서에서 소개하고 있는 캔위성이나 초소형 위성에 관한 정보 중에서도 특히 권장하는 홈페이지를 다음과 같이 리스트 업하였다. 꼭 한 번 체크하기 바란다.

【C3ST】 http://www.unisec.jp/c3st/

본서의 지원정보를 게재. 문부성 위탁사업 「캔위성 · 초소형 위성을 이용한 창조적 과학기술인 육성 네트워크의 구축」에 관한 홈페이지로 이하의 파일을 다운로드할 수 있다.

- 본서 게재의 일부 도표(화상파일)
- i-캔위성의 부품 리스트
- i-캔위성의 프린트기판용 회로도면 데이터
- i-캔위성의 최신 버전 해설정보

【UNISEC】 http://www.unisec.jp/

UNISEC의 홈페이지. 캔위성뿐만 아니라 초소형 위성이나 하이브리드 로켓의 개발, ARLISS, 노시로(能代) 우주 이벤트 등의 이벤트 정보를 포함하여 UNISEC의 활동을 일람할 수 있다.

또한 facebook(https://www.facebook.com/UNISEC)에서도 최신 정보를 발신하고 있다.

【CanSat Mapping】 http://cansat.mapping.jp/

캔위성 프로젝트의 아카이브 사이트. 과거에 국내외에서 실시되었던 캔위성 프로젝트의 정보를 얻을 수 있을 뿐만 아니라, 자신들의 프로젝트 결과를 게시하고 전 세계에 공개할 수 있다(언어는 영어).

【ARLISS】 http://www.arliss.org/

미국 네바다 주에서 매년 개최되는 캔위성 발사실험 이벤트 「ARLISS」의 공식 사이트. 과거 ARLISS과 같은 동영상 등이 있다.

【노시로 우주 이벤트】 http://www.noshiro-space-event.org/

「노시로 우주 이벤트」의 공식 사이트. 과거 이벤트의 모습과 당일 스케줄 등 상세정보를 확인할 수 있다.

【CLTP】 http://cltp.info/

해외의 연구자 · 교육자를 일본에 초빙하여 캔위성 프로젝트의 진행방식을 UNISEC의 교사가 가르치는 프로그램 「CLTP(CanSat Leader Training Program)」의 공식 사이트. 지원해 주는 학생 자원봉사도 모집하고 있다.

【Hodoyoshi.org】 https://www.hodoyoshi.org/

4.2절에서 소개한 소프트웨어 프레임 워크 「호도요시(ほどよし)SDK」의 공식 사이트. 고성능 OBC 「BoCCHAN-1」에 관한 정보를 얻을 수 있다. 또한 BoCCHAN-1의 통신판매도 하고 있다. 오픈 클래스의 보다 전문적인 캔위성을 개발하고자 하는 독자는 BoCCHAN-1을 사용해 보자.

【큐브 위성】 http://www.cubesat.org/

큐브 위성의 공동 발사를 처음으로 시작한 캘리포니아 · 폴리 테크닉 대학이 운영하고 있는 큐브 위성 공식 사이트. 캔위성 다음은 큐브 위성에 도전해 보자.

【초소형 위성센터】 http://park.itc.u-tokyo.ac.jp/nsat/

일본에서 50kg급 초소형 위성의 연구와 개발이 중심되어 있는 도쿄대학 초소형 위성센터의 사이트. 본서의 집필진 중의 한 사람이기도 한 나카스카 싱이치(中須賀真一)교수가 이끌고 있다.

Facebook(https://www.facebook.com/hodoyoshisat)에서는 실제 발사한 「호도요시 위성」의 실시간 정보를 얻을 수 있다. 향후 위성개발에 종사하고자 하는 독자는 꼭 보기 바란다.

【코코아팹】 http://kocoafab.cc

국내 아두이노 커뮤니티 사이트. 아두이노 캔위성 제작에 필요한 보드인 OrangeBoard Mega compact를 제작, 판매하고 있고, 국내 아두이노 캔위성 제작에 필요한 정보 및 아두이노 기술 정보가 공개되어 있다. 국내 캔위성 대회에 관한 일정 및 대회 후기 또한 블로그에서 확인이 가능하다.

# 5 장

# 사전검증

위성에서는 기본설계에 따라 EM(Engineering Model)을 개발하면 지상시험을 실시하는 것이 보통이다. 지상시험의 결과를 토대로 기본설계를 수정하고 상세설계를 한다. 그 후에 FM(Flight Model)을 개발하고 마지막으로 확인을 위하여 다시 지상시험을 한다. 이와 같이 설계한 내용이 주어진 요구를 충족하고, 미션을 수행하기 위하여 필요한 기능을 갖추고 있는 가를 확인/수정하는 작업이 「사전검증」이다.

캔위성의 경우에도 가능한 한 위성과 동일한 순서(기본설계, EM 개발, 검증, 상세설계, FM개발, 검증 · 수정)를 거쳐야 할 것이다. 최소한 FM의 검증 · 수정의 스텝은 생략하지 않기를 바란다. 이 단계에서 확실히 검증 · 수정을 하지 않으면 실제 비행에서 결함을 일으킬 가능성이 높게 되며, 그 원인규명이나 대책을 세우기가 어렵다.

# 5.1 사전검증의 목적

사전검증의 주된 목적은 다음의 2가지이다.

- 위성의 설계 · 개발이 타당한가를 검증하는 것. 즉, 위성이 자신들의 예상대로 작동할 것인가를 확인하는 것
- 이론 해석과 함께 위성시스템의 성능과 신뢰성을 자신들이 납득할 수 있는 수준으로 보증할 것. 즉, 발사환경이나 운용환경 등 다양한 불확실성과 비용, 일정의 제약 하에서 미션 실패의 리스트를 허용 가능한 범위 내에서 가능한 한 낮추는 것(ALRP: As Low as Reasonably Practical)

일반적으로 위성의 성능과 신뢰성, 일정, 비용은 각각 상반되는 요구에 따르는 경우가 대부분이다(그림 5.1.1). 이들을 트레이드 오프(trade off)하면서 위성을 사용하는 입장에서 「이 정도라면 납득할 수 있으며 허용할 수 있다」는 수준까지 검증을 제대로 실시하는 것이 중요하다.

**그림 5.1.1** 사전검증의 트레이드 오프

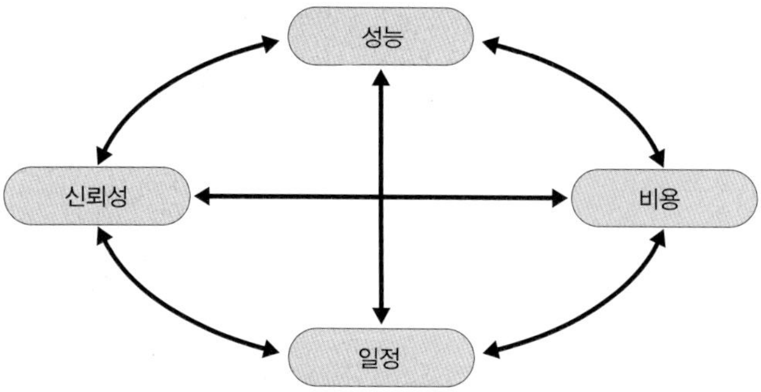


설계가 끝난 단계(실제 개발에 착수하기 전)에서 필요한 검증항목을 모두 리스트 업해 두자. 개발단계에서도 알게 된 항목을 추가한다. 이것이 있으면 개발이 끝난 단계에서 바로 검증작업에 착수할 수 있다. 리스트가 없으면 개발 후에 검증항목을 생각하게 되는데, 대부분의 경우 필요한 것을 빠트리기 십상이기 때문이다.

# 5.2 사전검증의 방법

사전검증의 내용은 발사환경이나 운용환경을 고려하여 결정한다. 당연히 환경이 다르면 사전검증 방법도 달라진다. 캔위성의 필드실험의 경우, 예를 들면 모델로켓 등으로 고도 수km까지 발사하여 방출하는 경우와 계류기구를 이용하여 고도 100~150m 정도에서 방출하는 경우와는 사전검증 방법은 다른 것이 보통이다. 그러나 캔위성을 위성개발을 위한 교육이라고 생각한다면 사전검증에서도 「이번에는 필요 없는 검증이기는 하지만, 위성의 사전검증 훈련이라고 생각하자」와 같이 위성의 발사환경이나 운용환경을 고려한 것이라는 관점도 있다. 어쨌든 자신들이 예상한 환경을 가능한 고려하여 사전검증을 하는 것이 중요하다.

여기에서는 로켓에 의한 발사와 계류기구에서 방출한 사례로 사전검증의 내용과 방법에 대하여 언급한다. 주된 검증항목은 표 5.2.1과 같다. 이론해석, 또는 수치해석으로 검토한 결과를 근거로 설계하며, 그것을 시험에서 검증하는 것이 기본적인 흐름이다.

**표 5.2.1** 캔위성 비행의 주된 사전검증 항목

| 검증 항목 | | 비행방법 | | 검증 수단 | |
|---|---|---|---|---|---|
| 분류 | 검증 내용 | 로켓 | 기구 | 해석 | 시험 |
| 내(耐)발사환경 | 발사 가속도에 견딜 것(소성변형이나 파괴를 일으키지 않을 것, 좌굴되지 않을 것) | ○ | – | △ | ○ |
| | 발사 진동에 견딜 것(소성변형이나 파괴를 일으키지 않을 것, 좌굴되지 않을 것, 나사 등의 체결부가 풀리지 않을 것, 진동작용 후에 시스템이 문제없이 작동할 것) | ○ | – | △ | ○ |
| | 분리 충격에 견딜 것(소성변형이나 파괴를 일으키지 않고, 기구부나 체결부가 풀리지 않을 것, 충격 후에 시스템이 문제없이 작동할 것) | ○ | △ | △ | ○ |
| | 적절한 타이밍에 전원이 ON될 것(콜드런치(Cold lunch)의 경우) | ○ | ○ | – | ○ |
| 내(耐)운용환경 | 낙하산이 얽히지 않고 원활하게 펼쳐질 것 | ○ | ○ | – | ○ |
| | 안정된 자세로 낙하할 것 | ○ | ○ | – | ○ |
| | 적절한 속도로 낙하할 것 | ○ | ○ | – | ○ |
| 전력의 확보 | 전원 ON부터 미션 종료까지 필요한 전력이 확보될 것 | ○ | ○ | – | ○ |
| 통신의 확보 | 예상되는 비행환경에서 통신회선이 확보될 것 | ○ | ○ | – | ○ |
| 운용환경 | 전원 ON부터 미션 종료까지 설계대로 시퀀스로 시스템이 작동할 것 | ○ | ○ | – | ○ |

시험에는 준비가 필요한 경우도 있으며, 시설을 빌리거나 나름대로의 비용이 들지 않으면 실시할 수 없는 검증도 많다. 또한 설정한 개발기간 내에 시험설비를 확보할 수 없는 경우도 있다. 비용 대비 효과를 생각하여 경우에 따라서는 시험을 하지 않고 해석만으로 검증하는 등의 검토와 판단이 필요하다. 이것은 위성에서도 캔위성에서도 같다고 할 수 있다. 특히 위성의 경우는 우주환경을 지상에서 완전하게 모의하는 것은 불가능하기 때문에 시험은 못하고 해석에만 의존하는 경우도 많다. 캔위성의 경우도 본래는 표 5.2.1의 「검증방법」 항목은 모두 「시험」에 ○표를 붙이고 싶은 곳이지만, 일부는 「해석」에 △표가 있는 것이 있다.

다음으로 사전검증의 구체적인 방법에 대하여 설명한다. 시험으로 검증할 때에 안전하게 시험을 실시할 필요가 있는 것은 두말할 필요도 없다. 예를 들면 낙하산을 부착한 캔위성의 낙하속도나 낙하자세의 안전성을 검증하는 시험에서는 건물의 옥상 등에서 캔위성을 던지는 것과 같은 방법을 채용하는 경우가 많다. 이 경우 시험자의 안전에 대한 배려와 캔위성이 건물의 유리 등을 파손시키지 않도록 하는 연구가 필요하다.

시험의 간편함과 준비시간이 부족하다는 등의 이유로 이와 같은 배려나 연구가 부족한 경우가 있다. 그러나 캔위성을 성공시켰다고 하더라도 「이 정도는 괜찮을 것이다」와 같은 기분이 아닌, 어떠한 것이라도 가능한 범위의 것은 제대로 실시하는 것이 중요하다. 「문제는 언제든 실수할 수 있다는 사실」을 명심하도록 하자.

## 5.2.1 내발사 환경의 검증

내발사 환경의 검증 내용으로 표 5.2.1에 4항목을 열거하였다. 이들은 캔위성의 경우이며, 위성에서는 그 이외에도 예를 들면 급 감압에 대한 내성 등이 요구된다. 로켓으로 상승하면 위성은 지상 1기압의 상태에서 단시간에 진공상태로 노출하게 된다. 만약에 위성의 어딘가에 공기가 쌓이기 쉬운 부분이 있다면 그곳의 공기가 단시간에는 빠지지 않고 팽창하여 주변기기에 압력이 걸리며 그것이 기기에 영향을 주게 된다. 또한 재료의 피로나 페어링(Fairing)(로켓 앞쪽의 커버. 그 내부에 위성이 탑재된다) 속의 온도환경 등 그 밖에도 몇 가지 고려해야 할 항목이 있다. 이들은 일반적으로는 로켓 개발자 측에서 제시되는 것이 대부분이다. 예를 들면 H-IIA 탑승의 경우라고 하면, JAXA가 탑승 위성 개발자에 대하여 사용자 매뉴얼 등으로 규정하고 있다[15][16]. 위성 개발자는 이들을 고려하여 설계를 하며, 비행 전에 검증을 하게 된다.

캔위성의 경우에는 스스로가 비행을 생각하여 생각하게 되는데, 적어도 표 5.2.1에 열거한 4가지의 검증내용에 대해서는 고려할 필요가 있다. 다음은 이 4가지에 대하여 설명한다.

### (1) 가속도 하중

발사 가속도에 대한 내성의 검증으로는 회전하는 축의 선단에 공시체를 부착하여 원심력을 이용하여 공시체에 가속도 하중을 작용시키는 방법이 일반적이다. 위성의 경우에도 같은 방법이 채용되었다[17]. 캔위성에서는 예를 들면 ARLISS라고 하면 과거의 발사데이터[18]에서 가속도 하중은 10G 정도를 예측하고 설계하도록 규정되어 있다[19]. 회전장치를 스스로 만들어서 가속도 시험을 하는 것이 이상적이다. 그러나 장치를 만드는 것은 비용이 들기 때문에 예상하는 가속도에 상당하는 추를 캔위성의 윗면(로켓 선단 측)에 배치하는 방법이 가장 빠를 것이다. 이 방법에서는 분포 하중인 가속도 하중을 캔위성 윗면에 집중 하중으로 작용시키기 때문에 윗면에 과대한 하중이 걸리게 되지만 하중 경로의 확인이라는 의미에서는 실행할 가치가 있다.

또한 가속도에 관해서는 부재에 작용하는 응력이 허용응력 이하이거나 계 전체로 좌굴 하중 이하가 되도록 설계를 할 수 있다면, 특별한 일이 없는 한 FM(Flight Model)에서 문제가 되지 않는다. 캔위성은 소형으로 하나 하나의 부재를 극단적으로 가늘거나 얇은 것으로 하여 허용응력이 낮은 재료를 사용하거나 하지 않으면 10G 정도의 가속도에서는 좌굴이나 소성변형을 일으킬 정도의 하중은 되지 않는다.

실제로 설계 단계에서 각 부재의 강도를 고려하여 재료나 촌 법을 정해두면 가속도 하중에 대해서는 충분한 마진을 지닌 것으로 생각되며, 계 전체의 FEM 해석을 할 필요는 없을 것이다. 크기와 강도와의 관계에 대해서는 재료역학이나 탄성역학, 구조역학을 공부하면 수식차원에서는 이해할 수 있으며, 실제로 실험을 해보면 이론과 하드웨어와의 관계를 실감할 수 있다.

### (2) 진동 하중

로켓발사 시 탑재물에는 상승에 의한 가속도뿐만이 아니라, 로켓의 랜덤진동이 전달되기 때문에 이 진동에 대한 내성도 검증한다. 검증방법은 진동시험기를 사용한 랜덤진동시험이 일반적이다. 그림 5.2.1에 진동시험기의 사례를 제시한다. 비교적 대형 시험대를 가진(可振)하는 것부터 소형의 것까지 다양하지만 캔위성의 경우에는 소형의 것으로 충분하다. 그러나 캔위성을 진동시험기에 장착하기 위한 치구(治具)는 필요하기 때문에 그 치구도 포함한 질량으로 진동시험기의 스펙을 결정하자. 진동시험기는 각 시도의 공업시험장 등을 빌려서 사용할 수도 있으나, 소형의 것은 대학에서도 소유하고 있는 경우가 많다.

**그림 5.2.1** 진동시험기의 사례

실제로 어떠한 조건에서 시험을 할 것인가 하면, 위성의 경우에는 랜덤 진동 수준에 대하여 로켓 측에서 요구 값(주파수에 따른 가속도밀도나 작용시간, 실효 값 등)이 제시되기 때문에 그 값에 따라 시험한다. 요구 값은 EM(Engineering Model)과 FM에서 다르며, EM(QM)에는 인증시험(QT: Qualification Test) 수준에 대한 내성, FM에는 수용시험(AT: Acceptance Test) 수준이 요구된다. 인정시험 수준은 실제 발사환경보다도 엄격한 수준인 경우가 대부분이다. 그림 5.2.2는 랜덤 진동시험 수준의 사례 (a), 및 실제로 위성을 시험한 결과의 사례 (b)이다.

**그림 5.2.2** 랜덤 진동시험의 사례

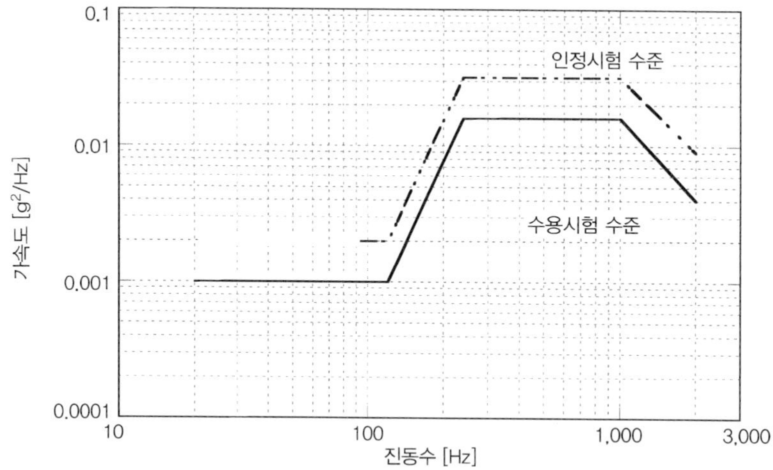


(a) 진동시험기에의 입력수준

**그림 5.2.2** 랜덤 진동시험의 사례(계속)

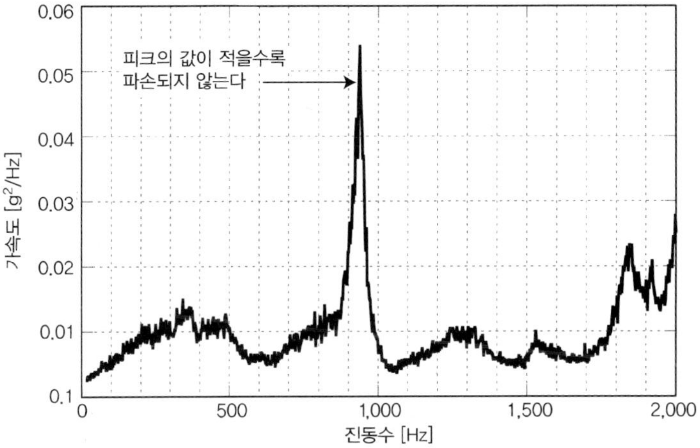


(b) 위성의 진동출력결과

예를 들면, 캔위성의 경우도 ARLISS에서는 실효값이 25G의 랜덤 진동에 견딜 수 있도록 한다(25G-rms)는 규정이 있다. 캔위성의 진동 하중시험에서 확인하여야 할 것은 주로 다음의 3가지이다.

(a) 진동으로 소성변형이나 파괴가 발생되지 않을 것
(b) 나사 등 체결부가 풀리지 않을 것
(c) 가진 후에도 시스템이 적절히 동작할 것

진동시험기의 확보가 어려운 경우에는 (a)에 대해서는 진동시험을 하지 말고, 적절한 등가정하중 해석(상세사항은 4.7절 참조)과 그에 대응한 정가속도하중 시험으로 끝내는 관점도 있을 것이다. 또한 진동시간이 짧은 경우(ARLISS라 하더라도 고작 10초 정도), (b)에 대해서도 체결 부에 나사 좌금을 끼워 충분한 체결력으로 나사를 고정하면 풀리지 않을 것이라고 판단할 수도 있다. 그러나 실제로 만들어 보면, 예상 외로 진동에 약한 부분이 있고, 나사 풀림이 발생하거나 또는 하니스(harness)가 고정 실수로 과도하게 진동하는 등 검증을 했음에도 조그마한 실수를 깨닫는 일이 적지 않다. 특히 과거의 결과를 그대로 받아들여 「예전의 캔위성과 같은 설계이기 때문에 괜찮을 것이다」고 시험을 통과한 때에 한하여 과거의 캔위성에서 약간의 설계 변경을 한 부분이 실전 비행에서 문제를 일으키는 수가 있다. 진동시험을 우선적으로 실시할 것을 강력하게 권장한다.

(c)에 대해서는 시스템이 적절히 동작하지 않았을 경우에 문제가 된다. 흔히 있는 일은 「전자 기판의 납땜 불량」「커넥터의 접촉 불량」「하니스의 구부러진 부분의 단선」과 같은 것이다. 일반적으로 문제의 요인에 대해서는 사전에 리스트 업해 두고, 체크한 다음에 진동시험에 임한다. 이들 3가지에 대해서는 시험 전에 발견할 수 있기 때문에 주의깊게 체크하지 않으면 시험 후에 결함 개소 때문에 시간이 걸리게 된다. 실제로 이들 3가지는 진동시험 전에는 동작에 문제가 생기는 정도의 상황은 아니고, 진동시험으로 생기는 경우가 많다. 예를 들면 납땜 불량이나 커넥터 불량이 있었다고 하더라도, 시험 전에는 겨우 전류가 흘렀던 것이 시험으로 인하여 납땜이 뜨거나, 커넥터의 접촉부가 떨어져서 전류가 흐르지 않게 되는 경우가 흔히 있다. 위성에서는 궤도 상에서 문제가 발생했을 경우, FTA(Fault Tree Analysis)를 실시하여 문제의 원인을 파악하게 된다. 캔위성의 경우도 교육이라고 생각하고, 사전검증의 단계에서 FTA를 실시하는 것도 권장하고 싶다.

또한 진동해석이나 진동시험의 기본적인 이론에 대해서는 예를 들면 문헌[20]을 참고하면 좋을 것이다.

### (3) 분리 충격

일반적으로 무엇인가를 분리하면 충격력이 작용한다. 예를 들면 위성의 경우에 로켓의 페어링을 개방할 때에 충격력이 생기며, 그것이 로켓과 위성의 인터페이스 부에 전달되어 위성에 작용하게 된다. 또한 위성을 로켓에서 분리하는 경우에도 당연히 위성에는 충격력이 작용한다.

이와 똑같이 캔위성에서도 로켓 또는 기구의 커리어에서 방출될 때에 충격력이 작용한다. 기구의 경우에는 거의 무시해도 상관없을 정도의 힘이지만, ARLISS의 모델로켓에서는 생각 이외로 커다란 충격력이 작용한다. 이 충격에 대한 강도가 문제가 되는 것은 낙하산 줄을 캔위성에 부착하기 위한 부속품이다(그림 5.2.3). 부속품의 강도가 불충분하면 부속품이 소성변형을 일으켜 줄이 풀어져 버릴 수도 있다. 또한 부속품을 고정하는 캔위성 본체 측 외부 판의 강도가 불충분하면 외부 판이 손상되어 부속품이 빠져 버릴 수도 있다. 또한 기어 등 어떠한 기구를 지닌 경우에는 그것이 빠질 가능성도 있다. 이러한 부분에서 문제가 발생하지 않도록 충격시험을 할 필요가 있다.

**그림 5.2.3** 낙하산 부착부분의 부속품

충격시험은 캔위성을 매달아 놓고, 캔위성 하부에 충격력에 상당하는 추를 고정하면서 손을 떼어 캔위성에 충격을 주는 방법이 간단하고 확실할 것이다. 충격시험에는 이러한 부분에 결함이 생기지 않게 하는 것과 다른 부분도 포함하여 어느 곳도 소성변형이나 파괴가 생기지 않음을 확인함과 동시에 충격시험 후에 시스템을 동작시켜 문제가 없는지를 확인한다.

### (4) 전원투입

ARLISS에서는 로켓의 전파와의 간섭을 피하기 위하여 캔위성은 로켓에서 방출될 때까지는 전파를 발사하지 않는 것이 규정되었다. 이 요구를 만족하기 위해서는 다음의 3가지 방법 중 하나를 선택한다.

(a) 로켓에서 방출될 때까지 캔위성의 전원을 OFF로 해 둘 것(Cold launch)
(b) 로켓에서 방출될 때까지 무선기기의 전원을 OFF로 해 둘 것
(c) 전원은 ON 상태에서 로켓에서 방출된 것을 감지하면 무선기기가 송신을 시작

(a)는 GPS의 취득에 시간을 필요로 하기 때문에 (b) 또는 (c)의 방법을 권한다. 어떤 경우에도 캔위성이 로켓에서 방출된 것을 감지하는 기능이 필요하다.

감지기능의 단순한 사례로는 4장에서 언급한 바와 같이, 어떠한 스위치나 비행 핀을 이용하는 방법이 있다. 예를 들면 핀을 뽑음으로써 전류가 통하는 스위치를 무선기기와 전원 사이에 두고, 핀이 빠지면 자동적으로 무선기기에 전원이 들어가게 된다. 또는 같은 스위치를 전원 라인과 OBC의 신호 입력 핀과의 사이에 넣어 두었다가, 핀이 빠지면 OBC의 입력 핀이

H레벨로 되며, 이것을 OBC가 감지함으로써 무선기기에 데이터를 보내기 시작하게 하는 것, 등이다.

비행 핀을 뽑는 장치도 여러 가지가 있다. 예를 들면 핀에 짧은 끈을 부착하고, 끈의 다른 한편을 낙하산의 줄 위쪽(낙하산의 가까운 곳)에 연결해 둔다. 수납 시에는 낙하산 줄은 접혀 있고, 캔위성 본체와의 거리는 매우 가까우나, 로켓에서 방출되면 낙하산은 펼쳐지고 줄도 팽팽해지기 때문에 낙하산과 캔위성 본체의 거리는 길어진다. 이때 핀에 연결된 줄은 낙하산 쪽으로 당겨져 핀이 캔위성 본체에서 빠진다. 이와 같이 해서 로켓에서 방출된 것을 감지할 수가 있다. 이것은 하나의 사례이며, 이것 이외에도 다양한 방법을 생각할 수 있을 것이다. 자신의 실험환경에 따르거나 자신의 캔위성에 탑재하기 쉬운 감지기구를 생각해 보자.

## 5.2.2 내 운용환경

위성에서는 내 우주환경 성(예를 들면 내 방사선성, 내열 환경성, 내 진공환경성 등)을 시험이나 해석으로 검증할 필요가 있다. 캔위성의 경우는 상공에서 낙하산으로 낙하하는 도중에 특히 심각한 환경에 노출되지 않기 때문에 이 점은 그다지 신경 쓸 일은 없을 것이다.

캔위성에서는 로켓이나 기구의 커리어에서 방출될 때에 확실하게 낙하산을 펼칠 필요가 있다. 낙하산을 접는 방법이 나쁘면 펼쳐지지 않는 문제가 발생하고 만다. 또한 플라이백 하는 캔위성의 경우는 파라 포일을 이용하는 것이 대부분인데, 파라 포일을 접는 방법은 낙하산 이상으로 주의하여 작업한다(그림 5.2.4). 접는 방법을 연구하지 않으면 파라 포일은 잘 펼쳐지지 않으며, 자유낙하 또는 일그러진 형태 그대로 비행하게 되어 성능을 발휘하지 못하는 경우가 많다.

바람에 휩쓸리지 않으면서 안전성을 생각하여 낙하속도가 커지지 않도록 낙하산이나 캔위성 본체를 연결하는 라인의 배치를 설계, 자신이 예상한 속도로 낙하하는지의 여부를 시험으로 확인하는 것이 필요하다(그림 5.2.5). 또한 파라 포일을 사용하는 경우는 비행성능 자체도 중요하다. 되도록이면 먼저 체육관 내 등에서 낙하시험을 하여, 무풍상태에서의 낙하속도나 비행성능을 조사하여 자신들의 설계가 타당하다는 것을 확인한 후에 바람이 있는 야외에서 실험하기를 권장한다.

**그림 5.2.4** 파라 포일의 접는 방법 사례

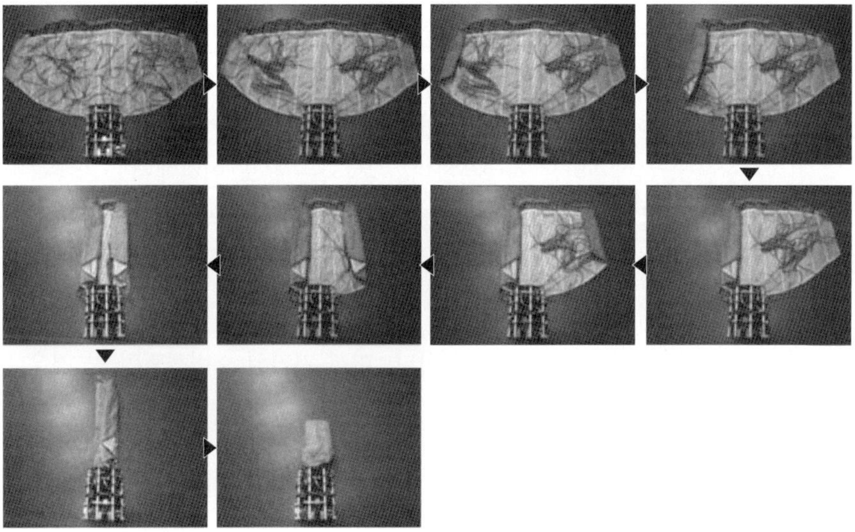

**그림 5.2.5** 낙하산 전개시험의 사례

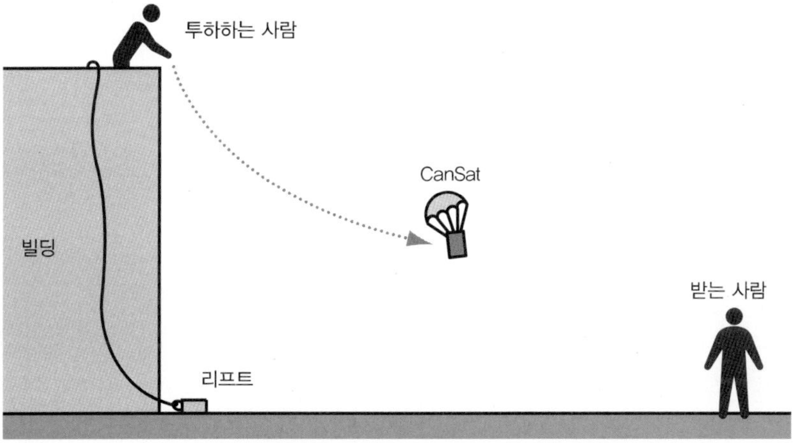

## 5.2.3 전력의 확보

위성은 통상적으로 질량이나 용적의 제한 때문에 충분한 배터리나 태양전지를 탑재할 수 없다. 그렇기 때문에 설계단계부터 전력이 충분한지의 여부를 확실히 검토한다. 위성을 개발했으면 운용모드를 모의한 동작시험을 하고 소비전력이나 전지용량 등을 실측하여 설계대로 실행되는지 검증한다. 이 전력시험은 상온에서만은 불충분하며, 예상되는 온도 이하에서도(가능하면 상온에서도) 시험한다. 이것은 배터리가 온도에 따라 특성이 크게 다르기 때문이다. 위성의 경우에는 햇빛이 비칠 때와 비치지 않을 때에 위성온도가 다르다. 따라서 온도와 소비전력, 전지잔량 등과의 관계를 시험을 통하여 확실히 파악해 둘 필요가 있다.

캔위성의 경우는 상온만으로도 좋지만, 시험은 필요하다. 미션 기기의 소비전력이 큰 경우나 탑재용량의 제한으로 배터리의 탑재개수를 필요 최소한으로 제한해야 할 경우에는 배터리에서 확보할 수 있는 전력이 빠듯하기 때문이다.

그림 5.2.6은 캔위성의 전력시험결과의 사례를 제시하고 있다. (a)는 시시각각으로 변화하는 소비전력의 측정결과(배터리의 전압과 전류를 계측), (b)는 배터리전압의 계측결과이다(이 캔위성은 30분간의 미션을 수행하는 것이기 때문에 30분 후에는 소비전력이 감소하고 있다). 배터리의 데이터 시트에는 배터리 전압과 잔량과의 관계가 게재되어 있으므로, 배터리의 전압에서 배터리의 잔량을 평가할 수 있다.

**그림 5.2.6** 전력시험의 데이터 사례

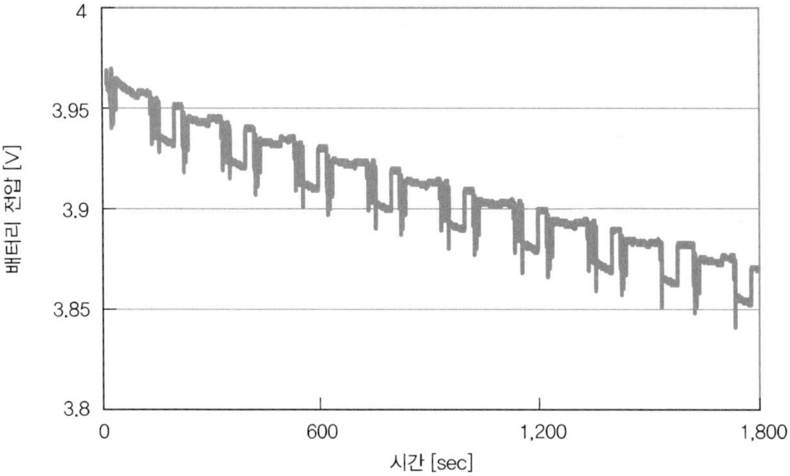

(a) 소비전력의 시간변화

**그림 5.2.6** 전력시험의 데이터 사례(계속)

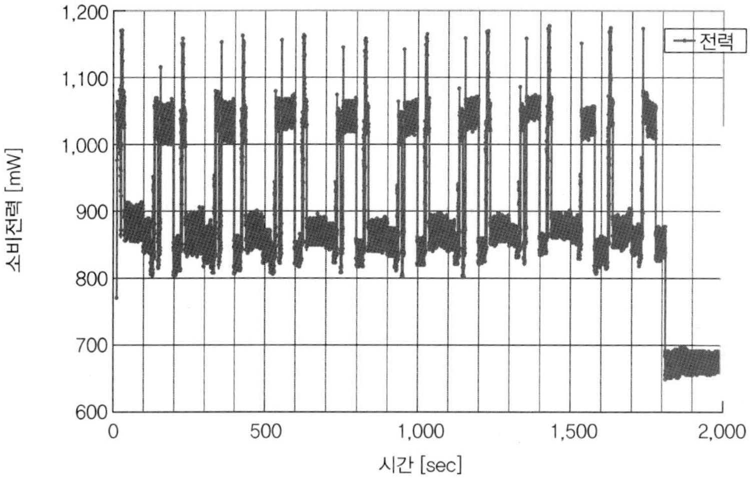


(b) 배터리의 전압 시간 변화

전력시험에는 한 가지 주의해야 할 점이 있다. 바로 운용시간이다. 로켓의 경우도 기구의 경우에도 캔위성에 배터리를 탑재하고 바로 운용을 개시하는 것은 아니다. 로켓의 경우라면 캔위성을 로켓에 탑재하고 나서 발사할 때까지 대기시간이 있다(ARLISS의 경우는 2시간 정도가 된다). 기구의 경우도 커리어에 탑재하고 나서 기구를 상공에 올려 방출할 때까지 수분에서 20분 가까이 걸린다. 탑재할 때부터 전원을 ON으로 해 둔 미션에서는 이러한 탑재부터 방출까지의 시간도 고려하여 전력시험을 하자.

그림 5.2.7은 플라이 백 미션을 하는 캔위성의 전력시험의 사례를 제시하고 있다. 배터리는 버스계의 동작용과 파라 포일을 제어하는 서보모터용의 2계통이 있다. 발사까지 3시간 대기, 미션은 1시간, 송신기는 미션 개시 후에 2시간 동안 동작시키고자 할 때 배터리 전압의 추이를 계측한 결과이다. 시험에서는 캔위성을 거꾸로 하여 파라 포일 대신에 추를 연결하여 서보모터에 부하를 가하고 있다. 이와 같이 실제의 비행을 가정하여 마진을 고려하면서 시험을 실시한다.

이러한 조건에서도 전력을 확보할 수 있는지를 확인하면 안심하고 비행에 임할 수 있을 것이다.

**그림 5.2.7** 플라이백 미션을 하는 캔위성의 전력시험 사례

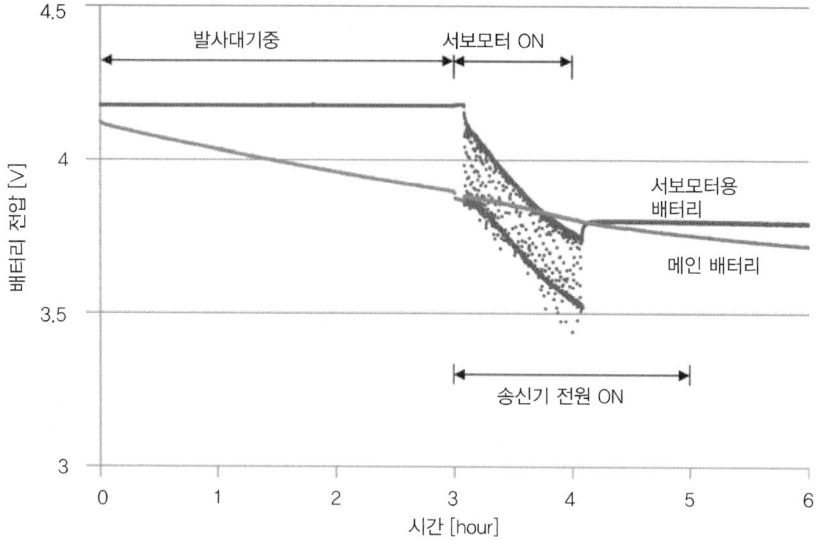


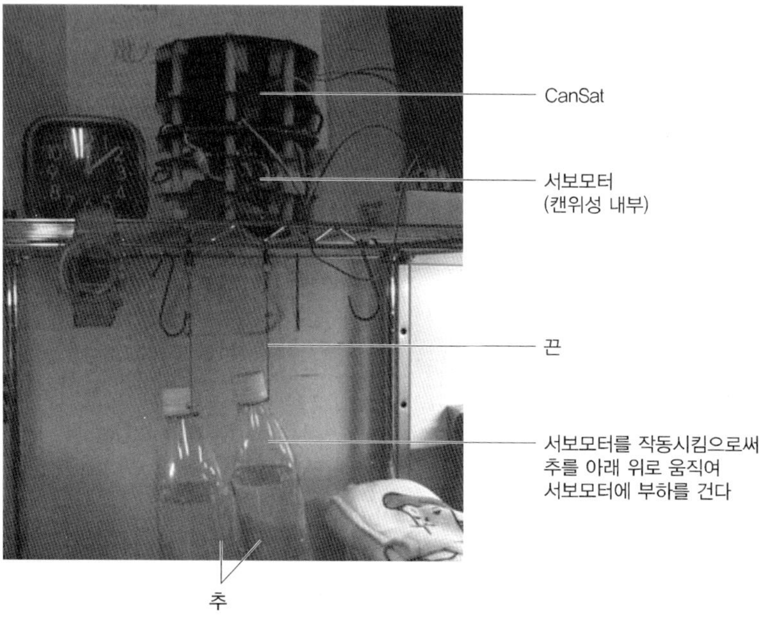

## 5.2.4 통신의 확보

통신계의 검증에는 장거리 통신시험을 실시하는 것이 알기 쉽다.

위성의 경우는 위성국과 지구국(지상관제국)에 무선면허를 신청한다. 임시면허를 취득한 단계에서 위성을 지구국에서 떨어진 장소로 이동하여 지구국과 실제로 통신을 하면서 데이터의 취득 비율(디코드 비율)을 계산한다. 건물의 영향 등을 고려하여 자신들이 만족할 수 있는 취득률을 설정하고(예를 들면 98%), 그 값 이상인지를 확인한다.

캔위성의 경우는 무선면허를 필요로 하지 않는 특정 소전력 무선기기를 사용하는 경우가 많다. 전파의 도달거리는 수백 m에서 1km 정도이기 때문에 이 거리가 한 눈에 보이는 장소에서 통신시험을 하면 좋다. 이때 가능하다면 지상국에 비하여 캔위성을 보다 높은 위치에 두고, 지면에 의한 전파반사의 영향을 방지하는 것이 바람직하다.

캔위성이나 지상국 용 PC를 사람이 손에 들고 통신시험을 하는 경우, 양자 모두 지상에서 1m 정도 밖에 떨어져 있지 않기 때문에 지상과 상공과 통신하는 경우에 비해 전파는 크게 약해진다. 대충 말하자면 도달거리는 절반 가까이 된다고 생각해도 좋을 것이다.

문제가 되는 것은 도달거리가 설계보다 짧을 경우에 그것이 지면의 영향인지, 통신계의 설계나 개발상의 실수인지의 식별이다. 통신시험은 짧은 거리에서 시작하여 서서히 거리를 늘려갈 때에 취득률이 어떻게 감소하는지를 체크하면서 설계, 개발상의 실수가 있는지를 조사하는 것이 좋다. 실제로 주위에 전파간섭을 일으킬만한 것이 없다면, 100m나 200m와 같은 근거리에서의 취득률은 100일 것이다. 100%가 아니면 설계나 개발상에 무언가의 오류가 있다고 생각해도 좋을 것이다.

## 5.2.5 운용 모의

사전검증에서 가장 중요한 것이 미션시퀀스에 따른 운용시험이다. 이것은 위성에서도 캔위성에서도 해당된다. 운용시험의 목적은 시스템이 미션을 수행하는 기능을 지니고 있다는 것을 검증하는 것으로, 물론 실제로 비행시키는 것은 할 수 없기 때문에 완전하게 운용을 모의하는 것은 어렵다. 예를 들면 플라이백을 미션으로 하는 캔위성의 경우, 실제로 비행시키지 않는 한 플라이백의 기능을 검증하는 것은 곤란하다. 따라서 운용시험에서는 어떠한 조건에서 무엇을 어디까지 검증할 것인가를 시험 전에 확실히 검토해 두는 것이 중요하다.

예를 들면 실험실 내에서 운용시험을 실시하는 것만으로도 전기계(회로나 소프트웨어) 결합의 발견이나 운용 절차의 미비나 부족한 점, 개선해야 할 점을 밝혀 낼 수 있기 때문에 비행 시에 많은 도움을 준다. 그러한 의미에서 운용시험은 가장 중요한 사전검증이라고 해도 좋을 것이다.

운용시험에서 중요한 것은 사소한 것이라도 놓치지 않겠다는 자세이다. 운용시험뿐만 아니라, 절차나 확인사항을 시험 전에 확실히 결정하고 시험계획서와 같은 것을 작성해 두면 실제 상황에서 당황하지 않고 잘 할 수 있다. 특히, 운용시험의 경우는 확인사항이 많기 때문에 시험 전에 멤버가 충분히 논의하여 확인사항을 리스트 업하자.

# 6장

# 필드실험

캔위성의 개발과 사전검증까지 진행되었다면 드디어 필드실험 차례이다. 지상에서 실시하는 실험이라고는 하지만 위성과 똑같은 「다시 할 수 없는 단판승부」라는 각오로 임하자. 필드실험 그 자체의 준비를 확실히 하고, 실험 전체적으로 안전하게 성공시키기 바란다. 6장에서는 필드실험의 계획과 준비를 중심으로 해설한다.

# 6.1 필드실험의 개요

캔위성 프로젝트의 목적을 "인공위성의 모의"라고 하자면 필드실험에서 필요한 요소는 다음의 7가지가 된다.

(a) 로켓에 의한 발사환경(가속도, 진동, 충격환경)을 모의할 수 있을 것
(b) 콜드런치, 분리감지를 모의할 수 있을 것(탑승 위성의 모의)
(c) 데이터의 업링크, 다운링크로 원격제어를 모의할 수 있을 것
(d) 미소중력 환경을 모의할 수 있을 것
(e) 진공 환경을 모의할 수 있을 것
(f) 온도 환경을 모의할 수 있을 것
(g) 그 이외의 우주환경(방사선환경, 일조 및 그늘의 변화 등)을 모의할 수 있을 것

하지만 안전성을 확보하면서 이러한 조건을 만족시키는 실험방법을 갖추는 것은 용이하지 않다. 특히 (e)~(g)를 실현하는 것은 상당히 곤란할 것이다. (d)에 대해서는 상공에서 자유낙하시키면 어느 정도는 모의할 수 있을지도 모른다. 그러나 지상에 낙하했을 때 캔위성이 충격으로 파괴되지 않도록 지상도달 직전에 낙하산을 확실하게 펼쳐서 안전하게 착지할 수 있는 시스템을 편성할 필요가 있다. 실패했을 경우의 피해를 생각하면 낙하산을 펼치는 것은 매우 높은 신뢰성이 요구되며, 현실에서는 이 방법은 별로 권장되지 않는다.

이상을 고려하면서 지금까지 고안된 캔위성의 필드실험은 주로 다음의 2가지가 있다.

### (1) 로켓발사

모델로켓이나 하이브리드 로켓과 같은 소형 로켓으로 캔위성을 발사하고 상공에서 방출한다. 캔위성은 자동으로 낙하산을 펼치고, 일정한 속도로 낙하하여 지상에 도착할 때까지 계획한 미션을 실시한다. 로버형 캔위성의 경우 등 미션에 따라서는 지상에 착지 후에도 미션을 수행한다.

### (2) 기구발사

기구에 커리어를 설치하고 캔위성을 탑재하면 기구를 적절한 고도까지 올려 계류한 후에, 커리어 뚜껑을 연다. 이렇게 함으로써 캔위성이 낙하하며 낙하산을 자동적으로 펼친다. 이하 로켓 발사의 경우와 같이 낙하 중 또는 착지 후에 미션을 수행한다.

또한 로켓이나 기구 대신에 「무인 비행기」를 사용한 실험도 검토되고 있다.

무인 비행기는 비교적 고가이며, 안전하게 비행하기 위해서는 나름대로의 기술도 필요하다. 그러나 최근에는 비교적 저렴한 가격으로 1, 2kg 정도의 페이로드를 탑재할 수 있는 무인 비행기가 개발되고 있으며, 비용 면에서도 캔위성의 필드실험에서 쓸만한 상황이다.

로켓발사의 경우, 말할 필요도 없지만 로켓의 도달거리와 캔위성의 분리고도는 실험장소의 크기에 따라 적절한 것으로 할 필요가 있다. 너무 높게 하면 로켓과 캔위성이 부지 밖으로 날아가 버리며 비록 그것들이 낙하산 등으로 천천히 낙하했다고 하더라도 안전한 실험이라고는 할 수 없다. 마찬가지로 기구나 무인 비행기를 사용한 경우에도 캔위성의 분리 고도에는 세심한 주의를 기울일 필요가 있다. 안전성의 확보 없이는 필드실험은 실시해서는 안 된다. 만일에 안전성을 고려하지 않고 필드실험을 하여 무언가의 중대한 사고가 발생한 경우에 「캔위성의 필드실험은 위험」이라는 인식이 확산되어 버린다. 그 결과 다른 사람이 캔위성의 필드실험을 실시하기 어려운 환경이 만들어져 버릴 가능성도 있다. 캔위성의 커뮤니티를 소중히 한다는 의미에서도 안전한 필드실험에 유념하기 바란다.

이하의 절에서는 현재 수없이 많이 실시되고 있는 소형로켓을 사용한 필드실험과 계류기구를 사용한 필드실험에 대해서 상세하게 설명한다. 단, 소형로켓 실험의 경우는 표 6.1.1에서와 같이 인공위성의 발사와 상당히 비슷한 차원에서 모의할 수 있다. 미소중력환경에 관해서는 로켓의 고도를 충분히 높게 유지하고, 자유낙하 시간을 마련하면 어느 정도는 가능하다는 의미에서 표 6.1.1에서는 △로 했다. 한편 기구실험에서 모의할 수 있는 발사 · 운용환경은 2가지뿐이다. 이것으로는 부족하다고 생각하면 로켓실험 등 다른 실험방법을 생각해 보자. 개인적으로는 기구실험은 로켓실험을 위한 사전실험 또는 초심자를 위한 실험방법이라고 생각한다.

본격적인 필드실험을 목표로 한다면 로켓실험, 그것도 ARLISS와 같이 충분한 고도(=충분한 실험시간) 확보를 추천하고 싶다.

**표 6.1.1** 실험에 의한 발사·운용의 모의 요소

| No | 모의내용 | 로켓실험 | 기구실험 |
|---|---|---|---|
| 1 | 로켓에 의한 발사 환경(가속도, 진동, 충격환경)을 모의할 수 있을 것 | ○ | |
| 2 | 탑승 위성을 모의하는 경우에는 콜드런치, 분리감지를 모의할 수 있을 것 | ○ | ○ |
| 3 | 무선으로 데이터를 다운링크 및 업링크하여 원격제어를 모의할 수 있을 것 | ○ | ○ |
| 4 | 미소중력 환경을 모의할 수 있을 것 | △ | − |
| 5 | 진공 환경을 모의할 수 있을 것 | − | − |
| 6 | 온도 환경을 모의할 수 있을 것 | − | − |
| 7 | 기타 우주 환경(방사선 환경, 일조 · 그늘의 변화 등)을 모의할 수 있을 것 | − | − |

# 6.2 로켓 실험

본 절에서는 로켓을 이용한 필드 실험에 대하여 해설한다. 주된 실험 방법으로는 스스로 로켓을 준비하는 방법과 다른 단체의 로켓 발사 기회를 이용하는 방법이 있다. 여기에서는 로켓 기술의 상세한 부분은 손을 대지 않고, 주로 이용 가능한 기술과 기회를 중심으로 설명한다.

## 6.2.1 캔위성 발사용 로켓

### (1) 모델로켓(화약식)

일본 국내에서 발사 가능한 로켓으로는 먼저 모델로켓을 들 수 있다.

모델로켓이란 미국에서 개발된 화약식 로켓으로, 현재는 세계에서 우주교육 교재로 이용되고 있다. 화약 취급에 엄격한 일본의 법률에서도 모델로켓을 이용한 실험을 할 수 있게 1995년에 규제가 완화되었다. 일본 모델로켓협회가 주도가 되어 모델로켓 종사자 면허(라이선스)가 발행되어 안전하게 관리 운용되고 있다. 국내, 해외를 포함하여 모델로켓이 개발되고 나서 현재까지 약 50년간 1건의 대인사고도 발생되지 않았다.

모델로켓 엔진은 엔진의 에너지 양을 나타내는 토털 임펄스(total impulse)[N · s]에 의해 분류

되어 있다. A형은 1.26N·s~2.50N·s, B형은 2.51N·s~5.00N·s로 클래스가 오를 때마다 최대 2배로 증가한다. 표 6.2.1에 엔진의 클래스(형식)와 그 토털 임펄스를 제시한다.

**표 6.2.1** 국내에서 실시 가능한 모델로켓 엔진의 클래스와 토털 임펄스

<table>
<tr><th>클래스</th><th>토털 임펄스<br>[N·s]</th><th colspan="4">라이선스</th></tr>
<tr><td>A</td><td>1.26~2.50</td><td rowspan="3">4급</td><td rowspan="7">3급</td><td rowspan="8">2급</td><td rowspan="10">1급</td></tr>
<tr><td>B</td><td>2.51~5.00</td></tr>
<tr><td>C</td><td>5.01~10.00</td></tr>
<tr><td>D</td><td>10.01~20.00</td><td rowspan="7"></td></tr>
<tr><td>E</td><td>20.01~40.00</td></tr>
<tr><td>F</td><td>40.01~80.00</td></tr>
<tr><td>G</td><td>80.01~160.00</td></tr>
<tr><td>H</td><td>160.01~320.00</td><td rowspan="3"></td></tr>
<tr><td>I</td><td>320.01~640.00</td><td rowspan="2"></td></tr>
<tr><td>J</td><td>640.01~1,280.00</td></tr>
</table>

모델로켓은 라이선스의 종류에 따라 취급할 수 있는 엔진의 클래스가 결정되어 있다. 4급 라이선스는 화약량 20g 이하의 C형 엔진까지를 사용할 수 있다. 3급 라이선스는 G형 엔진까지 사용할 수 있으나, 엔진 자체의 총 화약량이 20g을 초과하기 때문에 구매와 소비에 있어서는 각 시도 지사에게 신청할 필요가 있다. 중량 500g 정도의 캔위성을 안전하게 발사하기 위해서는 적어도 D형 클래스 이상의 엔진을 사용할 필요가 있다. 따라서 스스로 모델로켓을 준비하여 캔위성을 발사하고자 하는 경우에는 먼저 3급 라이선스의 취득을 목표로 해야 한다.

라이선스의 취득 방법과 비용에 대해서는 일본 모델로켓협회의 홈페이지(http://www.ja-r.net/)를 참고하기 바란다.

모델로켓의 엔진에는 3종류의 화약이 들어 있다. 추진력을 확보하기 위한 고체추진화약, 로켓의 궤도를 알기 쉽게 하기 위하여 항적 연기를 내뿜어 딜레이 타임(delay time)을 확보하는 연기화약, 로켓 내부의 회수장치를 방출시키기 위한 방출화약이 있다. H형 클래스 이상의 경우는 회수장치를 상공에서 전개시키기 위한 기계적인 기구를 탑재할 수 있다. 한편 G형 클래스 정도의 모델로켓에 이 기구를 탑재하면 중량이 증가하기 때문에 적극적으로 방출 화약을 이용

한 캔위성의 전개방출기구를 검토하는 것이 좋다. 전개방출기구의 일례로 UNISEC의 학생로켓 위원회가 개발한 캔위성 탑재형 모델로켓 SCR-002를 그림 6.2.1에 제시한다.

**그림 6.2.1** UNISEC의 학생로켓위원회가 개발한 SCR-002 로켓

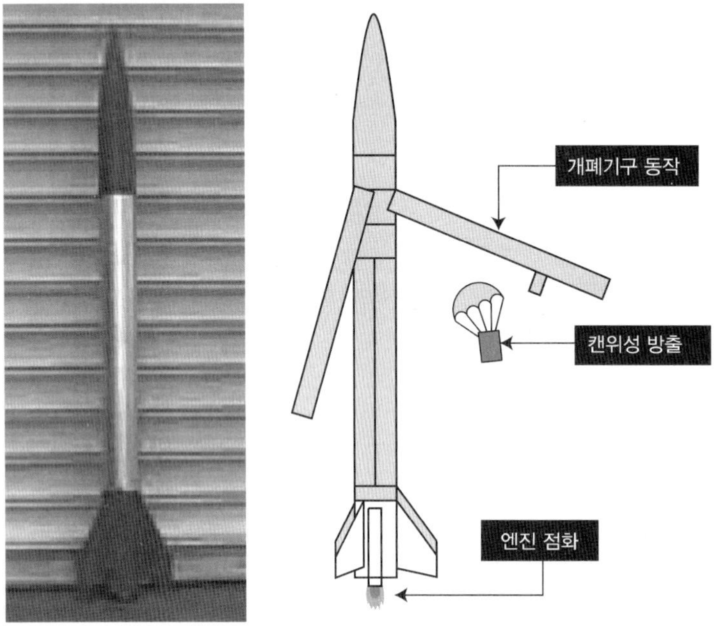


SCR-002 로켓에 사용된 엔진은 3급 라이선스로 사용 가능한 G80-4T이다. 이 엔진은 중량 250g의 캔위성을 상공 120m까지 수송할 수 있다. 추진 화약 연소 종료부터 약 4초 후에 방출 화약이 연소되어 기체 하부를 고정하는 끈이 타서 끊어지면 용수철이 들어 있는 경첩의 힘에 의해 개폐기구가 작동한다. 이에 따라 로켓 몸체가 반으로 갈라지면서 캔위성이 방출되는 구조이다.

보다 커다란 모델로켓의 사례로는 일본 모델로켓협회가 개발한 H형 엔진탑재 모델로켓의 개략도를 그림 6.2.2에 제시한다. 전체 길이 1.3m, 무게 1kg의 캔위성을 상공 300m~350m로 수송할 수 있다. 방출 화약에 의해 로켓 내부의 피스톤이 들어 올려지고, 로켓 측면의 문을 막고 있던 갈고리도 밀어 올려짐으로써 방출용 문이 개방되어 안에 있던 캔위성이 방출된다. 사용되는 엔진은 H220-M으로, 발사에는 2급 라이선스가 필요하다.

**그림 6.2.2** 일본 모델로켓협회가 개발한 H형 엔진 탑재의 캔위성 발사용 모델로켓

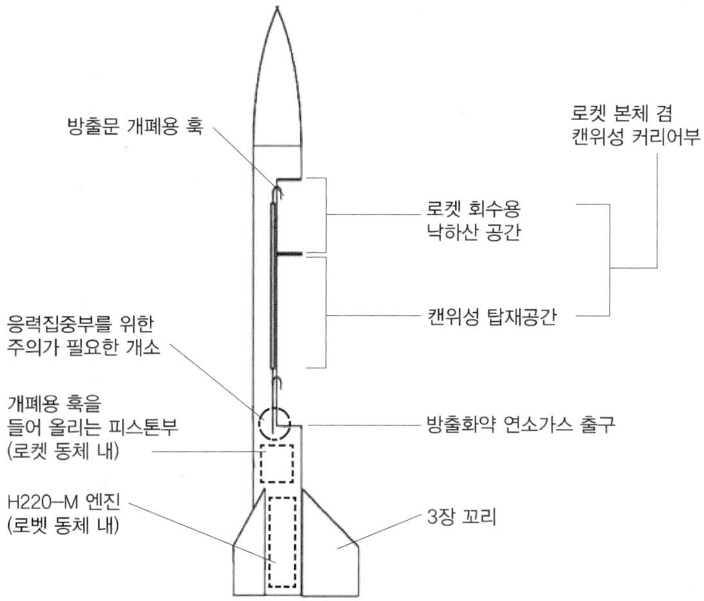


또 하나 모델로켓의 사례를 소개하자. 오픈 클래스의 캔위성을 쏘아 올릴 목적으로 개발된 SCR-005이다(그림 6.2.3). SCR-005는 UNISEC 학생로켓위원회가 개발하고 미국에서의 발사 실험에 성공한 로켓이다. 탑재된 엔진은 K700W로, 일본 국내에서는 구할 수가 없기 때문에 미국에서 조달했다. SCR-005에는 1.5kg의 오픈 클래스의 캔위성을 고도 1.5km로 쏘아 올릴 수 있다. 지금까지 소개한 로켓보다 훨씬 커다란 엔진을 탑재하고 있기 때문에 발사 시에 로켓 몸체에 걸리는 하중은 크고, 몸체가 반으로 갈라지는 등으로 인하여 커다란 방출 문을 설치할 수 없다. 그래서 방출 화약의 추진력을 이용하여 캔위성과 낙하산을 로켓 내부에서 밖으로 보내는 구조가 채용되고 있다.

그림 6.2.3 SCR-005 로켓의 개념도

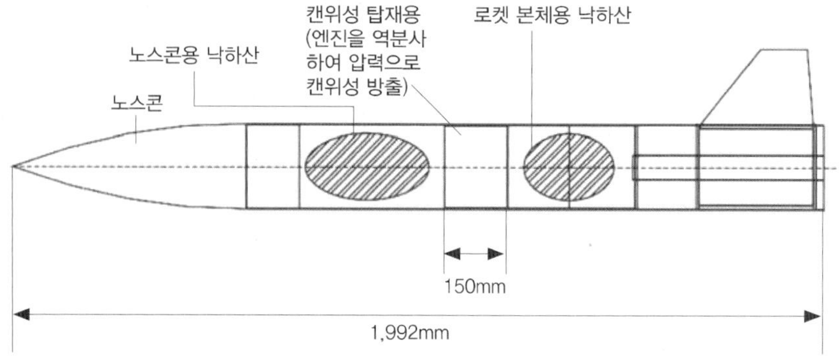


이상과 같이 모델로켓을 이용한 캔위성의 발사는 충분히 가능하다. 단, 대형 모델로켓을 설계하기 위해서는 로켓공학 등의 지식과 함께 기계설계, 개발 시의 노하우도 필요하다. 처음인 경우는 조그마한 크기부터 순차적으로 개발하고 발사 경험을 쌓기를 권장한다. 또한 UNISEC의 학생로켓위원회가 집필한 『Open Class 캔위성 발사로켓 매뉴얼』에는 SCR-005의 상세한 개발 방법과 대형 모델로켓의 설계, 개발 시의 주의점에 대하여 상세하게 설명되어 있다. 본 매뉴얼은 일반적으로는 비공개이나, 희망자는 사용목적 등을 첨부하여 UNISEC 사무국에 연락하면 열람이 가능하다.

### (2) 하이브리드 로켓(Hyper TEK)

하이브리드 로켓이란 산화제에 액체 또는 기체를 사용하고, 연료로는 고체를 사용하는 화학 추진의 한 형태이다. 화약이나 복잡한 산화제의 공급 시스템을 필요로 하지 않고, 비교적 안전하게 저비용으로 운용할 수 있다. 대학생이라도 고압가스 취급에 충분히 주의를 하면 운용할 수 있으며, 환경에도 우수한 엔진으로 주목 받고 있다. 또한 버진 갤럭틱(virgin-galactic)사의 스페이스쉽 원(SpaceShip One)에도 채용되는 등 유인 로켓 엔진에도 이용되고 있다.

하이브리드 로켓의 발사 실험은 현재 일본 국내의 일부 대학에서 실시되고 있다. 이용되고 있는 하이브리드 로켓의 대부분은 캐나다의 체자로니 테크놀로지사가 판매하는 Hyper TEK이다(그림 6.2.4). Hyper TEK에는 산화제에 아산화질소($N_2O$), 연료로 ABS 수지를 사용하고 있다. 산화제의 공급은 $N_2O$의 증기압에 의한 블로우 다운(blow down)에서 이루어지기 때문에 가압기구가 필요하지 않다. Hyper TEK의 점화는 스파크 와이어(spark wire)를 사용하고 있으며, 화약류는 일절 사용하지 않는다. 이와 같이 Hyper TEK은 비교적 안전하게 커다란 추진력을 얻을 수 있는 엔진으로 우주교육 활동이나 연구 활동에 이용되고 있다.

**그림 6.2.4** Hyper TEK 하이브리드 로켓엔진

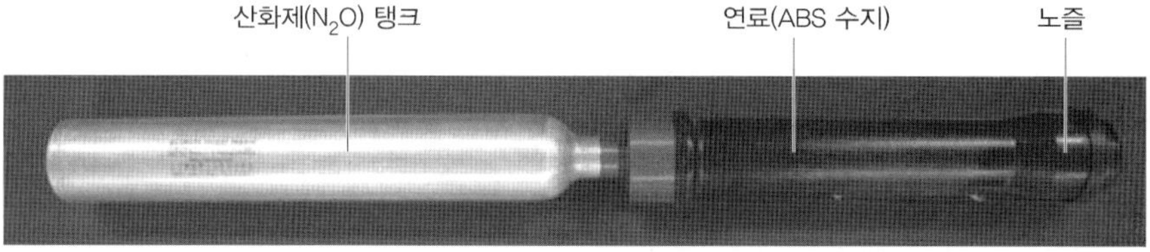


Hyper TEK도 모델로켓 엔진과 같이 토털 임펄스에 의해 종류가 나뉘어져 있으며, I형~M형까지의 종류가 판매되고 있다. 일본 국내에서는 라이선스와는 관계없이 구입하여 발사할 수 있다. 그러나 현재 국내 판매점은 PD에어로 스페이스사(http://www.pdas.co.jp/)뿐이다. PD에어로 스페이스사에서는 판매에 자체 규정을 두고, 개인 판매는 하지 않고 있다. 단, Hyper TEK는 직접 체자로니 테크놀로지사의 홈페이지(http://www.hypertekhybrids.com/)에서 개인적으로 수입할 수가 있다.

하이브리드 로켓은 국내에서 유통되고 있는 모델로켓보다 커다란 추진력을 확보할 수 있기 때문에 캔위성 탑재에 적합하다. PD에어로 스페이스사의 홈페이지 상에는 Hyper TEK의 일본어 매뉴얼도 볼 수가 있다. 보다 상세한 운용절차 등은 그쪽을 참조하기 바란다.

또한 하이브리드 로켓을 쏘아 올리고 있는 대학의 대부분은 UNISEC에 가맹되어 있다. UNISEC에서는 독자의 안전기준을 책정하여 철저한 안전관리 하에서 발사실험을 하고 있다. Hyper TEK와 같이 비교적 커다란 추진력을 갖춘 엔진을 이용하여 필드실험을 할 경우에는 UNISEC에 가입하여 정보교환을 하면서 실시하는 것이 안전상의 관점에서도 바람직할 것이다.

### (3) CAMUI형 하이브리드 로켓

홋카이도(北海道)대학 우주환경 시스템 공학 연구실(http://mech-hm.eng.hokudai.ac.jp/~spacesystem/)에서는 충격 열전달을 이용하여 고체연료의 가스화를 촉진하는 독자 기술을 사용한 CAMUI형(Cascaded Multistage Impinging-jet: 종열 다단 충돌 분류형) 하이브리드 로켓을 개발하고 있다. 이 로켓에서는 폴리에틸렌과 액체산소를 추진제로 한다. CAMUI형 고체연료의 개념도를 그림 6.2.5에 제시한다. 2개의 포트를 지닌 연료 블록이 축 방향으로 줄을 서 있는 것을 알 수 있다. 포트의 위상을 교대로 90° 늦추어 배치함으로써 연소가스가 고체연료 표면에서 충돌을 반복하여 높은 열전도와 양호한 연소효율을 얻을 수 있는 구조이다.

**그림 6.2.5** CAMUI형 고체연료의 개념도

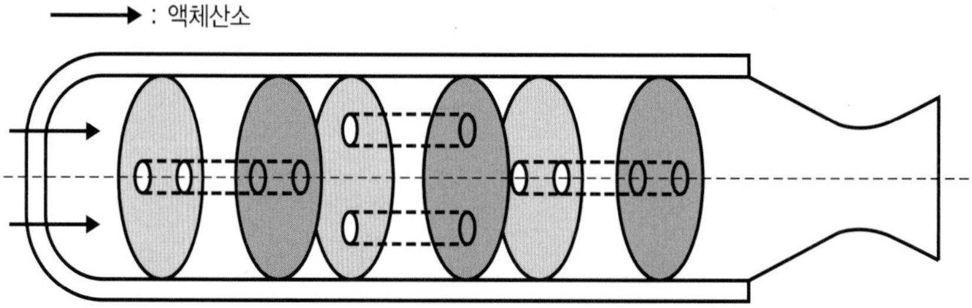


CAMUI형 하이브리드 로켓의 최초의 발사 실증실험은 2002년 3월에 실시되었다. 액체산소를 사용한 하이브리드 로켓의 발사로는 일본 국내에서는 처음이다(가스산소를 사용한 하이브리드 로켓은 2001년 3월에 도립과학기술대학(당시)의 유아사(湯浅) 연구실에서 발사하였다). 그 후에는 우에마츠(植松) 전기회사(홋카이도 아카비라(赤平)시)와 연계하면서 대형화의 개발을 계속하고 있다. 지금까지의 발사에서 최대의 추진력은 5,000N을 기록하고 있으며, 2012년 7월에 홋카이도 다이키(大樹)마을에서 실시된 발사실험에서 고도 7.5km, 마하 1.4에 달했다. 음속을 돌파한 하이브리드 로켓은 국내에서는 CAMUI형뿐이다(2013년 7월 현재). 지금까지 53회의 발사 실증실험이 실시되었는데, 그 일부에서 페이로드로 캔위성이 탑재되어 있다.

2002년 3월에 발사된 최초기로는 도쿄대학 나카스카 연구실에서 개발된 캔위성이 탑재되어 GPS 및 가속도계에 의하여 비행 데이터를 취득하는데 성공했다. 초호기(初号機)의 기기구성은 그림 6.2.6에 제시한다. 이때 길이 1.6m, 전 무게 10.5kg, 모터의 추진력은 약 500N으로 고도 1km에 도달했다.

**그림 6.2.6** CAMUI형 하이브리드 로켓 초호기(初号機)의 기체구성

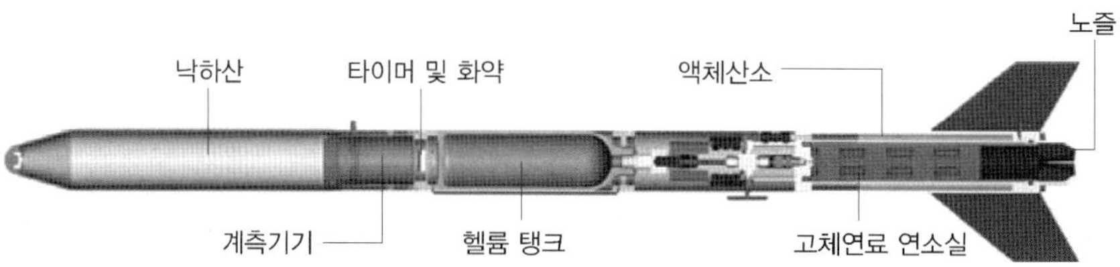


대형화의 개발과 병행하여 액체산소 대신에 고압가스산소를 채용하여 적용을 간소화한 모터의 개발도 실시되고 있다. 2012년도에는 13회의 발사 실증실험이 실시되어 그 중에 3회는 「캔

위성 고시엔(고교생이 캔위성의 기술수준을 겨루는 대회) 홋카이도 지방대회」에서 발사되었다. 이것은 학생단체가 매년 발사 실시 횟수의 기록이며, 본 모터의 운용성이 매우 뛰어나다는 것을 나타내고 있다. 그림 6.2.7에 기체의 외관(2012년 모델)을 제시한다. 길이 1.7m, 총무게 6.4kg, 도달고도는 최대 400m이다. 가스봄베(Gas bombe 독일)는 범용품인 CFRP제 의료용 산소 봄베를 그대로 사용하고 있다.

**그림 6.2.7** Gas-CAMUI 기체(2012년 모델)의 외관

동 모터는 처음에 소형 기체를 항공법의 제한을 받지 않는 도달고도(250m 이하)에서 간소한 적용을 실현하기 위하여 Mini-CAMUI라고 불렸다. 그러나 기체의 길이가 초호기(1.6m)를 초과했기 때문에 "Mini"라는 이름에 이견이 나왔다. 최근에는 산화제로 액체산소가 아닌 기체산소를 이용하기 때문에 Gas-CAMUI이라고 불리고 있다.

2013년도에는 우에마츠 전기회사에서 로켓 기체에 PVC관을 채용한 저가형 모델이 개발되어 2013년도 캔위성 고시엔 홋카이도 지방대회(7/6 홋카이도 아카비라 시)와 각 지방대회를 석권한 팀들이 겨루는 전국대회(8/2~4 홋카이도 아카비라 시)에서 발사되었다. 그 신뢰성이나 운용성은 Hyper TEK 모터를 능가하고 있다.

## 6.2.2 로켓실험의 기회

### (1) 노시로 우주 이벤트

캔위성 발사용 로켓은 크기가 크고, 발사 고도도 높기 때문에 국내에서 실험장소를 찾는 것은 상당히 어렵다. 그러한 와중에 2005년부터 아키다(秋田)현 노시로 시에서는 비교적 커다란 로켓을 안전하게 발사하는 기회를 제공하는 「노시로 우주 이벤트」가 매년 개최되고 있다.

노시로 우주 이벤트는 이토가와 히데오(糸川 英夫)박사가 미치가와(道川)해안에서 펜슬(pencil) 로켓발사 50주년을 기념하여 아키다 노시로시의 지원과 지역의 협력 하에서 아키다현 아사나이(浅内) 제2 광산 퇴적장에서 실시되고 있다. 이 이벤트는 대학생에 의한 로켓발사나 캔위성의 프라이 백 경기가 실시되는 전국 규모의 이벤트이다. 2013년부터는 로켓을 보다 높게 쏘아 올릴 수 있는 발사장을 제공하기 위하여 오치아이하마(落合浜) 해수욕장 부지를 발사장소로 오픈하였다. 경기 참가자 수는 400명을 웃돌며, 이벤트 기간 중에 실시되는 일반 공개 날에는 약 3,000여 명의 방문객이 찾아 왔으며, 지역의 축제로도 정착되어 가고 있다. 이 이벤트는 우주를 과제로 한 콘텐츠를 통해서 지역의 활성화도 목표로 하고 있다. 기간 중에는 노시로 시내에서 로켓이나 캔위성의 조립하는 장소를 무상으로 제공받는 등 지역에서도 많은 협력을 받고 있다.

노시로 우주 이벤트는 수 km의 고도로 로켓을 쏘아 올리는 것이 가능하게 되었다. 이벤트 회장의 사진과 개념도를 그림 6.2.8, 그림 6.2.9에 제시한다.

**그림 6.2.8** 노시로 우주 이벤트 회장 부근의 항공사진

**그림 6.2.9** 노시로 우주 이벤트 회장 개념도

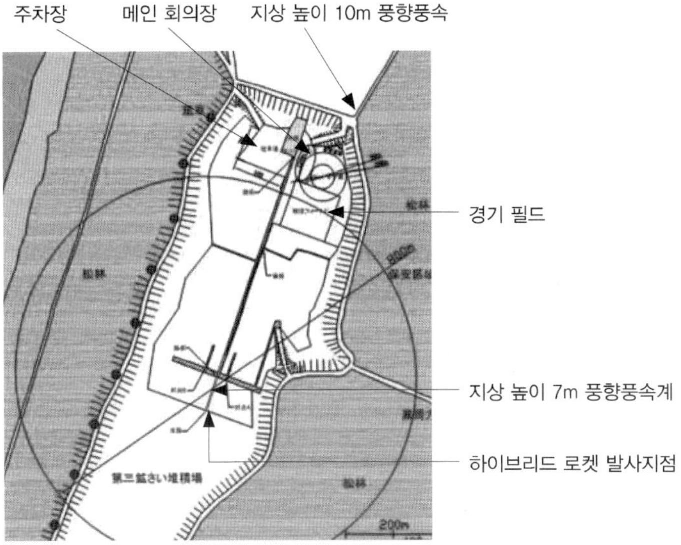


해변 발사장은 발사대 설치장소까지는 포장도로가 정비되어 있다. 발사대 설치장소도 콘크리트이기 때문에 물품의 반입, 발사대의 세팅은 안전한 환경에서 실시할 수가 있다. 해상의 보안구역에서도 앞바다 2km 사방을 미리 해상보안청에 해상작업신고서를 제출함으로써 안전을 확보하고 있다. 보다 높은 고도로 쏘아 올리는 경우에는 앞바다 5km 사방과 상공 10km까지 신청이 가능하다.

이와 같이 육지, 바다, 상공을 사용할 수 있으며, 다른 선박이나 항공기의 왕래가 비교적 적은 이유도 있고 해서 오치아이하마 해수욕장 부지는 로켓의 해변 발사장으로 실험하기 쉬운 환경이라고 할 수 있다. 또한 로켓의 회수는 지역의 북부 어협 노시로지부의 협력을 얻어 회수선박, 감시선박을 준비할 수가 있다.

노시로 우주 이벤트에서 특징적인 시도의 하나가 「캔 로케 콜라보」이다. 캔 로케 콜라보란 로켓을 개발하는 단체와 캔위성을 개발하는 단체가 개발단계부터 협력하여 로켓으로 캔위성을 상공에 발사하는 프로젝트이다. 캔위성 개발자에게 있어서는 자신들이 개발한 캔위성에 적합한 로켓으로 발사 실험을 할 수 있는 아주 좋은 기회라고 할 수 있다. 그림 6.2.10은 과거에 아키다 대학과 게이오 대학이 공동발사를 했을 때의 사진이다.

그림 6.2.10 아키다 대학과 게이오 대학의 캔로켓 콜라보의 모습

나마하게(生剝)를 이미지한 캔위성 | 모델 로켓의 발사 | 낙하산으로 하강 중인 캔위성

### (2) ARLISS

ARLISS(A Rocket Launch for International Student Satellites)는 매년 9월에 미국 네바다 주 블랙록 사막에서 열리는 로켓 이벤트이다. 미국의 아마추어 로켓 애호가들이 개발한 대형 모델 로켓에 대학생이 개발한 캔위성을 탑재하여 고도 3km~4km로 발사한다. 캔위성은 오픈 클래스를 쏘아 올릴 수가 있다. 또한 국내에서는 복잡한 육상에서의 발사와 횟수도 가능하다. 프라이백, 런백을 포함하여 컴백 경연 전 개최와 미리 달성하는 미션을 자진 신고하고 얼마만큼 달성되었는가를 겨루는 미션 경연 등이 매년 개최되어 각 팀의 인공위성의 설계, 개발, 기술을 시험하는 좋은 기회가 되었다. 운영은 주로 일본의 학생이 중심이 되어 이루어지고 있으며, 글로벌한 인재육성의 장으로도 활용되고 있다. 매년 5일간 개최되며 첫날은 기술교류회와 사막에서의 설치, 그 후 3일간의 발사 날짜가 마련된다. 마지막 날에는 아침식사 미팅이 개최되어 각각의 결과에 대한 속보를 영어로 프레젠테이션 하는 기회가 있다.

블랙록 사막은 약 160km에 걸친 광대한 사막으로 대형 모델로켓의 발사 이외에 평평한 평지를 이용하여 음속을 초월하는 지상주행 차의 실험장소로서도 이용되고 있다.

ARLISS에서 쏘아 올린 로켓은 모두 아마추어 로켓 애호가들이 동일한 사양서를 근거로 개발한 것이다. 아마추어이면서 매우 높은 기술력으로 과거 한 번의 실패도 없이 발사하여 방출에 성공하고 있다. 캔위성 개발자는 쏘아 올리기 위하여 엔진 요금을 지불할 필요가 있지만, 고도 3km~4km까지 쏘아 올리는 실험을 할 수 있는 귀중한 기회가 되고 있다. ARLISS 로켓의 개략도와 발사의 모습을 그림 6.2.11에 제시한다. 로켓의 길이는 약 2.4m, 직경 약 156mm, 무게 약 11kg이다.

엔진은 에어로틱(aero tech)사의 M1419W를 사용하며, 일본 국내에서는 입수가 불가능한 클래스의 엔진이다. 엔진 직경이 98mm, 평균 추진력이 1,419N이다.

먼저 상공에서 엔진부와 그 이외의 2개로 분류하고 각각 낙하산이 펼쳐진다. 그 후에 낙하산에 의해 노스 콘(nose cone)이 아래를 향한 상태에서 노스 콘이 튀어 나가 페이로드 내부에 탑재되어 있는 캔위성이 아래로 방출된다.

로켓의 낙하산과 캔위성의 낙하산이 얽히면 위험하기 때문에 이와 같이 2단계로 분리가 되며, 매인 슈트(main chute)가 펼쳐진 다음에 캔위성이 방출된다.

2단 분리는 로켓의 내부에 탑재된 플라이트 컴퓨터에 의해 제어된다. 발사 충격을 감지하고 기압고도계에서 정점을 검출하여 1차 분리를 실시한다. 분리 충격을 감지하고 예정된 수초 후에 2차 분리 신호를 받아 흑색 화약에 점화하여 분리 방출한다. 최근에는 흑색화약 대신에 소형 $CO_2$ 봄베를 탑재하여 $CO_2$ 가스 압력에 의한 분리가 늘어나고 있다. 캔위성의 커리어에 흑색화약이 연소한 뜨거운 가스가 차지 않고 캔위성 내부에 대해서도 영향이 적은 분리라고 할 수 있다.

**그림 6.2.11** ARLISS 로켓의 개념도와 발사 모습

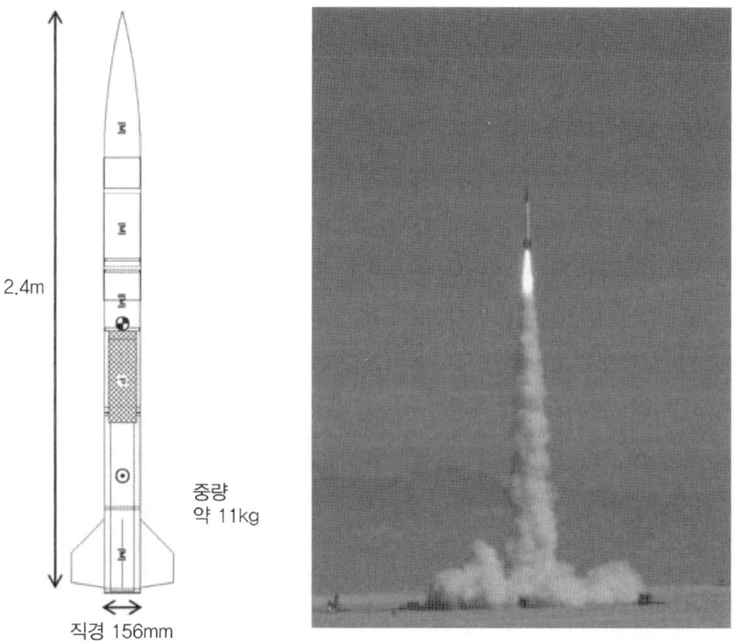

로켓의 플라이트 컴퓨터에는 도달고도, 최대가속도, 최대속도, 정점도달시간, 연소시간, 연소 종료 시의 고도 등이 기록되어 있다. 표 6.2.2에 각각의 대표적인 값을 제시한다. 로켓 개발자에게 이러한 값을 배워서 캔위성의 기록과 크로스체크할 수 있다.

**표 6.2.2** 로켓 플라이트 컴퓨터의 데이터 사례

| 측정항목 | Flight 1 | Flight 2 |
|---|---|---|
| 도달고도[m] | 3,735 | 3,726 |
| 최대가속도[G] | 8.9 | 10.1 |
| 최대속도[m/s] | 333.8 | 324.3 |
| 정점도달시간[s] | 28.06 | 21.3 |
| 연소시간[s] | 5.38 | 4.69 |
| 연소종료 시의 고도[m] | 1,075 | 928 |

### (3) 대학 연구실과의 연계

홋카이도 대학 우주환경 시스템공학 연구실과 노지로 우주 이벤트의 운영을 담당하고 있는 아키다 대학의 학생 단체인 「아키다 대학 학생 우주프로젝트」(http://assp-jp.com/) 등 UNISEC에 가입한 연구실 · 단체의 일부는 독자적으로 소형로켓을 개발, 운용하고 있다. 그들 연구실과 연계가 가능하다면 캔위성을 발사하는 기회를 얻을 가능성이 있다. 구체적으로는 로켓발사 실증실험에서 페이로드로서 캔위성을 탑재하여 상공에서 풀어 놓을 때까지의 비행 데이터를 로켓 측에 제공한다는 흐름이다. UNISEC에 가입한 단체에 대해서는 UNISEC의 홈페이지(http://www.unisec.jp/member/university.html)를 참조하기 바란다.

또한 UNISEC의 OB조직인 URT(UNISAS Rocket Team: https://sites.google.com/site/unisasrocket/)에서도 로켓 개발이나 학생단체를 지원하고 있다.

이와 같이 국내에서 소형 로켓을 개발하고 있는 단체와 연계하고, 자신들의 캔위성을 쏘아 올릴 기회를 모색하는 것도 좋은 경험이 될 것이다.

## 6.2.3 일본의 로켓발사 실험장

### (1) 다이키 마을(홋카이도)

다이키 마을은 홋카이도 오비히로(帯広)시의 남쪽에 위치하고 있으며, 동쪽으로는 태평양이 펼쳐져 있다. 1988년에 홋카이도에 항공우주산업기지구 상이 생길 당초부터 다이키 마을은 항공우주관련 활동에 대한 노력에 힘을 쏟는 마을의 하나이며, 현재도 「우주의 마을 만들기」를 진행하고 있다. 1993년부터 우주항공관련 실험 시설로 1km의 활주로를 지닌 「다이키 마을 다목적 항공공원」의 정비를 시작으로 1995년부터 운용을 개시하고 있다. 1997년에는 항공우주기술연구소(당시)와 항공공원 사용에 관한 협정을 맺었으며, 2003년부터는 JAXA 및 NICT에 의해 성층권 플랫폼 실증실험의 거점이 되었다. 또한 2008년에는 다이키 마을·JAXA 연계협력협정을 체결하여 다목적 항공공원 내의 JAXA 소유시설(성층권 플랫폼 실증실험의 종료로 사용하지 않게 된 대형시설 포함)을 「다이키 항공우주실험장」으로 하였고, 대 기구 지령관제 동, 대 기구 슬라이더식 기구방출장치가 정비되었다. 연중을 통하여 JAXA를 비롯한 연구조직이나 대학 등이 항공우주에 관한 각종 실험에 이용되고 있다. 동사무소나 지역주민 모두 항공우주관련 연구·개발 활동에 대한 이해가 깊다. 다이키 마을 다목적 항공공원의 항공사진은 그림 6.2.12와 같다.

**그림 6.2.12** 다이키 마을 다목적 항공공원의 항공사진

이와 함께 다이키 마을 다목적 항공공원에서 소형로켓의 발사실험을 실시하는 경우에 발사실험의 발사지점은 항공공원 밖에 설치된다. 발사장소 주변은 목초지로 사용하지 않는 적설기간을 이용하여 실험을 한다. 그렇기 때문에 실험 실시는 겨울로 한정된다. 확보 가능한 안전고도는 약 1km(국도까지의 거리에 상당)이다. 이 고도를 초월하는 규모로 발사를 하는 경우에는 지상에서는 안전거리를 확보하는 것이 곤란하기 때문에 해안에서 바다 쪽을 향하여 발사하고 선박이 기체를 회수하게 된다. 바다로의 발사는 지금까지 2007년 8월, 2011년 7월, 2012년 7월 및 2013년 8월의 4회 거행되었으며, CAMUI형 로켓이 고도 7.5km에 도달한 실적이 있다.

다이키 마을 상공은 오비히로 공항에 발착하는 정기편의 진입로로 사용되고 있으며, 고도 1.8km보다 상공이 정기노선의 운행을 관리하는 쿠시로(釧路) 관제의 관할이 된다. 그보다 낮은 고도도 훈련공역으로 설정되어 있으며, 주로 항공대학교 오비히로 분교에서 사용하고 있다. 발사 시에는 항공관제와의 조정으로 훈련공역을 폐쇄한 후에 오비히로 공항에 정기노선이 운항하지 않는 시간대를 선택할 필요가 있다.

### (2) 노시로 시(아키다 현)

일본 우주개발의 아버지인 이토가와 히데오 박사가 펜슬 로켓의 수평발사실험을 한 1955년부터 50주년을 맞이한 것을 기념으로 2005년 8월에 「노시로 우주 이벤트」가 개최되었다. 그 후로 노시로 우주 이벤트는 국내 최대 규모의 우주관련 이벤트로 발전을 거듭함과 동시에 로켓 발사 실험장도 지속적으로 운용되고 있다. 상세한 사항은 전술한 대로이다.

### (3) 이즈오시마(伊豆大島)(도쿄도)

이즈오시마는 지상에서 회수할 수 있도록 보다 높은 고도로의 발사실험장으로 2010년부터 검토가 진행되었다, 2011년 3월에 처음으로 발사실험이 계획되었으나, 동일본지진으로 연기되었다. 2011년 6월에 와카야마(和歌山)대학 학생 우주프로젝트, 도쿄 공업대학의 CREATE, 인터칼리지 그룹인 CORE 등의 학생 단체에 의해 실시된 발사실험이 최초의 사례가 되었다.

이즈오시마의 발사실험은 미하라야마(三原山) 분화구 근처의 통칭 「뒤 사막(裏砂漠)」이라는 장소에서 실시되었다. 미하라야마 분화구 근방은 특별환경 보호지구이기 때문에 출입이 제한되어 있다. 실험은 인접하는 제1종 보호지구에서 실시되었다. 지금까지의 발사실험에서는 안전거리 1km를 설정하는 것이 통상적이었으나, 더 넓은 안전거리를 확보하는 것도 가능하게 되었으며, 도달고도 2~3km 규모의 발사실험까지 한다면 지상회수로 실시할 수 있는 포텐셜(potential)을 지닌 발사장소이다.

#### (4) 코스모파크 가다(コスモパーク加太)(와카야마현)

와카야마 대학 우주교육연구소가 지역에서 발사실험이 가능한 장소로 2009년 2월부터 사용하기 시작했다. 최초의 실험은 「와카야마 대학 우주개발 프로젝트」에 의해 시행되었다. 관서국제공항의 매립지 조성을 위한 토사채굴 부지로 와카야마현 토지개발공사가 공업단지로 이 활용이 진행되고 있다. 현재 미사용인 구역은 평지가 펼쳐져 있으며, 주변 사람들의 거리도 충분하고 로켓발사 실험에 최적 조건을 갖추고 있다. 와카야마현이 관리하고 있고 있으나, 일부를 제외한 미사용지이다. 2013년 현재 발사실험은 구역의 일부에서 실시되고 있다.

고도 400m 정도의 규모까지의 발사실험이 가능하다. 발사지점으로 이용되고 있는 토지의 모습은 그림 6.2.13과 같다.

**그림 6.2.13** 코스모파크 가다 발사지점으로 이용되는 토지주변의 모습

## 6.2.4 국내의 캔위성 체험 경연대회

#### (1) 캔위성 경연대회 개요

국내 캔위성 체험 경연대회는 캔 형상의 교육용 모사위성을 활용해 초·중·고 및 대학생들이 인공위성을 직접 제작해보는 경험을 제공하여 우주개발에 대한 관심과 이해를 높이고자, 미래

창조과학부에서 주최하고, KAIST 인공위성연구센터에서 주관하며, 한국항공우주연구원 후원으로 2012년 이후 매년 개최되고 있다.

체험·경연대회는 위성 개발 및 임무 난이도를 고려하여 초·중학생 대상 체험 캠프와 고교. 대학생 대상 경연대회로 나누어 진행하고 있다.

캔위성 체험 캠프는 위성교육, 우주개발현장탐방, 캔위성 기본키트 제작 실습, 드론을 이용한 위성 비행·운용, 대회 수상자 강연 등으로 구성되며, 1박 2일로 KAIST 교내에서 진행하고 있다.

경연대회는 캔위성의 창의적인 임무 발굴과 위성개발, 운용 능력을 겨루며, 전국적으로 슬기부(고교), 창작부(대학) 팀들이 참가하여 2단계 사전 심사와 경연대회 본선, 최종 결과 발표회 등 총 4단계를 거쳐 각 5팀씩 최종 수상팀이 선정되는 방식으로 진행하고 있다. 특히 수상팀 중 일부는 해외유관기관 탐방을 통하여 해외의 선진 우주기술을 접할 수 있다.

### (2) 캔위성 경연대회 장소

2013년 이후 캔위성 경연대회는 전라남도 고흥군에 위치한 한국항공우주연구원 고흥항공센터에서 열리고 있다. 항공센터는 국내에서 처음으로 건립된 항공 전문기반시설로 고흥군 간척사업지구 부지에 구축되었으며, 각종 유·무인 비행기 지상 및 비행시험 등이 수행되고 있는 곳으로, 캔위성대회 뿐만 아니라 전국대학생 로켓 경진대회, 인간동력항공기 대회 등이 개최되고 있는 장소이다(한국항공우주연구원 홈페이지 참조 http://www.kari.re.kr/kor/sub03_01_04.do).

## 6.3 기구실험

기구실험의 실험계 전체의 개념도를 그림 6.3.1에 제시한다. 기구는 몇 개(이 그림은 3개)의 케이블에 계류된다. 지상 측은 릴(reel)에 연결되어 있으며, 이 릴을 풀어줌으로써 부력에 의해 상승한다. 실험 시에는 릴의 회전을 고정하고 케이블의 길이를 일정하게 한다(릴은 회전을 고정하는 기구가 부착된 것을 사용한다). 커리어 바닥 면은 뚜껑이 있으며, 그 뚜껑이 열리면 중력에 의해 캔위성이 방출된다. 그 다음에 커리어에서 방출되면 낙하산이 펼쳐지면서 천천히 낙하한다. 실험 후에는 릴을 감아올림으로써 기구를 안전하게 지상까지 내릴 수 있다.

**그림 6.3.1** 기구실험계의 개념도

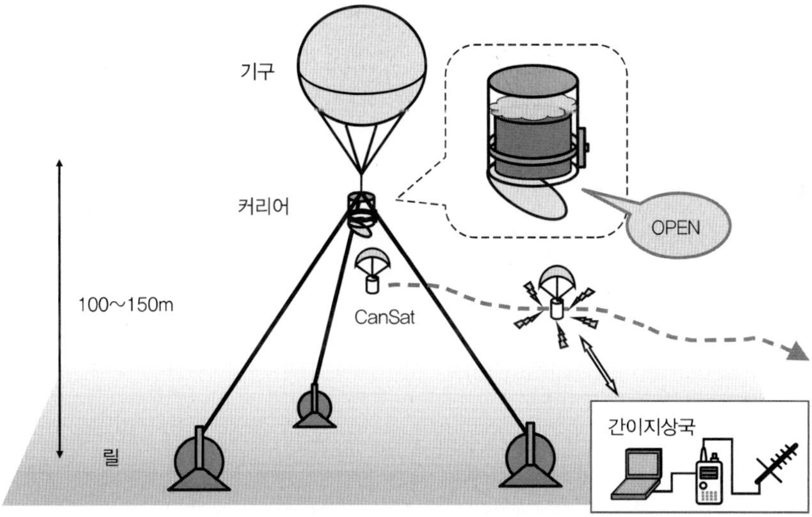


상세한 사항은 후술하겠지만, 기구실험에 필요한 인프라는 그림 6.3.2와 같다. (a) 계류기구, (b) 커리어, (c) 릴, (d) 기구에 부착한 끈과 계류 케이블을 연결하는 쇠장식, (e) 기구를 공중에 올리지 않고 지상에 대기시킬 때를 위한 추(물이 가득 찬 폴리탱크 등)와 체인, (f) 커리어를 제어하기 위한 지상국용 PC의 6가지이다.

**그림 6.3.2** 기구실험에 필요한 것

(a) 계류기구 (b) 캔위성의 커리어 (c) 릴

(d) 기구와 케이블을 연결하는 시장식 (e) 기구 지지용 추 (f) 대 커리어 지상국

기구실험의 순서는 이하와 같다.

(a) 계류기구를 세팅할 것
(b) 커리어를 세팅할 것
(c) 커리어에 캔위성을 수납할 것
(d) 소정의 고도까지 기구를 상승시켜 계류할 것
(e) 커리어 뚜껑을 개방함으로써 중력으로 낙하하여 커리어에서 캔위성이 방출된다.
(f) 접혀져 있던 낙하산에 공기가 주입되어 펼쳐지며, 캔위성이 소정의 속도로 낙하한다.
(g) 낙하 중에 캔위성은 미션을 수행한다. 그 사이에 실험자는 PC와 무선기기로 구성된 간이 지상국에서 데이터를 수신하며, 캔위성에 커맨드를 업링크한다.

(h) 착지 후에도 경우에 따라서는 미션을 수행한다.
(i) 미션 종료 후에 캔위성은 실험자가 회수할 때까지 비컨(beacon) 또는 GPS 데이터를 전파로 수신하는 등의 방법으로 자신의 위치를 실험자에게 연락한다.
(j) 실험자는 캔위성을 회수한 다음에 메모리에 담긴 데이터를 간이 지상국에서 받아 데이터를 확인한다.

기구실험을 할 때에는 이와 같은 실험 시퀀스를 잘 고려한 다음에 실험을 계획한다. 다음으로 상기의 실험순서에 따라 상세하게 설명한다. 단, 이것은 하나의 사례로 실험에서는 실험장소 등을 고려하여 적절히 순서를 생각하는 것이 중요하다.

## 6.3.1 계류기구의 세팅

기구실험은 바람이 약한 시간대, 예를 들면 이른 시간에 실시할 것을 권장한다. 야간 시간대라도 바람이 약할 때는 있지만, 날씨가 좋으면 상공에서는 상승기류가 발생하기 쉬운데, 이 상승기류를 타면 캔위성은 부지 밖으로 흘러갈 가능성이 있다. 또한 바람이 약하더라도 계류고도는 그리 높지 않게 하는 편이 좋다.

다음으로 캔위성이 실험장소 부지 내에 착지하도록 계류고도를 결정한다. 바람이 약하고 기온이 높지 않은 이른 아침이면 예를 들어 400~600m$^2$ 정도의 부지라면 계류고도는 100~150m 정도가 한계일 것이다. 또한 부지가 자위대나 항공관제 구역 내에 있는 경우에는 고도가 일정 이상이 되면 군과 지방청 등에 허가를 얻을 필요가 있다. 소정의 절차를 거치면 문제는 없지만, 나름대로의 시간을 필요로 한다(적어도 1개월을 예상하면 좋다). 부담 없이 실시하고자 한다면 고도는 상기와 같이 낮게 설정하는 것이 무난할 것이다.

실제로 기구실험을 해보면 알겠지만, 솜씨 좋게 실시하는 최대의 포인트는 기구의 안정된 계류이다. 항상 바람이 약할 때에 실시할 수 있다면 문제는 없지만, 어느 정도의 바람이 있는 상황에서 실시할 수밖에 없는 경우도 있다. 따라서 그때 실시할 것인지의 여부를 판단하는 것이 중요하다. 사전의 일기예보에서 어느 정도 날씨를 예측하여 비는 물론이고, 바람이 강할 것 같은 판단이 되는 경우에는 전날에 중지를 결정하는 등 적절한 상황 판단이 요구된다.

어느 정도의 바람이라면 실시 가능하고, 어느 정도 이상이면 중지할 지의 판단 기준은 실험장소의 넓이와 바람의 환경, 실험자의 능력, 경험에 의존하기 때문에 유감스럽게도 여기에 일괄적으로 제시할 수가 없다.

그러나 적어도 기구의 계류가 불안정하게 되는 상황을 이해한다면 어느 정도 적절한 판단을 할 수 있을 것이다. 대부분의 경우에 불안정해지는 것은 다음과 같은 상황이다.

- 기구가 바람에 휩쓸려 고도가 떨어지면 계류 케이블로 끌어당기면서 고도 수정을 반복, 기구의 위치가 한곳에서 안정되지 않음
- 계류 케이블 중의 1개 또는 2개밖에 인장력이 작용하지 않고, 다른 케이블은 느슨해져서 기능을 하지 못함

이 원인은 「릴의 설치 위치가 너무 좁다」는 데 있다. 간단히 2차원으로 바꾸어 같은 길이의 2개의 케이블로 계류하는 것도 생각해 보도록 하자. 이때 기구에는 부력 *L*이 중력 mg를 끄는 힘이 수직상승으로 작용하며, 바람 때문에 횡 방향으로 효력 *D*가 작용한다. 이들의 합력 벡터 *F*가 2개의 계류 케이블에 걸리는 인장력의 합력 T와 평형을 이루게 되는데, *T*는 반드시 두 케이블 사이를 통과한다. 왜냐하면 케이블은 압축력이 작용하지 않고 인장력만 작용하기 때문이다.

이때 그림 6.3.3과 같이 케이블의 경사각 θ가 크면, *F*는 케이블 사이로 들어가지 않는다. 절대로 *T*와는 어울리지 않은 상태에서 기구는 움직이게 된다. 구체적으로는 *F*의 각도 α가 케이블 2의 각도 $\theta_2$와 일치할 때까지 기구는 하강하게 된다. 그 결과 케이블 2만으로 기구를 지탱하게 되며, 케이블 1은 느슨해져 버려 기능하지 않는다. 풍속이 바뀌어 효력 *D*가 변화하면, *F*의 각도 α도 변화하기 때문에 α와 케이블 2의 각도 $\theta_2$가 일치하도록 기구도 움직인다. *F*의 각도는 *D*가 커질수록 작아지고, 기구는 보다 아래로 이동한다는 것이다.

**그림 6.3.3** 기구의 불안정한 계류

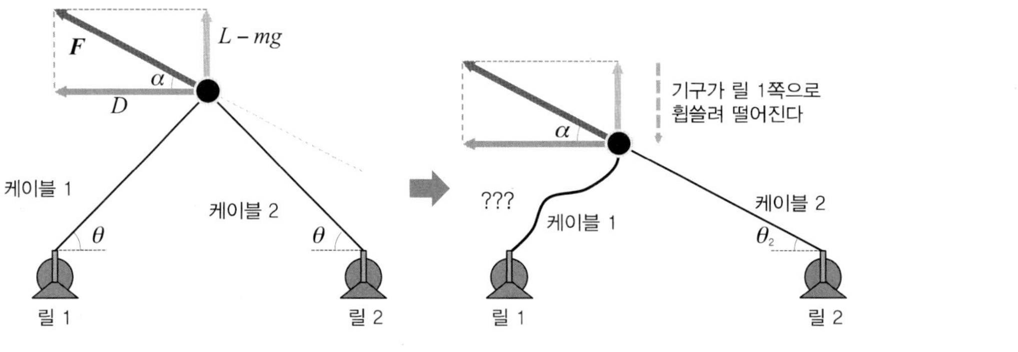


또한 그림 6.3.3의 경우, 릴간의 거리가 너무 짧으면 케이블 2를 당겨서 릴 2에서 케이블을

감아 올리려고 해도 별로 의미가 없다. 왜냐하면 어느 정도까지 감아 올리지 않으면 최대풍속에 대해서도 α가 $\theta_2$보다 작아질 수 없으며, 어느 정도까지 감아 올렸다고 하더라도 기구의 고도가 너무 낮아서 실험이 되지 않기 때문이다.

이를 방지하기 위하여 그림 6.3.4와 같이 최대풍속이 되더라도 *F*를 2개의 케이블 사이로 통과시키는 것이다. 그렇게 하기 위해서는 최대풍속을 예상하여 릴 사이의 간격을 충분히 길게 한다. 즉, 릴의 설치 위치를 넓게 확보한다. 그렇게 한다면 바람이 변화하더라도 2개의 케이블의 장력이 변화할 뿐으로 기구의 위치는 변화하지 않는다(실제로는 케이블에 작용하는 효력이 변화하기 때문에 케이블이 약간 흔들리는데, 장력이 걸려 있다면 그만큼 크지는 않다). 물론 부력 *L*을 크게 해두면 *D*가 커지더라도 *F*의 각도 α는 그만큼 작아지지 않기 때문에 기구의 위치를 안정시킬 수는 있지만, 기구의 크기나 강도에 따른 부력 *L*에도 한계는 있다. 실제로는 릴 간의 간격을 길게 하는 것이 현실적인 솔루션일 것이다.

**그림 6.3.4** 기구의 안정적인 계류

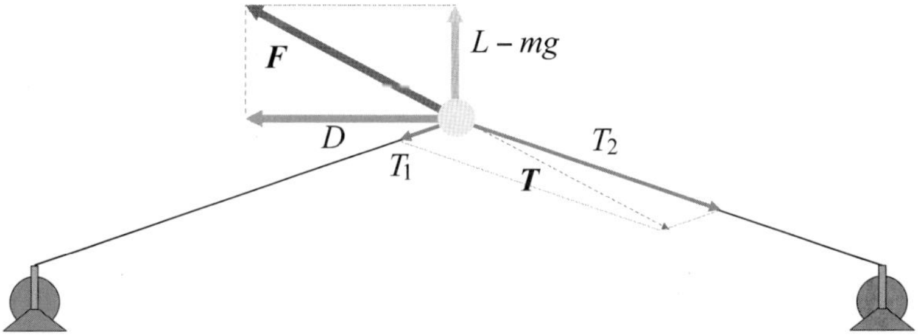


이상은 케이블이 가볍거나 기구의 부력이 충분한 경우이다. 그림 6.3.3이나 그림 6.3.4에서는 케이블을 직선으로 그렸지만, 실제는 자체하중 때문에 엄밀하게는 직선이 되지 않고, 현수곡선(Catenary)이 된다. 케이블이 가벼우면 거의 직선으로 간주할 수 있지만, 로프 등 비교적 무거운 것을 계류 케이블로 사용하면 케이블의 느슨함은 상당하다. 이 경우에는 그림 6.3.5와 같이 케이블의 각도가 크게 되어 있기 때문에 기구를 일정한 위치에 안정시키는 것은 포기하였다. 사람이 케이블을 손에 쥐고 연과 같이 기구를 조정하면서 바람에 맞추어 이동하고, 바람이 모인 순간에 커리어를 개방하여 캔위성을 떨어뜨리는 등으로 대응하자.

**그림 6.3.5** 부력이 불충분한 경우의 계류방법

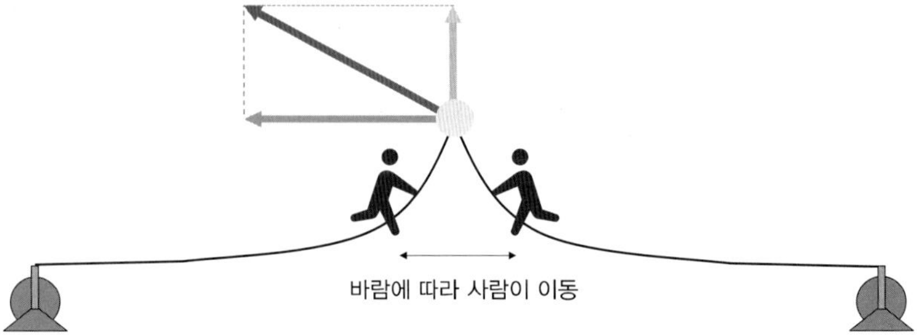


또한 본서에서는 그림 6.3.4의 방법으로 기구를 안정하게 계류하는 방법을 권한다. 그렇게 하기 위해서는 기구에 충분한 부력을 부여하는 만큼의 헬륨을 주입할 뿐만 아니라, 예를 들면 참치낚시용 낚시 줄과 같은 가볍고 고강도의 것을 계류 케이블로 사용하는 것이 중요하다.

## 6.3.2 커리어의 세팅

커리어의 세팅, 즉 커리어에 요구되는 기능의 동작을 확인하는 것에 세심한 주의를 기울일 필요가 있다. 여기에서 손을 빼면 정작 캔위성을 방출하는 타이밍에서 뚜껑이 열리지 않는 등의 결함이 발생한다. 캔위성 본체의 개발에 의식을 집중하고, 커리어의 세팅에 주의가 불충분하면 결과적으로 방출에 실패하는 일은 특히 초심자에게 흔히 보이는 광경이다.

커리어에 요구되는 기능은 다음과 같다. 또한 그림 6.3.6에 커리어의 사례를 제시한다.

- 캔위성을 수납할 수 있을 것. 로켓실험 등과의 호환성을 고려한 것이 바람직하다. 구체적으로는 수납부분의 범위는 직경 146mm, 높이 240mm 정도일 것
- 기구에 안정적으로 설치하기 위한 기능을 지닐 것. 예를 들면 커리어를 케이블에 3곳을 지지하고, 3개의 케이블을 기구 바로 아래의 케이블에 연결시키는 등
- 뚜껑을 원격으로 개방할 수 있을 것. 타이머 기능을 지니고, 타이머를 ON으로 하여 기구를 상승시켜서 소정의 고도에서 계류한 후에 자동적으로 뚜껑이 개방되거나, 지상국에서의 업링크 커맨드로 언제라도 개방할 수 있도록 한다. 타이머의 경우 기구를 상승시켜서 계류할 때까지의 시간을 사전에 확인하고, 그것에 마진을 포함한 값으로 타이머 시간을 설정할 필요가 있다.
- 풍속이나 온도 등 비행환경을 확인할 수 있는 센서 데이터를 취득할 수 있을 것(임의)
- 캔위성의 낙하산이 걸릴 수 있는 돌출부가 없을 것

**그림 6.3.6** 커리어의 사례

## 6.3.3 캔위성의 수납

캔위성을 커리어에 수납할 때 조심하여야 할 것은 방출 시에 낙하산이 커리어에 걸리지 않도록 할 것과 낙하산이 확실히 펼쳐지도록 하는 것이다. 모두 낙하산의 접는 방법과 접은 후의 수납방법에 의존한다. 낙하산은 커리어의 내경을 초과하지 않는 크기로 수납하는 것과 펼쳐지기 쉬운 접는 방법을 궁리할 필요가 있다. 또한 사전에 충분히 검증해 둔다(사전 검증에 대해서는 5장 참조).

그림 6.3.7에 캔위성을 커리어에 수납한 사례를 제시한다. 같은 커리어에 350mL의 캔위성과 오픈 클래스의 캔위성을 모두 수납할 수 있도록 하며, 350mL의 경우에는 커리어의 원통 안에 칸막이를 넣었다. 그림 6.3.7(a)에는 칸막이를 넣어 2개의 350mL 캔위성을 수납하고 있다. 뚜껑도 2개로 나뉘어져 있으며, 첫 번째의 캔위성을 낙하시킬 때에는 한쪽의 뚜껑만을 열고, 그 후에 또 하나의 뚜껑을 개방함으로써 남아 있는 캔위성이 낙하한다. 오픈 클래스의 경우에는 2개의 뚜껑이 동시에 개방된다. 이와 같이 뚜껑을 각각 개방하는 기능을 커리어에 추가함으로써 복수의 캔위성의 비행실험을 연속적으로 실시할 수가 있으며, 실험시간을 단축할 수가 있다.

**그림 6.3.7** 커리어에 캔위성을 수납한 모습

(a) 350ml의 캔위성

(b) 오픈클레스의 캔위성

## 6.3.4 기구의 상승, 계류와 캔위성의 방출

커리어를 추가한 후에 기구를 상승, 계류하는 작업은 기구의 세팅이 적절히 되었다고 한다면, 그 후에는 계류 케이블을 릴에서 안전하게 늘려가는 것이다. 기구의 하부에 지시자가 서서, 트랜시버 등으로 각 릴의 담당자에게 지시를 하면서 각 케이블을 균형 있게 신장시켜 나가면 좋을 것이다.

캔위성을 방출하는 트리거(trigger)에는 몇 가지가 있는데, 예를 들면 타이머와 무선 각각의 업링크 커맨드를 준비해 두는 방법을 권한다. 통상적으로는 업링크하면 방출되도록 컨트롤러를 프로그래밍해 둔다. 어떠한 무선장애 때문에 업링크가 통하지 않았을 경우에는 타이머로 방출시킬 수 있도록 하고 타이머에 의한 방출시간은 다소 길게 해 두는 것이 현실적일 것이다. 더욱 타이머만 있으면, 바람의 상황을 고려하여 방출할 수는 있다. 또한 방출시간을 너무 짧게 하면 기구가 계류를 마치기 전에 커리어가 방출되어 버리며, 너무 길어지면 방출되지 못하고 대기상태가 지속된다.

### 6.3.5 캔위성의 회수와 그 후의 작업

캔위성이 방출되고 나서 회수할 때까지는 확실히 사전검증을 해두면 문제가 없을 것이다. 단, 상공의 바람이 예상보다도 크고, 캔위성이 멀리 흘러갈 가능성도 있기 때문에 회수담당자는 부지의 가장 바깥쪽 또는 부지 밖에서 대기하고, 무전기나 휴대전화 등으로 회수담당 리더와 연락을 취하면서 회수에 임한다. 회수담당자 간의 연계는 실험을 원활하게 수행하기 위한 필수항목이다.

데이터를 실험현장에서 확인할 수 있는 기능을 캔위성과 간이 지상국 시스템에 구현해 두는 것은 거의 필수라고 생각하는 편이 좋을 것이다. 실험종료 후에 연구실에 돌아온 후에 데이터를 확인하는 방법도 있지만, 데이터에 결함이 있을 경우에는 대처가 어렵다. 특히 비행을 몇 번이고 실시하는 경우에는 주의가 필요하다. 첫 번째의 비행에서 데이터 수집의 결함을 현장에서 확인할 수 있다면, 그 곳에서 개수한 다음에 이후의 비행을 실시할 수 있다. 그것이 불가능하면 그 상태에서 몇 번이고 비행을 하고, 연구실로 돌아와서 모두가 실패했다는 것을 알게 된다. 이와 같은「뒷북」상황은 만들고 싶지 않을 것이다.

# 7 장

# 필드실험 후의 작업과 프로젝트 자기평가

전장까지 읽고 캔위성의 개발방법, 지녀야 할 전문지식과 생각하여야 할 필드실험수법, 사전 검증수법에 대하여 이해할 수 있었다고 생각한다. 그러나 캔위성 프로젝트에서 가장 중요한 것은 필드실험 후의 다양한 작업과 프로젝트의 자기평가이다. 프로젝트 결과를 "다음"에 활용하기 위해서는 이러한 작업은 필수이다. 필드실험 후의 작업이나 평가를 하지 않고 다음 목표에 도전한다고 하더라도 좋은 결과로는 이어지지 않을 것이다. 본 장의 내용을 이해하고 정확하게 실천하자.

# 7.1 필드실험 후의 작업의식

필드시험은 상당한 노력이 필요한 작업으로 성공했을 때의 달성감이나 기쁨, 또는 실패했을 때의 낙담, 의기소침은 모두가 크다. 특히 실패한 경우는 다음 작업으로 넘어가는데 정신적으로 힘들지만, 필드실험 결과를 해석하고 미션의 성공여부를 판단하여 다음 프로젝트에 반영할 수 있는 보고서를 남길 때까지가 프로젝트이다.

필드실험 후의 프로세스는 매우 중요하기 때문에, 여기에서 맥이 빠지지 않도록 작업을 계속하기 바란다. 다음은 필드실험 후에 해야 할 주된 작업을 설명한다.

## 7.1.1 데이터의 가시화와 해석

필드실험에서 취득한 각종 데이터는 그래프 등으로 가시화하여 「데이터에서 무엇을 읽어낼 것인가」를 명확하게 한다. 단순히 데이터를 취득할 뿐만이 아니라, 제대로 분석하여 그 목적을 달성하자. 또한 기본적으로 취득한 데이터는 A/D 변환의 출력 등 「무차원의 수치」이기 때문에 이것을 단위가 있는 물리정보로 하기 위해서는 「수치와 물리정보의 관계」를 사전에 명확히 하는, 즉 캘리브레이션(calibration) 해 두는 것도 당연히 필요하다.

컴백 경연에서는 제어가 잘 되지 않았는데도 우연히 목표지점에 착륙하는 것과 같은 「운에 의한 좋은 기록」을 배제하기 위하여 사후에 제어경력을 심사위원에게 제출하여야 한다. 이것은 예를 들면 현재위치와 속도 벡터, 목표위치의 관계를 컴백 기계가 이해하고 파악하고 있는지를 나타내는 것이다. 또한 이 정보를 바탕으로 적절한 제어목표를 설정하여 액추에이터에 올바른 제어 신호를 보내고 있다는 사실도 같이 제출한다.

컴백 기계를 비행 직후에 제출하지 않으면 순위에 들어가지 못하기 때문에 미리 「데이터 취득 후에 즉시 제출할 수 있는 템플릿」을 준비해 두는 등의 사전준비가 필요하다. 앞에서 언급한 캘리브레이션에 사후의 작업에 관해서도 사전에 준비하여야 할 것은 많다.

## 7.1.2 동작확인과 고장해석, 성공 수준의 판정

설계, 개발한 각 요소항목(예를 들면 컴퓨터나 센서의 유닛)의 작동상황을 확인하고, 정상으로 작동했는지, 이상이 생긴 경우에는 어떤 현상을 보였는지를 「성적표」와 같은 형태로 정리하면 좋다. 이상에 대해서는 그 원인을 제대로 추구하는 것이 중요하며, 그 노력이 다음으로 이어진다. 원인을 알지 못한 상태로 방치하지 않도록 주의한다.

또한 사전에 「어디까지 하면 성공수준인가」의 기준(미니멈, 풀, 어드바이스 등)을 준비해 둔다. 이 기준에 비추어 어느 수준까지 달성할 수 있는가를 객관적으로 판단한다.

### 7.1.3 프로젝트의 반성과 과제제출

다음 절에서 설명하겠지만, 프로젝트 전체적으로 잘됐다고 판단해도 좋은지, 그렇지 않았다고 한다면, 어디가 좋지 않았는지, 향후에는 어떻게 개선하는 것이 좋은지를 팀에서 논의하여 그것을 정리하여 다음 프로젝트에 반영할 수 있도록 하는 것이 중요한 작업이다. 반드시 실행하도록 하자.

### 7.1.4 보고서 작성과 보고회

스폰서나 협력해 주신 분들에게 반드시 최종보고를 한다. 보고서의 제출은 물론이고, 가능하다면 실제로 만나서 보고회(발표회)를 실시하는 것이 바람직하다. 다음에는 캔위성 프로젝트 실시를 검토하고 있는 후배에게도 참가를 독려하자.

보고회에서는 미션 창출의 경위, 그것을 실현하는 시스템을 어떻게 설계하고, 개발, 시험해 왔는가의 스토리, 취득한 데이터에서 얻어진 결과나 성과, 잘 되지 않았던 부분은 무엇이 좋지 않았는지에 대한 고장 해석 등을 이야기한다. 마지막으로 총평과 향후를 위한 제언(다음을 위한 개선점 등)을 발표하고, 청취자의 의견을 듣는다. 꼭 시간을 가지고(예를 들면 한 프로젝트당 3~4시간) 실시하기 바란다. 또한 ARLISS와 같이 많은 대학이 병행하여 프로젝트를 실시한 경우에는 한자리에 모인 합동발표회도 효과적이다.

# 7.2 프로젝트의 반성 · 과제제출의 사례

앞에서 언급한 대로, 프로젝트의 반성이나 과제제출은 곤란한 작업의 하나다. 그러나 다음으로 연결되는 중요한 순서이기 때문에 다음 사항을 참고하면서 꼭 해보기 바란다. 단, 다음에 해설하는 항목은 범용적인 사례이기 때문에, 이것 이외에도 평가항목을 적극적으로 찾아보길 바란다.

## 7.2.1 채용한 부품 · 기계나 설계에 관한 평가

채용한 부품 · 기계, 기술은 타당했었는지에 대한 여부를 평가하자. 예를 들면 어떠한 대상을 계측하는데 채용한 센서가 적절한 스펙이었는지의 여부, CPU는 능력이나 개발을 하는데 있어서 적절한 선택이었는지, 설계한 회로가 적절한 설계였는지 등 부품이나 기계의 선택, 조합, 설계 등을 평가한다.

그리고 마지막으로 정상적으로 작동한 것이라고 하더라도, 지금까지의 개발시간이나 난이도, 시험에서의 재현성 등, 그리고 개발프로세스도 포함하여 되돌아보는 것이 중요하다. 보다 쉽고 안정적인 수법은 없었는지 꼭 되돌아보기 바란다.

## 7.2.2 사전검증에 관한 평가

실시한 사전검증은 각각 충분히 시스템의 신뢰성이나 성능을 확인하는 일에 제 역할을 했는가의 여부를 반복적으로 평가한다.

시험의 내용뿐만이 아니라, 신뢰성 · 재현성을 보장하기 위하여 충분한 횟수의 시험을 할 수 있었는지도 중요한 평가항목이다. 크리티컬(critical)한 동작에 대해서는 예를 들면 10회 시험을 했는데, 10회 모두 성공하는 등의 재현성이 없으면, 실전에서는 실패하는 경우가 많다. 지금까지 충실했는가에 대한 여부를 평가한다. 또한 시험에 관해서는 무엇을 검증하기 위한 시험인지를 사전에 확실히 정의했었는지, 그 정의에 맞는 시험이었는지의 여부를 평가한다.

또한 시험을 너무 많이 함으로써 FM(Flight Model)이 피로하지 않았는지의 여부도 확인하자. 일반적으로 고장률은 그림 7.2.1과 같은 배스터브(bathtub) 곡선으로 시간 추이를 하기도 한다.

첫 번째 초기고장을 넘어서기에 충분한 시험이었었는지, 그 반대로 시험을 너무 해서 피로고장 기간에 들어가지 않았었는지를 체크하기 바란다.

**그림 7.2.1** 고장률의 배스터브(bathtub) 곡선

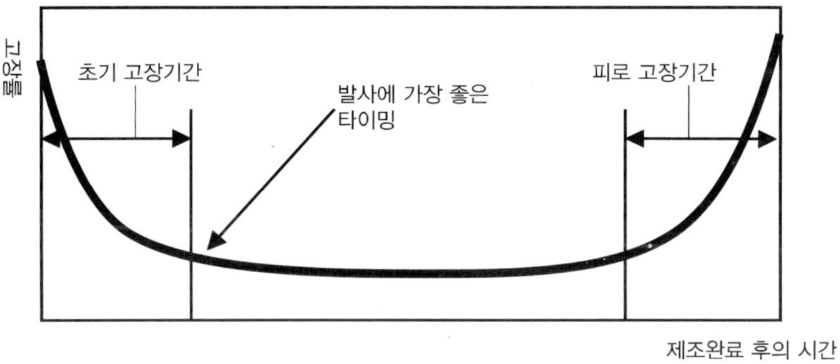


## 7.2.3 목표설정의 평가

처음에 설정한 미션이 주어진 예산이나 기간, 자신의 능력에 맞는 것이었는지를 평가하자. 처음으로 도전하는 경우는 자신의 능력을 넘는 어려운 목표를 설정하는 경향이 크다. 대학마다 선배가 실시했던 과거의 프로젝트 성과가 사전에 있기 때문에 어떻게 해서든지 그것보다 어려운 미션을 설정하지 않으면 동기를 유지할 수 없다고 생각하기 때문이다. 그러나 선배의 성과는 있다고 하더라도 이번에 실시하는 것은 프로젝트에 참가한 적이 없는 멤버다. 겸허한 마음으로 「분수에 맞는」 목표를 설정하는 것이 중요하다.

사전에 설정한 성공기준이 객관적으로 평가할 수 있는 타당한 것이었는지도 되돌아본다. 예를 들면 「컴백기계가 안정적으로 비행」한다는 수준에서는 「안정적으로 비행한다」의 정의가 명확하지 않기 때문에 클리테리아로서는 타당하지 않다. 「수평정상비행(고도의 하강률 5m/s 이하)을 20초간 유지하면서 실시할 수 있다」도 한 번이라도 GPS로 측정할 수 있으면 좋은지, 수분 동안 측정할 필요가 있는지, 또는 계측한 정밀도가 어느 정도면 좋을지 등 세세하게 규정해 두지 않으면 객관적인 평가를 할 수 없다. 결과를 해석하면서 처음에 세운 평가 기준을 다시 평가하기 바란다.

미션을 실현하기 위해서는 그것을 브레이크 다운한 요구를 도출하는 「요구분석」이 충분히

이루어져 있지 않으면 매우 막연한 개발이 되어 버린다. 어디에 주력할 것인가의 우선순위나 신축성을 첨부한 개발을 하기 위해서라도 사전에 요구분석이 충분했었는지를 되돌아보고, 제대로 평가하자.

또한 자신의 능력이 미치지 않는 목표를 설정한 경우에도 외부의 지식(잘 아는 사람)을 프로젝트에 참가시켜 그 사람에게 지도를 받으면서 진행하면 잘되는 경우도 있다. 자신이 개발을 하지 않더라도 기성품을 구입하거나 다른 대학에서 개발한 설계를 모방하면 될 수 있을지도 모른다. 목표실현을 위한 수단이 적절했는가의 여부도 함께 평가한다.

### 7.2.4 일정의 내용과 관리평가

프로젝트를 실시할 때는 미리 일정을 작성하여 그에 따라 개발을 진행해 간다. 일정에 무리가 있거나, 일정관리가 잘 되지 않으면 개발이 늦어져 필드실험의 실패로 이어진다. 계획한 일정이 적절했었는지, 일정대로 개발할 수 있었는지에 대해서는 필드실험의 결과를 바탕으로 제대로 평가하자.

프로젝트를 실시하기 전에 각 작업에 필요한 시간에 대하여 정확한 견적이 필요하다(이 브레이크 다운을 WBS라 한다). 그러나 실제로 개발 경험이 없는 초심자로서는 어느 작업에 어느 정도의 시간이 필요한지를 모르는 경우가 대부분이다. 그 결과 목표가 만만한 일정을 작성해 버리는 경우도 종종 있다. 충분한 마진을 확보했다고 하더라도 원래 작업 경험이 없는 경우에는 잘 되지 않는 경우가 대부분이다. 따라서 경험자, 지도자에게 충분한 지도를 받고, 각각의 작업에 필요한 시간에 대해서도 충분히 경청하도록 하자. 만약 시간에 제한이 있는 경우에는 여유 있는 일정이 되도록 목표를 낮추는 마음도 필요할 것이다. 또한 목표를 몇 개의 항목으로 브레이크 다운했을 때에는 「이것은 확실히 개발한다」「이것은 여유가 있으면 개발한다」와 같은 우선순위를 두는 것도 함께 검토하도록 하자.

물론 개발의 진행과 함께, 처음의 계획에서 점차 일정의 차이가 생긴다. 그 차이를 항상 인식하고 우선순위가 높은 작업부터 실시하거나, 인원 배치를 변경하는 등의 대응을 하는 것이 중요하다. 개발의 마일스톤(milestone)이 되는 기일(통합시험 등)을 지연하는 등의 중대한 결단을 할 때에는 시스템 요구나 설계의 타당성 또는 개발의 추진방법에 대한 타당성을 검토하자. 신축성이 있는 일정관리를 하기 위해서는 일정을 가시화하고, 많은 사람들과 일정을 논의할 수 있는 노력이 필요하다.

이상을 감안하여 일정을 작성, 관리할 수 있었는지를 평가하고 문제가 있었다고 한다면 어느 부분에서 어떻게 하면 좋았을까를 논의하자. 그것이 다음의 프로젝트 성공으로 이어질 것이다.

### 7.2.5 기타 프로젝트 관리의 평가

이상에서 언급한 대부분은 프로젝트 관리에 관한 것이지만, 이와 함께 다음과 같은 사항도 평가하고자 한다.

- 팀 편성이나 역할분담은 적절했는가
- 프로젝트 관리는 적절히 리더십을 발휘했는가
- 팀의 사기는 마지막까지 유지되었는가
- 팀 내의 정보공유에 문제는 없었는가
- 각각의 작업에 필요한 시간이 예측과 실제에서 어떻게 달라졌는가
- 예산의 할당과 관리는 적절했는가
- 문서관리는 적절히 이루어졌는가
- 외부로의 정보발신은 필요 충분했는가
- 스폰서 등 도움을 받은 사람에 대한 배려는 충분했는가

## 7.3 실패 사례에서 배우는 결함 대책

마지막으로 과거의 캔위성에서의 실패사례를 바탕으로 몇 가지 중요하게 고려하여야 할 것을 열거해 둔다.

### 7.3.1 낙하산, 파라 포일의 트러블 대책

낙하산이나 파라 포일 등 캔위성에게 실험시간을 확보하고 안전하게 회수하기 위한 크리티컬한 요소이며, 일반적으로 시스템이 아닌 「단일 고장점」이다. 그럼에도 불구하고 그 설계나 해석에 충분한 시간이 할애되지 않는 경우가 많다.

낙하산이 펼쳐질 때의 충격에 견딜 수 있는 구조로 되어 있는가, 특히 낙하산 끈과 캔위성 접합부의 구조가 충분한 강도를 확보한 상태인지를 확인하자. 캔위성 방출 속도(로켓에서 화약으로 방출하는 경우는 상당히 빠를 것이 예상된다)로부터 펼쳐질 때의 충격을 계산하고, 끈이 그에 따라 끊어지지 않고 캔위성 본체와의 접합부에 힘이 미칠 때에 충분히 견딜 수 있는 강도 계산과 구조설계가 필요하다.

낙하산이 접혀서 수납된 후, 낙하 시에 올바르게 펼쳐질까도 체크하자. 접는 방법에는 노하우가 있기 때문에 경험자에게 배우고 습득하는 것이 지름길이다.

파라 포일은 전개가 매우 어렵고 어중간한 전개로 빙빙 돌면서 낙하하거나 또는 전개되기 전에 많은 끈이 얽히거나 하는 문제가 자주 일어나고 있다. 전개를 위해서는 파라 포일 사이에 바람이 확실히 들어갈 수 있도록 접는 방법을 검토함과 동시에 적절한 강성소재의 검토가 필수적이다. 끈이 얽히는 문제에 대해서는 끈의 수를 가능한 적게 함과 동시에 캔위성 상부에 호스를 자른 것과 같이 원통형의 끈 수납부를 두고, 파라 포일의 전개에 맞추어 끈이 도출되도록 하는 연구가 효과적이다.

또한 필요 낙하속도를 가정한 낙하산 크기의 설계가 필요하다. 고도와 필요한 실험시간으로 낙하속도를 설계하고, 그것을 실현하는 낙하산 면적을 도출한다. 면적이 크면, 바람 때문에 옆으로 흘러가는 거리도 커지는 것에 주의하기 바란다.

## 7.3.2 환경조건의 정의와 대책

예를 들면 컴백 기계의 경우에 어느 정도의 바람의 힘이면 목표지점을 향해 갈 수 있는 능력을 지닐 것인가 등 환경에 관한 경계조건을 정의하고, 그 속에서 설계를 실시한다. 파라 포일을 사용하는 경우에 당연히 어떠한 바람에도 대응할 수 있게 만들 수는 없다. 그러나 지금까지의 컴백 기계를 보고 있으면, 아무런 정의도 하지 않은 상태에서 개발하고, 바람의 상황을 무시하고 비행시켜 좋은 성과를 내지 못했던 경우가 많다. 미리 설계조건으로 「이 정도 바람의 강도라면 대응할 수 있다」고 정의하여 개발하고, 현지에서는 바람의 강도를 항상 모니터하여 「이 정도 바람의 강도 이하일 때만 비행시킨다」라는 자세가 필요하다.

컴백하는 로버에 관해서도 마찬가지로 「이 정도 깊이의 바퀴자국」까지라면 대응할 수 있다, 라는 경계조건을 정의해 둔다. 현지에서 가서 그 이상의 바퀴자국이라면 어쩔 수 없이 포기하자. 과거 어느 정도의 바퀴자국의 깊이가 많은지 통계적인 데이터를 찾아 「이 정도의 깊이까지는 극복할 수 있다면 이 정도의 확률로 대응할 수 있다」는 검토를 하여 경계조건을 설정하는 것이 공학적인 접근이라고 할 수 있을 것이다.

또한 소프트웨어 검증의 경우는 마이콘에 더미(dummy)의 입력데이터를 제공함으로써 실제의 환경조건을 모의하는 것이 유효하다. 일본 국내에서는 ARLISS와 같은 광대한 환경을 모의할 수 없기 때문에 이동거리가 증가했을 때의 처리에 버그가 생긴다거나, 동경과 서경의 전환을 잘못하는 등의 실패는 이 방법으로 피할 수가 있다.

### 7.3.3 전자계의 결함 대책

전자계 결함의 대부분은 단선, 접촉 불량, 납땜의 불량 등 초보적인 실수가 원인이다. 특히, 사전 실험에서는 확실했어도 사막 등과 같은 필드에서의 최종 조립 시에 이와 같은 결함이 발생하는 경우가 많다. 이와 같은 필드는 조립을 하는 장소로서는 최악이기 때문에 가능한 그와 같은 장소에서의 작업을 최소화하는 연구가 필요하다. 더구나 현장에서는 납땜을 하는 상황은 철저하게 피해야 한다. 그러기 위해서는 현장에서의 작업이 없는(스위치를 넣는 것만) 것이 바람직하며, 예컨대 작업을 해야 하는 경우라 하더라도(예를 들면 첫 번째의 비행에서 파손되어, 급히 개수해야 하는 경우라도) 재현성이 높은 모듈과 같은 방법으로 대응하도록 하자.

또한 ARLISS의 경우에 로켓은 커다란 가속도(8G 이상)와 심한 랜덤진동(25Grms 이상)을 초래하기 때문에 상기의 오류가 그것 때문에 발생하는 경우도 많다. 가속도에 대한 시험은 어렵기는 하지만, 사전에 이 로켓의 환경조건을 입력한 진동시험을 하여야 할 것이다. 또한 로켓 안은 고온으로 인하여 결함이 생기는 전자계도 있다. 허용온도범위가 넓은 부품이 바람직하다. 이것도 앞에서 언급한 환경조건의 정의도 과제라고 할 수 있다.

더욱이 전자계 부품이나 통신기 · 센서 등을 구입한 때에는 스펙 시트를 믿지 말고, 반드시 시험을 하여 스펙 시트대로의 성능인가를 확인할 필요가 있다. 그러한 시험의 부족으로 실패한 사례도 많다.

### 7.3.4 GPS 리시버(receiver)의 결함 대책

컴백 기계 등에서는 GPS가 수신되지 않는 문제가 자주 발생된다. 예를 들면 CPU 등의 클럭의 배수가 GPS의 주파수(L 밴드)와 겹치면, GPS 안테나를 통하여 잡음이 들어와 수신할 수 없는 경우가 있다. 클럭의 주파수를 바꾸던가, CPU나 발진회로를 알루미늄 포일로 덮어서 차폐하는 것으로 대응하자.

컴백 기계의 자세가 불안정하여 안테나의 방향이 안정되지 않는 경우는 어떤 때에 수신하고 있는 GPS 위성이 다음 타이밍에서는 수신하지 않게 되는데, 이와 같은 상황이 반복되어 정상적인 계측(4기 이상의 GPS 위성의 잠금)을 할 수 없는 경우도 있다. 안테나의 시야를 넓히는 것과 가능한 한 안테나의 방향을 안정화시키는 것으로 대응하자.

또한 GPS는 콜드 스타트(cold start) 시에는 위성 신호를 잡을 때까지 시간이 걸린다(길 때는 수십 분). 따라서 최소한 발사 전에 계측이 완료된 상태에서 스위치를 OFF로 하거나, 로켓이나 기구에 넣은 상태에서도 GPS 리시버만큼은 동작을 계속하게 하고자 한다.

더욱이 안테나 게인의 문제로 수신하지 못하는 경우도 있다. 이 경우는 소형 간이 안테나가 아닌, 다소 커다란 게인이 좋은 안테나로 바꾸던가, 안테나의 동축케이블이 작은 반경으로 접혀 있지 않은지를 확인할 필요가 있다.

## 7.3.5 컴백 기계의 실험 횟수

플라이 백(날아서 돌아옴) 타입의 컴백 기계의 경우는 상공까지 올려야 하기 때문에 사전의 end-to-end 실험(전원 ON에서 실험을 종료하고 전원을 OFF할 때까지의 동작실험)을 좀처럼 할 수 없는 경우가 많아서, 그것이 좋지 않은 성적으로 이어지고 있다. 한편, 로버 타입은 사막을 모의한 주행환경을 만들면 얼마든지 실험할 수 있기 때문에 최근에는 압도적으로 좋은 성과를 거두고 있다. 많은 대학이 공동으로 사전실험의 기회를 여러 번 만들어 내는 등의 연구가 필요할 것이다.

한편, 로버 타입의 경우에 흔히 일어나는 실패는 낙하산이 먼저 착륙한 로버 위에 떨어져 로버와 낙하산이 얽혀버리는 경우이다. 확실하게 피할 수 있는 설계를 한 다음에 간이적인 낙하실험을 반복하며, 최소한 10회 연속으로 성공하는 정도의 재현성을 확보하여야 한다.

통합시험에서도 이와 같은 재현성의 확보(언제나처럼 성공하는 상태를 실현하는 것)는 매우 중요하다. 1, 2회 성공했다고 해서 필드실험에 임하고자 한다면 성공은 어려울 것이다.

## i-캔위성 부품리스트(2014년 7월 현재)

| 기판명칭 | 부품명칭 | 비고 | 형 번 | 메이커 | 입수 처 | 품 번 | 개수/식 | 구입 단위 |
|---|---|---|---|---|---|---|---|---|
| COMM | LED | 빨강 | SLR-332VC3F | 롬 | RS | 320-8645 | 1 | 10 |
| | LED | 주황 | SLR-332DC3F | 롬 | RS | 320-8601 | 1 | 10 |
| | LED | 황색 | SLR-332YC3F | 롬 | RS | 320-8673 | 1 | 10 |
| | LED | 녹색 | SLR-332MC3F | 롬 | RS | 320-8623 | 1 | 10 |
| | MOSFET | N-ch | 2SK4019(Q) | 도시바 | RS | 601-2217 | 1 | 10 |
| | 저항 | 330Ω | CFSI/4C3300J | KOA | RS | 491-2503 | 4 | 20 |
| | 스위치 | ON-ON | G-12AP | NKK | RS | 354-2721 | 1 | 1 |
| | 통신기 | XBee | MODULE XBEE PRO ZNET 2.5W/WHIP | Digi | Digi-Key | XBP24-BWIT-004-ND | 1 | 1 |
| | 어댑터 | XBee | XBEE ADAPTER BOARD | PARALLAX | Digi-Key | 32403PAR-ND | 1 | 1 |
| | GPS | GPS | GT-723F | CanMore | 아키즈키 | M-04554 | 1 | 1 |
| PWR | 칩 콘덴서 | 4.7uF | C2012X7R1A475M125AC | TDK | RS | 741-4598 | 3 | 100 |
| | 칩 콘덴서 | 1uF | C2012X7R1C475M125AA | TDK | RS | 741-4608 | 1 | 100 |
| | 칩 LED | 빨강 | SML-210VTT86 | 롬 | RS | 694-2789 | 1 | 5 |
| | 커넥터 | MiniUSB-B | UX60SC-MB-5ST | 히로세전기 | RS | 772-6774 | 1 | 5 |
| | 칩 저항 | 470Ω | ERJS06J471V | 파나소닉 | RS | 520-6095 | 1 | 50 |
| | 칩 저항 | 2.7kΩ | ERJS06J272V | 파나소닉 | RS | 520-6297 | 1 | 50 |
| | 충전제어 IC | Max. 500mA | MCP73831T-2DCI/OT | 마이크로칩 | RS | 724-0599 | 1 | 5 |
| | 레귤레이터 | 3.3V | MCP1826S-3302E/DB | 마이크로칩 | RS | 669-5178 | 1 | 5 |
| | 배터리 | LiPo | - | - | - | - | 1 | 1 |
| OBC | 콘덴서 | 0.1uF | RPER71H104K2K1A03B | 무라다(村田)제작소 | RS | 721-5256 | 1 | 50 |
| | 저항 | 1kΩ | CFS1/4C1001J | KOA | RS | 491-2581 | 2 | 20 |
| | 릴레이 | 2극 | G3VM-62C1 | 옴론 | RS | 683-9047 | 1 | 1 |
| | EEPROM | 1,024kbits | 24LC1025-1/P | 마이크로칩 | RS | 454-145 | 1 | 1 |
| CAM | 카메라 | 카메라 | - | - | - | - | 1 | 1 |
| | 메모리카드 | MicroSD | - | - | - | - | 1 | 1 |

| 기판명칭 | 부품명칭 | 비고 | 형 번 | 메이커 | 입수 처 | 품 번 | 개수/식 | 구입 단위 |
|---|---|---|---|---|---|---|---|---|
| PIC_ Board | 칩 저항 | 4.7kΩ | ERJS03J472V | 파나소닉 | RS | 520-5104 | 1 | 50 |
| | 칩 저항 | 10kΩ | ERJS03J103V | 파나소닉 | RS | 520-5115 | 1 | 50 |
| | 칩 저항 | 5.1kΩ | ERJS03J512V | 파나소닉 | RS | 520-5020 | 3 | 50 |
| | 칩 저항 | 47kΩ | ERJS03J473V | 파나소닉 | RS | 520-5288 | 2 | 50 |
| | 칩 저항 | 150Ω | ERJS03J151V | 파나소닉 | RS | 520-4617 | 1 | 50 |
| | 칩 콘덴서 | 12pF | C1608CH1H120J | TDK | RS | 601-0227 | 2 | 50 |
| | 칩 콘덴서 | 0.1uF | C1608X7R1H104K | TDK | RS | 111-810 | 1 | 100 |
| | 칩 콘덴서 | 1,000pF | C1608CH1H102J | TDK | RS | 601-0211 | 1 | 50 |
| | CPU | PIC | PIC16LF877A-1/PT | 마이크로칩 | RS | 653-3966 | 1 | 1 |
| | 수정발진자 | 10MHz | CX8045GB10000H0 HEQZ1 | 교세라 | RS | 693-6214 | 1 | 1 |
| 공통 | 저항 | 47kΩ | CFS1/4C4702J | KOA | RS | 491-2865 | 5 | 20 |
| 계장 | 커넥터 | 8극 수컷 | HER-8 | JST | RS | 311-6265 | 8 | 10 |
| | 커넥터 | 8극 암컷 | B8B-EH(LF)(SN) | JST | RS | 546-8287 | 8 | 10 |
| | 커넥터 | 6극 수컷 | HER-6 | JST | RS | 311-6243 | 1 | 10 |
| | 커넥터 | 6극 암컷 | B6B-EH(LF)(SN) | JST | RS | 546-8265 | 1 | 10 |
| | 커넥터 | 4극 수컷 | HER-4 | JST | RS | 311-6221 | 1 | 10 |
| | 커넥터 | 4극 암컷 | B4B-EH(LF)(SN) | JST | RS | 539-5151 | 1 | 10 |
| | 커넥터 | 2극 수컷 | HER-2 | JST | RS | 311-6209 | 1 | 10 |
| | 커넥터 | 2극 암컷 | B2B-EH(LF)(SN) | JST | RS | 546-8237 | 1 | 10 |
| | 커넥터 | EH용 | BEH-001T-P0.6 | JST | RS | 490-6968 | 2 | 1 |
| | 핀 헤더 | 5극 앵글 | 826949-5 | TE Con-nectivity | RS | 681-2553 | 1 | 10 |
| | 핀 헤더 | 36극 | M20-9993645 | RS | RS | 547-3150 | 1 | 1 |
| | 핀 소켓 | 36극 | M20-7823646 | RS | RS | 488-1724 | 2 | 2 |
| | 케이블 | 플랫 9극 | 3302-16 100FT | 3M | RS | 120-8485 | 1 | 1 |
| 구조 | 스페이서 | M2-20mm 양 암나사 | AS-2020 | 히로스기 계기 | 히로스기 계기 | - | 3 | 50 |
| | 스페이서 | M2-20mm 양 수나사 | BS-2020E | 히로스기 계기 | 히로스기 계기 | - | 9 | 50 |
| | 스페이서 | M230mm 암수 | BS-2020E | 히로스기 계기 | 히로스기 계기 | - | 3 | 50 |

| 기판명칭 | 부품명칭 | 비고 | 형 번 | 메이커 | 입수 처 | 품 번 | 개수/식 | 구입 단위 |
|---|---|---|---|---|---|---|---|---|
| 구조 | 나사 | M2황동 세트 냄비 12mm | B-0212-SN | 히로스기 계기 | 히로스기 계기 | – | 6 | 50 |
| | 나사 | M3황동 세트 냄비 6mm | B-0306-SN | 히로스기 계기 | 히로스기 계기 | – | 3 | 50 |
| | 너트 | M3황동 (1종) | BNT-17 | 히로스기 계기 | 히로스기 계기 | – | 3 | 50 |
| | 비라칸 | – | P-147 | 닛사 체인 | MonotaRO | 58924756 | 3 | 6 |
| | 낙하산 | – | 36 inch white parachute | Aerocon Systems | Aerocon | PAR 36wh | 1 | 1 |
| 지상국 | 통신기 | XBee | MODULE XBEE PRO ZNET 2.5W/WHIP | Digi | Digi-Key | XBP24-BWIT-004-ND | 1 | 1 |
| | 개발 보드 | XBee | BOARD USB ZIGBEE MOD PRO | Digi | Digi-Key | XBIB-U-ND | 1 | 1 |
| 개발 키트 | PICkit3 | – | PICkit | 마이크로 칩 | 아키즈키 | M-03608 | 1 | 1 |

## 입수처 일람

| 기호 | 입수처 | 홈페이지 |
|---|---|---|
| RS | rs-components(주) | http://jp.rs-online.com/ |
| Digi-Key | DigiKey(Digi- Key Corporation) | http://www.digikey.jp/ |
| 아키즈키(秋月) | (주) 아키즈키 전자통상 | http://akizukidenshi.com/ |
| 히로스기(廣杉) 계기 | ㈜히로스기 계기 | http://www.hirosugi.co.jp/ |
| MonotaRo | ㈜모노타로(MonotaRo) | http://www.monotaro.com/ |
| Aerocon | 에로콘 시스템스(Aerocon Systems) | http://aeroconsystems.com |
| | 스위치 사이언스<br>(전자 부품과 마이콘, XBee 통신기 등) | http://www.switch-science.com |

| 부품명칭 | 비고 | 형 번 | 개수 |
|---|---|---|---|
| 너트 | | M2 | 20~25 |
| 둥근머리 십자볼트 | | M3 * 5 | 8 |
| 둥근머리 십자볼트 | | M2 * 10 | 20~25 |
| 블루투스, 무선 RS232전용 | | PARAN-SD1000U | 1 |
| 블루투스 임베디드 모듈<br>(안테나, 연결 케이블 포함) | | PARANI-ESDv2-01 | 1 |
| 핀 헤더 | | Single 1x40 (2.54mm) | 1 |
| 점퍼용 소켓 | | Single 1x4P | 5 |
| 점퍼용 소켓 | | Single 1x6P | 5 |
| | | | |
| 벽걸이형 아답터 | | TY-402 | 1 |
| 빛 감지 센서 | | CdS, 9P5-C | 1 |
| 온도 센서 | | LM35DZ | 1 |
| GPS 모듈 | 수작업 필요 | KGM4646XS4 | 1 |
| RS232C 카메라 | TTL버전 | SCAM-60 | 1 |
| IMU | | EBIMU-9DOFV2 | 1 |
| DC아답터 헤더 소켓 | | DC-025A | 1 |
| 토글 스위치 | | MTS-102 | 1 |
| PCB서포트 | | M-25mm(3파이) | 8 |
| PCB서포트 | | F-20mm(3파이) | 4 |
| PCB서포트 | | M-7mm(3파이) | 4 |
| 9V배터리 홀더 | | FC-1 | 1 |
| 아두이노 보드 | | OrangeBoard<br>Mega Compact | 1 |
| 아두이노 확장 쉴드 | | BreadBoard Shield | 1 |
| 저항 | | 10KΩ | 2 |
| 몰렉스 | | YMH025-02R | 1 |
| 몰렉스 | | YMH025-03R | 1 |
| 점퍼용 클림프 | | CH254 | 15 |
| 점퍼 케이블 | 7mm | GSH-70104 | 10 |
| 점퍼 케이블 | 150mm | | 12 |
| 랜 케이블 | 단선 | | |
| 캔셋 외부 프레임(Top) | 3D printer 출력물 | | 1 |
| 캔셋 외부 프레임(Center) | 3D printer 출력물 | | 1 |
| 캔셋 외부 프레임(Center) | 3D printer 출력물 | | 1 |
| 캔셋 외부 프레임(Bottom) | 3D printer 출력물 | | 1 |

# 8
장

# 아두이노 오렌지보드 메가컴팩트를 이용한 캔위성(CanSat) 만들어보기

본서에서는 국내에서 구매가 가능한 부품들로 캔위성을 만드는 과정을 소개한다. 특히 쉽게 구할 수 있는 아두이노를 활용하여 국내 캔위성 체험·경연대회(http://cansat.kaist.ac.kr/)(하이퍼링크 연결 안됨)에서 사용하는 캔위성 기본 키트와 유사한 기능을 하는 캔위성을 제작하는 과정을 소개한다.

국내 캔위성 대회의 캔위성 기본키트는 본체, 탑재체, 지상국으로 구성되어 있다.

본체는 구조부, 전력부, 통신부, 데이터 처리부, 기본 센서로 구성되어 있다. 구조부는 캔위성의 구조적 보호 기능을 수행하고, 전력부는 캔위성 키트 내부에 적절한 전력을 공급하며, 통신부는 블루투스를 활용하여 지상국과의 무선 통신 기능을 수행하며, 데이터 처리부는 필요한 데이터를 획득하고, 이를 통신부로 전달하는 기능을 수행한다. 캔위성 기본 키트의 기본 센서로서는 자세센서(IMU), 위치센서(GPS), 조도센서(CdS)로 구성되어 있다.

탑재체는 카메라를 가지고 있으며, 지상국은 통신부와 관제 및 데이터 처리부로 구성되어 있다.

**그림 1** 대회용 캔위성 기본 키트구성

본서에서 제작할 캔위성 역시 본체, 탑재체, 지상국으로 구성된다. 본체 구조부의 주요 외곽 구조물은 3D 프린터 또는 아크릴 출력물을 이용하며, 주요지지 구조물은 금속 서포트를 이용한다. 전력부 내부 배터리는 대회와 같은 9V 배터리를 사용하며, 전원의 변환은 아두이노 보드에 내장되어 있는 전원 변환 모듈을 활용하여 5V와 3.3V 전원을 생성한다. 데이터 처리부는 오렌지보드 컴팩트를 사용하며, 자세센서(IMU), 위치센서(GPS), 조도센서(CdS)와 추가적으로 디지털 습도 온도 센서(DHT)를 사용한다. 탑재체는 대회에서 사용하는 카메라를 사용하며, 지상국도 대회에서 사용하는 통신부와 관제 및 데이터 처리부를 그대로 사용한다.

단, 오렌지보드 컴팩트를 사용하므로 대회 캔위성과 유사한 기능을 할 수 있으나, 탑제체의 처리속도와 같은 전반적인 성능은 다소 차이가 있을 수 있다.

**그림 2** 본서에서 제작할 캔위성

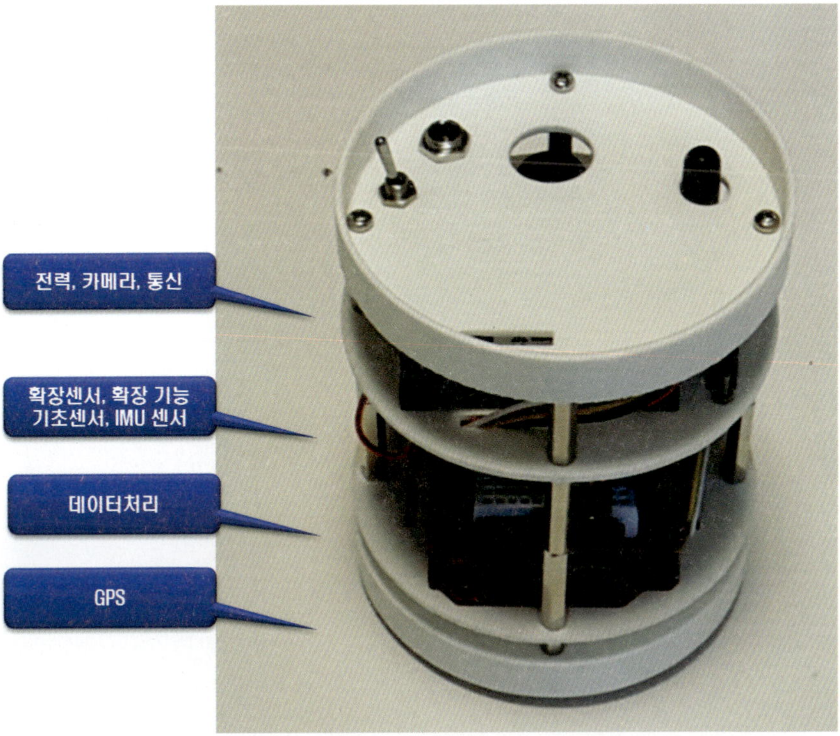

| 구성요소 | 대회 | 제작 | 비고 |
|---|---|---|---|
| 구조부 | 대회 금속 가공물<br>금속 서포트 | 3D 프린터 출력물<br>(아크릴 가공품)<br>금속 서포트 | |
| 전력부 | 9V 배터리<br>전원변환소자 | 9V 배터리<br>오렌지보드활용<br>(아두이노) | |
| 통신부 | BT 사용 | BT 사용 | 동일 부품 |
| 데이터처리부 | 자체보드<br>(Atmega128)<br>11M 클럭 | 오렌지보드 컴팩트<br>(아두이노메가2560)<br>16M 클럭 | 클럭이 다름 |
| 기본 센서 | 자세센서(IMU)<br>위치센서(GPS)<br>조도센서(CDS) | 자세센서(IMU)<br>위치센서(GPS)<br>조도센서(CDS)<br>온습도센서(DHT) | 9600bps 사용<br>추가사용 |
| 탑재체 | 카메라 | 카메라 | TTL 통신,<br>9600bps 사용 |
| 지상국 | BT 사용<br>자체 SW 사용 | BT 사용<br>대회 SW 사용 | 동일 부품<br>동일 SW 사용 |

# 8.1 캔위성 구조물 제작

본서에서는 캔위성 체험·경연대회 공식 홈페이지인 http://cansat.kaist.ac.kr 온라인 교육자료에서 기타자료에서 제공하는 "아두이노보드를 이용한 캔위성 만들기"에서 제공하는 3D 파일(*.stl)을 활용하여 구조물을 제작한다.

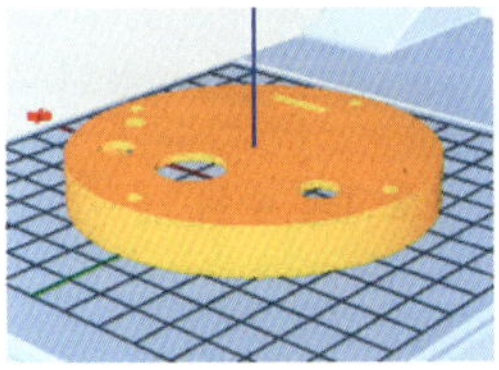

1. Bottom

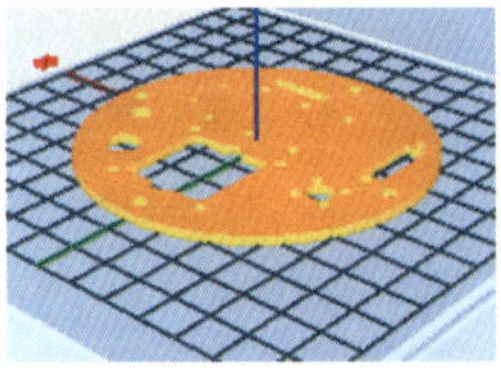

2. Camera_Board

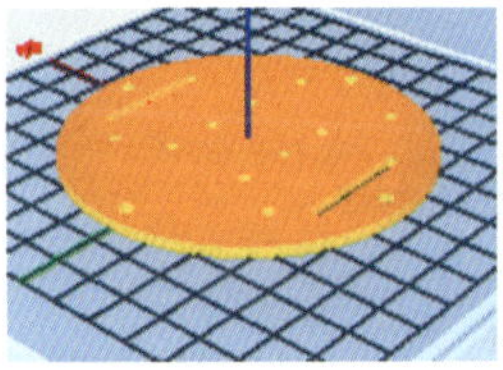

3. Main_Board

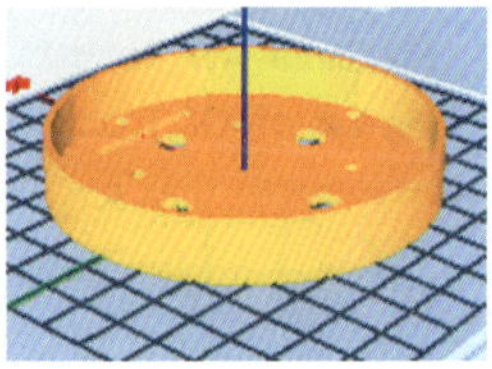

4. Top

그림은 캔위성 구조물로 제공하는 STL 4가지 형상을 나타내고 있다.

[1]은 캔위성아래 아랫면(Bottom) 형상으로 전원 스위치와 외부 전원 입력 단자가 장착된다.

[2]는 1층(Camera_Board) 형상으로 블루투스 통신 모듈, 안테나, 배터리 케이스, 카메라가 장착된다.

[3]은 2층 (Main_Board) 형상으로 아두이노 보드가 장착된다.

[4]는 윗면(Top) 형상으로 GPS가 장착된다.

고려 사항으로 3D 프린터로 출력할 경우물체의 넓은 바닥면을 아래로 하여 출력하면 보다 좋은 결과물을 생성할 수 있다.

**그림 4** 3D 프린트 사용

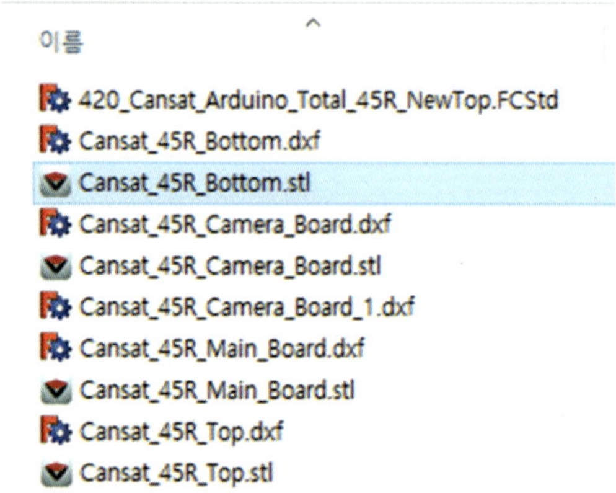


1. STL 파일 선택

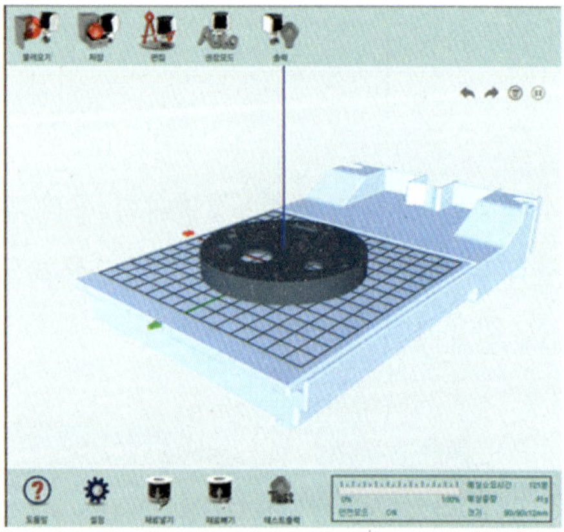

2. 3D 프린터 출력 프로그램 수행

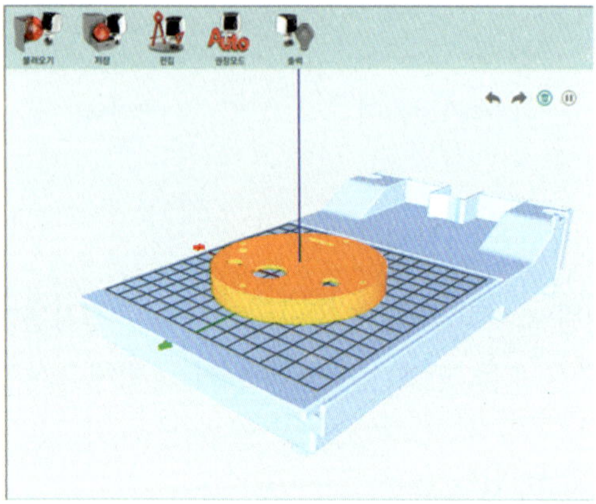

3. 모델파일 선택

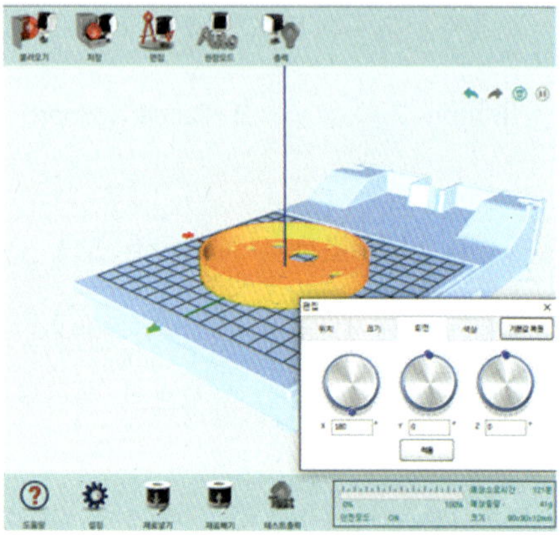

4. 모델 X축 180도 회전

그림은 넓은 바닥면으로 출력하는 과정을 예로 기술하고 있다.

[1]에서 3D 모델 파일인 Cansat_45R_Bottom.stl 파일을 클릭하여 3D 프린트용 프로그램을 실행한다.

[2]는 3D 모델 파일을 읽어 들인 모습이다. 만일 그대로 출력할 경우, 3D 공간을 채우기 위한 추가적인 서포트 등의 추가 출력이 필요하므로

[3]에서 출력할 3D 객체를 선택하고, 편집 기능을 이용하여

[4]에서 X축을 기준으로 180도 회전하여 아랫면을 바닥에 닿게 하여 3D 프린터로 출력한다.

추가적으로 설계 원본 파일로 .FCStd 파일이 있다. FreeCad SW로 작업한 파일이며, 필요한 SW는 http://www.freecadweb.org(링크 확인)에서 무료로 다운로드 받아서 사용할 수 있다. 만일 FreeCad를 이용하여 구조적으로 필요한 설계 변경 작업을 수행하였다면, 원하는 부분만 STL 파일로 저장하여 출력할 수 있다. STL 파일로 저장은 원하는 부분만 보이게 한 후, CTRL+A 버튼으로 모델을 선택하고

**Menu〉File 〉 Export 〉 파일 형식에서 Mesh Format(*.stl… )을 선택 〉 저장할 파일 이름 선정〉 저장**

을 실행하여 생성할 수 있다.

## 8.2 회로도

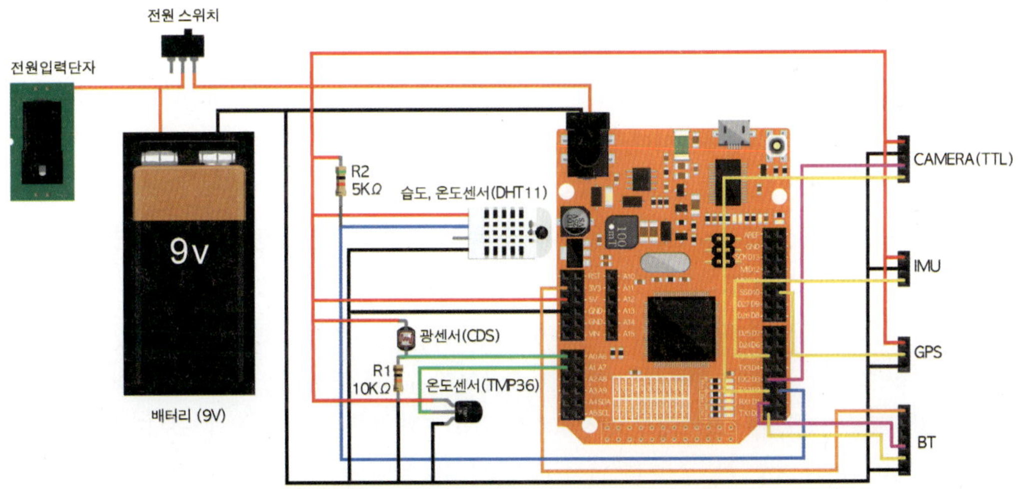


본서에서 사용할 전기적인 회로도를 나타내고 있다. 위 회로도에서 전력부 부분을 왼쪽 부분부터 살펴보면, 전원 입력 단자로 전원이 입력되고, 이는 배터리에 직접 연결되어 충전이 가능하다. 이때 입력단의 방향이 바뀌지 않고, 과충전이 되지 않도록 주의해야 한다. 특히 **리튬폴리**

**며 9V 배터리의 경우 8.4V를 초과할 경우 폭발할 수도 있으니 전용 충전기를 사용하거나 외부 전압이 8.4V를 넘지 않도록 주의하여야 한다.** 배터리 전압은 전원 스위치를 거쳐서 아두이노 보드의 전원 입력단에 공급되며, 아두이노 보드에서 필요한 5V 전압과 3.3V 전압을 생성한다. 5V 전압을 사용하는 소자로는 온습도센서, 광센서, 온도센서, 카메라, IMU, GPS 등이 있으며, 3.3V 전압을 사용하는 소자로는 블루투스(BT)가 있다. 특히 **BT는 3.3V를 사용함에 유의한다.**

아두이노 보드의 아날로그 포트를 직접 사용하는 센서로 광센서와 온도센서가 있다. 광센서는 빛의 양에 따라서 저항값이 바뀌는 소자로서 5V 전압, 센서, 10KΩ의 저항, GND 순으로 연결하여 광센서의 저항을 전압으로 변환하며, 센서와 10KΩ 사이를 아두이노 보드의 A0핀에 연결하여 아날로그 값을 획득한다. 온도 센서는 5V 전압, 센서 출력, GND 순으로 핀이 배열되어 있으며, 센서 출력을 A1핀에 연결하여 아날로그 센서 값을 획득한다.

아두이노 보드의 디지털 포트를 이용하는 센서로는 온습도 센서 DHT11이 있다.

온습도 센서 DHT11은 5V 전압, 제어신호, No Connect, GND 순으로 핀이 배열되어 있으며, 제어신호에 디지털 2번 PIN과 5KΩ의 저항(풀업저항)을 연결하여 회로를 구성한다. 센서에서 제공하는 습도와 온도 센서는 2번 핀을 제어하여 획득할 수 있으며, 이 센서 값은 캔위성 SW에서 아날로그 값 A6와 A7로 할당하여 지상국에서는 아날로그 값 ATLM6, ATLM7으로 확인한다.

시리얼 통신을 이용하는 모듈로는 블루투스, 카메라, IMU, GPS 모듈이 있다.

블루투스 모듈(BT)은 오렌지보드 컴팩트에 내장되어 있는 4개의 통신 포트 중에서 1번 포트를 사용하며, 지상국과의 통신을 담당한다. 필요한 연결로는 3.3V 전원, 보드에서 전송(TX1), 보드에서 수신(RX1), GND 4개이다. 특별히 BT가 3.3V 전원을 사용하는 것에 주의를 하며, TX1은 BT의 RX와 연결, RX1은 BT의 TX와 연결한다.

카메라 모듈은 통신 포트 2번을 사용하여 영상 획득하는 일을 담당한다. 필요한 연결로는 5V 전원, 보드에서 전송(TX2), 보드에서 수신(RX2), GND 4개이다. TX2는 카메라의 RX, RX2는 카메라의 TX와 연결한다.

IMU 모듈은 통신 포트 중 3번 통신 포트를 사용하여 위성의 자세를 획득하는 일을 담당한다. 필요한 연결로는 5V 전원, 보드에서 수신(RX3), GND 3개이다. IMU는 브레드보드에 장착하여 사용하며, 5V, GND, TX, RX 순으로 핀이 배열되므로, 보드의 5V 단자를 5V에, GND 단자를 GND에, RX3 단자를 TX에 연결한다.

GPS 모듈은 통신 포트를 사용하여 위성의 위치를 획득하는 일을 담당한다. 오렌지보드 컴팩트에 내장되어 있는 통신포트는 0, 1, 2, 3번 4개이며, 0번은 아두이노 보드를 프로그램하기 위한 USB 포트에 할당하였기 때문에 추가적으로 소프트웨어에 의한 가상 통신 포트를 사용한다.

필요한 연결로는 5V 전원, 보드에서 수신, GND 3개이며, 보드에서 수신은 디지털 10번 핀에 연결한다.

## 8.3 모듈 준비

캔위성 조립을 위해 시중에서 구매 가능한 소자 이외에 이 소자들의 연결을 위한 납땜이나 배선 준비가 필요하다.

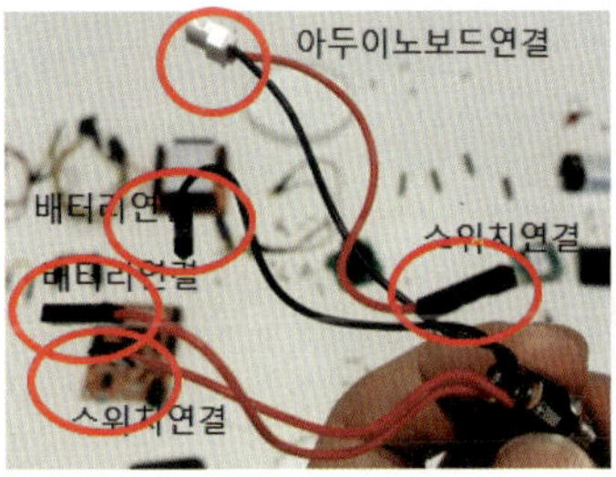

1. 전원 소켓 준비

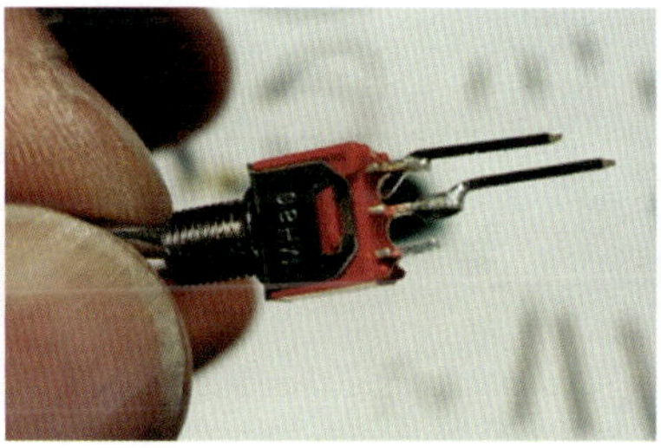
2. 전원 스위치 준비

3. GPS 준비

[1]은 전원 입력 커넥터와 케이블이다. 전원 입력 단자의 +는 빨간색 −는 검은색 선과 연결되며, 각각 빨간색 2개, 검은선 2개를 납땜하여 사용한다. 빨간색선 1개는 배터리(+)와 연결, 다른 1개는 전원 스위치와 연결용이다. 검은색선 1개는 배터리(−)와 연결, 다른 1개는 보드와 연결용이다. 보드 연결용 검은색 선은 2홀 몰렉스와 연결되며, 몰렉스의 다른 홀에 있는 빨간색 선은 스위치와 연결용이다. 몰렉스 2핀은 아두이노 보드에 전원을 공급하기 위한 연결용으로 **빨간색과 검은색의 위치에 주의한다.**

[2]는 캔위성에 아랫면에 고정되는 토글 스위치이며, [1] 케이블의 스위치 연결용 빨간색 두선과 연결할 수 있도록 2핀 헤더를 납땜한 것이다.

그러므로 입력된 전원의 +쪽의 흐름은 전원 입력단자, 배터리, 스위치, 보드 전원 입력단자 순으로 흐른다. 또한 스위치를 차단할 경우 아두이노 보드는 전원이 입력되지 않지만, 입력 단자의 전원은 배터리에 연결되어 배터리 충전은 가능하다.

[3]은 캔위성 윗면에 고정되는 GPS이며, 3선으로 된 GPS 연결 케이블과 연결할 수 있도록 3핀 헤더를 부착한 것이다. 캔위성 대회에서 사용하고 있는 GPS의 경우 같은 제품임에도 불구하고 부품이 만들어지는 과정에 따라서 케이블 색상이 다른 제품이 존재하므로, GPS를 분해하여 색상의 배열 순서를 확인할 필요가 있다. 그림의 GPS 제품의 경우는 GPS 보드의 색상 순서가 빨강, 검정, 흰색, 노랑이며, 이를 대회에서는 4핀 몰렉스에 검정, 빨강, 흰색, 노랑으로 연결하여 사용한다. GPS 입장에서 검정은 RX, 빨강은 GND, 흰색은 TX, 노랑은 VCC(5V)이며, 회로에서는 빨강, 흰색, 노란색 3가지 색을 이용한다. 특히, **빨간색이 GND에 할당되어 있으므로** 잘못 연결할 경우 부품이 망가질 수도 있으니 주의하여야 한다. 또한 다른 GPS 제품의 경우 GPS 보드의 색상 순서가 빨강, 검정, 흰색, 초록인 경우도 있어서, 보드와 연결시 주의한다.

GPS 핀 배열 확인

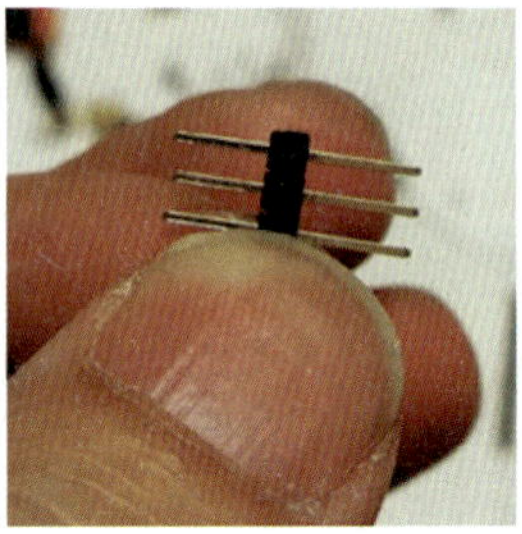
핀 헤더 사용

핀 헤더 연결

## 8.4 모듈 준비 - IMU 설정

IMU 모듈은 초기 통신 속도가 115200bps이며, 연속해서 데이터를 전송한다. 대회의 캔위성 기본 키트는 이를 감안하여 설계되었으나, 아두이노 보드에서 사용하기 위해서 IMU의 속도를 9600bps로 설정하여 사용한다. 설정은 http://www.e2box.co.kr의 EBIMU-9D0FVx의 시작하기에 나오는 방법을 참조한다. 필요한 명령으로는 9600bps로 설정을 위한 "〈sb1〉"과 초당 5번으로 설정하기 위한 "〈sor200〉"이다.

1. IMU 확인을 위한 USB 연결

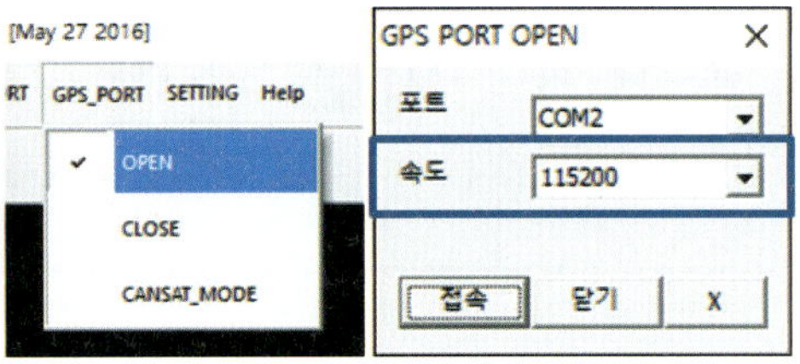


2. 지상국 SW을 통한 IMU 연결

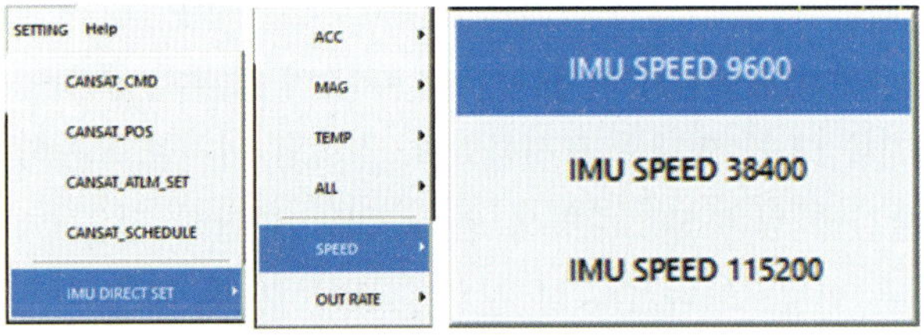


3. 지상국 SW을 통한 IMU 속도 설정

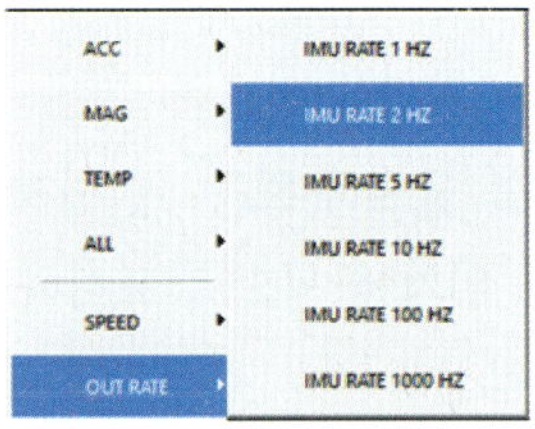


4. IMU 주기 설정

그림은 IMU에서 제공하는 USB to Serial 인터페이스 보드와 지상국 SW를 이용하여 IMU를 설정하는 과정이다.

[1]은 납땜한 IMU 보드, 인터페이스 보드, 마이크로 USB 케이블의 연결상태이다.

[2]는 IMU가 초기 상태로 가정하여 속도는 115200으로 선택하고, 컴퓨터와 USB 인터페이스 보드가 COM2에 연결되었다고 가정하고 [접속] 버튼을 클릭하여 지상국 SW가 COM2 포트를 통하여 IMU와 통신할 수 있도록 한다. 정상적일 경우, 지상국 SW를 통하여 IMU의 자세 정보를 확인할 수 있다.

[3]은 지상국 SW를 통해 IMU를 설정하는 과정으로
메뉴 〉 SETTING 〉 SPEED 〉IMU SPEED 9600을 선택한다.
이후 IMU 통신 속도 설정이 바뀌어 정상적인 데이터를 수신하지 못하여, [2]의 통신 포트 창에서 [닫기]를 수행하고 9600bps로 설정하여 IMU 데이터가 정상적으로 수신되는지 확인한다.

[4]는 데이터 생성 주기를 변경하는 것으로 1초에 2번 IMU 데이터를 전송하도록 설정하는 것을 나타내고 있다. 일반적으로 1초에 2번이나 5번 정도로 설정하도록 한다. 너무 자주 너무 빠른 속도로 IMU에서 데이터를 전송할 경우 IMU 데이터 획득이 잘 안되는 경우가 발생할 수 있어서 최소한의 데이터를 획득하도록 IMU를 설정한다. 설정이 원활하지 않을 경우 명령을 여러 번 수행하도록 한다.

# 8.5 회로 준비 - 미니브레드 보드 쉴드

다음 그림은 회로 설명과 커넥터의 핀, 브레드 보드 핀 등의 설명을 위한 그림이다. 검정색 커넥터 핀은 각 핀이 보드에서 기능에 해당하는 이름을 표시하였다. 브레드 보드위치는 설명하기 위해 편의상 번호를 그림상으로 JIHGF EDCBA로 아래에서 위로 1234…17번호를 부여하였다. 예를 들어서 왼쪽, 첫 번째 점의 위치를 (A,1) 형태로 표시하였다. 장착할 위치를 표시하기 위하여 위치에 원으로 표시하였으며, 빨간색 원은 5V, 주황색 원은 3.3V, 파란색 원은 GND (0V), 검정색 원은 무의미를, 초록색 원은 아날로그나 디지털 신호를 표시하도록 해당 위치를 표시하였다.

# 8.6 회로 준비 - 브레드 보드 전원 회로

**그림 5** 기초 회로 구성(VCC, GND)

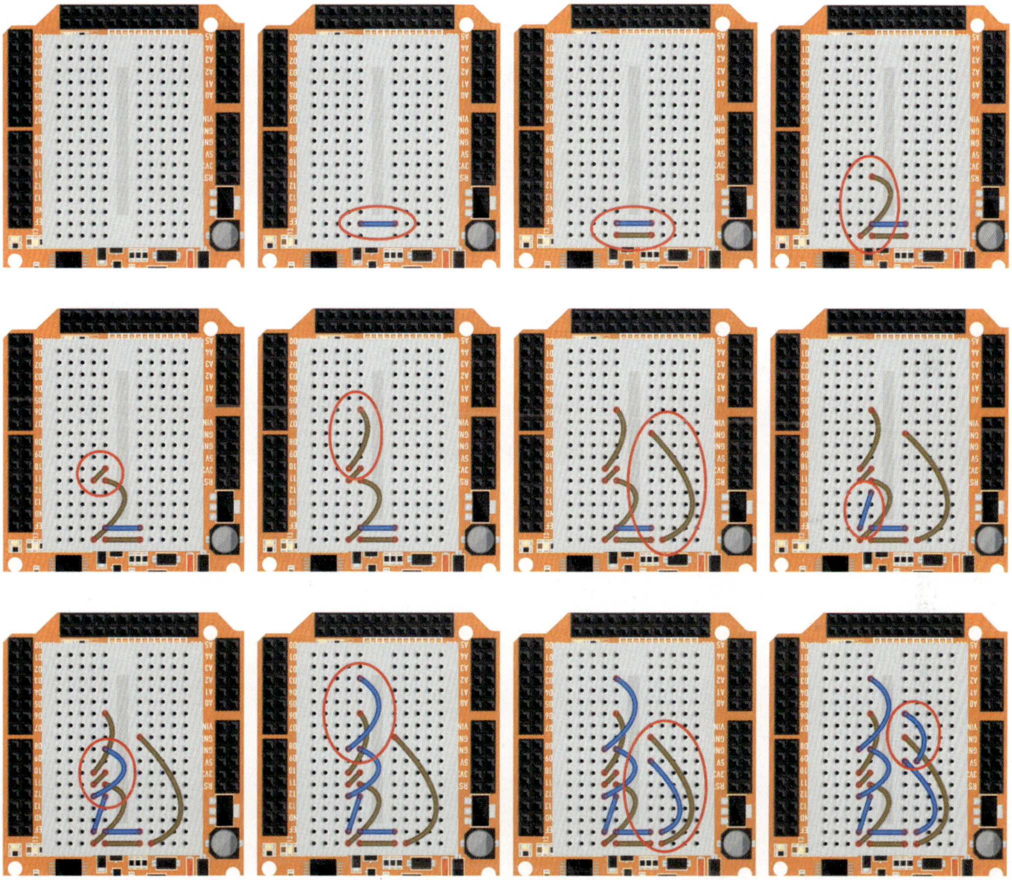

그림은 확장 미니브레드 보드 쉴드를 이용하여 전원 회로를 구성하는 순서를 나타내고 있다. 사용한 전선은 랜선을 이용하였으며, 붉은색 계열의 전선을 전원의 +(5V), 파란색 계열의 전선을 전원의 −(GND)로 사용하였다.

[1]에서 회로를 구성하기 위한 미니 브레드보드 확장 쉴드를 준비하고,

[2]에서 브레드보드의 2번 줄 좌우를 회로의 기본 -로 생성하기 위해서 (E,2)와 (F,2)를 연결한다.

[3]에서 브레드보드 1번 줄 좌우를 회로의 기본 +로 생성하기 위해서 (E,1)과 (F,1)을 연결한다.

[3.1]~[3.4]는 센서의 +로 사용할 위치에 +를 생성하는 과정이다.

[3.1]에서 IMU의 +를 위한 배선으로 (G,1)과 (F,6)을 연결하여 6번 줄을 +로 생성한다.

[3.2]에서 GPS 확장연결을 위한 배선으로(G,6)와 (F,7)을 연결하여 7번 줄을 +로 생성한다.

[3.3]에서 DHT의 +를 위한 배선으로 (G,7)과 (F,12)를 연결하여 12번 줄을 +로 생성한다.

[3.4]에서 광센서 및 온도센서를 위한 + 배선으로 (D,1)과 (E,10)을 연결하여 왼쪽 10번째 줄을 +로 생성한다.

[4.1]~[4.5]는 센서의 -로 사용한 위치에 -를 생성한다.

[4.1]에서 IMU의 -를 위한 배선으로 (G,2)와 (F,5)를 연결하여 5번 줄을 -로 생성한다.

[4.2]에서 GPS 확장 연결을 위한 배선으로 (G,5)와 (F,9)를 연결하여 9번 줄을 -로 생성한다.

[4.3]에서 DHT의 -를 위한 배선으로 (G,9)과 (F,15)를 연결하여 15번 줄을 -로 생성한다.

[4.4]에서 광센서 -를 위한 배선으로 (D,2)와 (E,8)을 연결하여 8번째 줄을 -로 생성한다.

[4.5]에서 온도센서 -를 위한 배선으로 (D,8)과 (E,12)를 연결하여 12번째 줄을 -로 생성한다.

# 8.7 회로 준비 - 브레드 보드 소자 장착

**그림 6** 기초 소자 배치

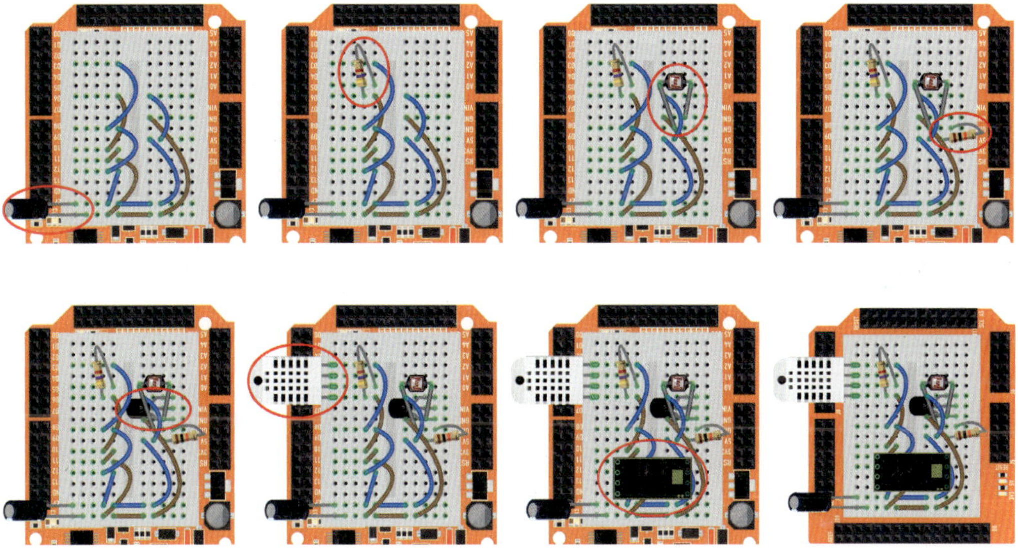

그림은 브레드보드에 기초소자를 배치하는 과정을 나타낸다.

[1]에서 안정적인 5V 회로 유지를 위한 커패시터를 (I,1)과 (J,2)에 장착한다. 전해커패시터의 경우 +, - 극성이 있으므로 +를 1번 줄에 -를 2번 줄에 장착해야 한다.

[2]에서 DHT 데이터통신을 위한 5KΩ 풀업저항을 (G,12)와 (F,13)에 장착한다.

[3]에서 광센서를 (D,9)와 (C,10)에 장착한다.

[3.1]에서 광센서를 위한 10KΩ 저항을 (C,8)과 (B,9)에 장착한다.

[4]에서 온도센서를 (B,10), (B,11), (B,12)에 장착한다. 온도센서의 경우 방향에 주의하여야 하며, +, 센서출력, - 순서임에 주의한다.

[5]에서 DHT를 (J,12), (J,13), (J,14), (J,15)에 장착한다. DHT의 경우 장착 방향에 주의하여야 하며, 5V, 제어선, No Connect, GND 순임에 주의한다.

[6]에서 IMU를 (C,3), (C,4), (C,5), (C,6), (H,3), (H,4), (H,5), (H,6)에 장착한다. IMU의 경우 장착방향에 주의한다.

# 8.8 회로 배선

**그림 7** 외부 회로 배선

소자 장착 모습

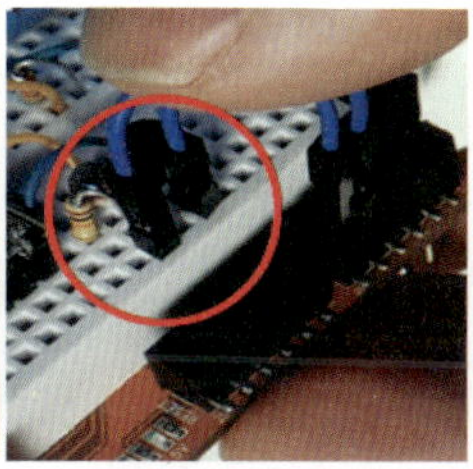

ATLM(0,1) 배선

ATLM(0,1) 배선

ATLM 배선상태

1. DHT 라인 배선

2. IMU 라인 배선

센싱 라인 장착

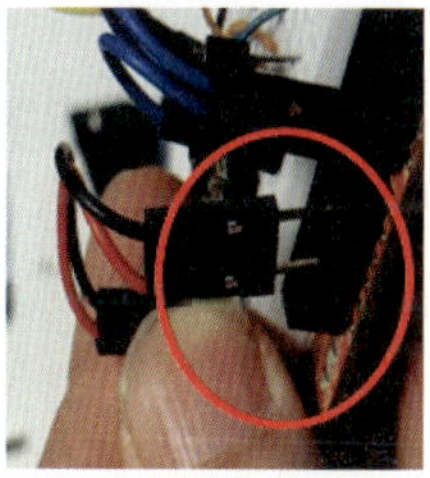

3.1 전원 연결 준비

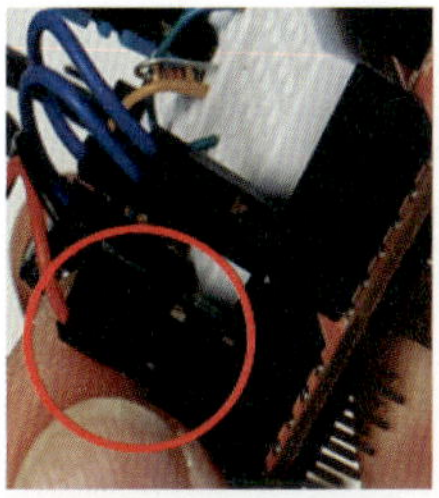

3.2 5V, GND 연결

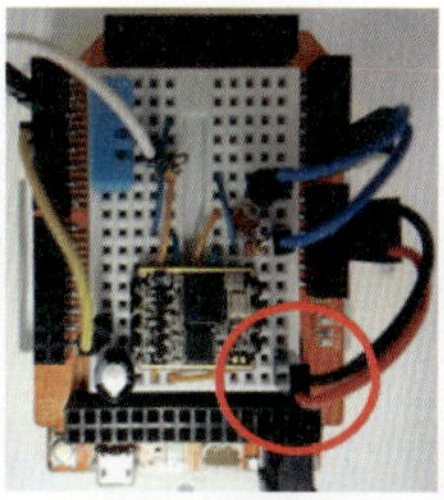

5V GND 연결 모습

4.1 카메라 데이터선 연결

4.2 카메라 전원선 연결

5. GPS 수신선 연결

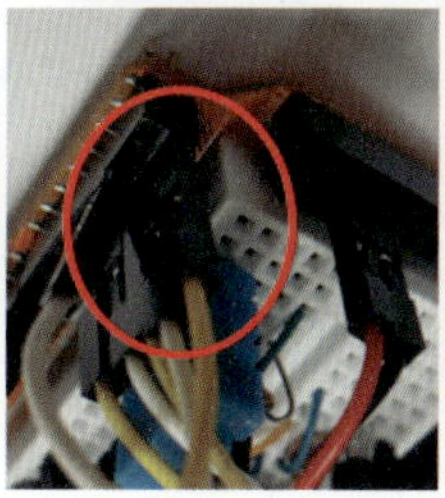

6. BT 데이터 선 연결

7. GPS, BT 전원선

7. GPS, BT 전원선

그림은 외부 모듈과의 케이블 연결 순서를 나타낸다.

[1]은 온, 습도센서인 DHT11의 제어신호 (G,13)와 D2핀에 연결한다.

[2]는 IMU의 TX (I,4)를 RX3에 연결한다.

[3]은 5V 전원을 브레드보드 (A,1)에 GND를 (B,1)에 연결하는 과정이다.

[4.1]은 카메라 모듈의 TX(흰색선)를 RX2에, RX(노란색선)를 TX2에 연결하는 과정이다.

[4.2]는 카메라 모듈의 전원선(빨간색)을 보드의 5V에, GND선(검정색)을 보드의 GND에 연결하는 과정이다.

[5]는 GPS의 데이터 선(흰색선)을 보드의 D10에 연결하는 과정이다.

[6]는 블루투스 모듈의 TX(흰색선)를 보드의 RX1에, RX(노란색선)를 보드의 TX1에 연결하는 과정이다.

[7]은 GPS와 블루투스 모듈의 전원을 보드의 전원에 연결하는 과정이다. 이때 연결의 오류를 막기 위해서 4핀 헤더를 사용하여 미리 고정하여 연결하는 과정이다. 노란색은 GPS의 전원선이며, 보드의 5V에 연결한다. 빨간색은 BT의 전원선이며, 보드의 3.3V에 연결한다. 검정색은 GPS와 BT의 GND 선으로서 보드의 GND에 각각 연결한다.

## 8.9 층별 조립과정

### 아랫면 모듈 장착 과정

그림은 아랫면 모듈 장착 과정이다. 아랫면에 고정될 모듈로는 전원 입력 단자, 전원 스위치가 있다. 그림을 통하여 전원 입력 단자의 위치, 전원 스위치 위치에 맞추어 장착을 하며, 너트를 통하여 고정한다.

**그림 8** 아랫면 모듈 장착 과정

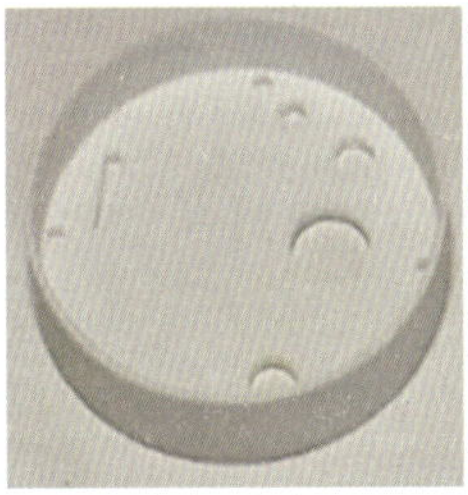

1. 밑면 준비

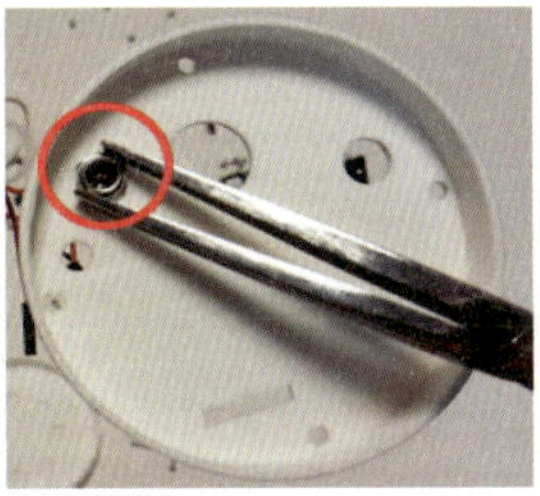

1.1 전원 커넥터 장착

1.2 전원 스위치 장착

밑면 장착 모습

## 1층 모듈 장착 과정

**그림 9** 1층 모듈 장착 과정

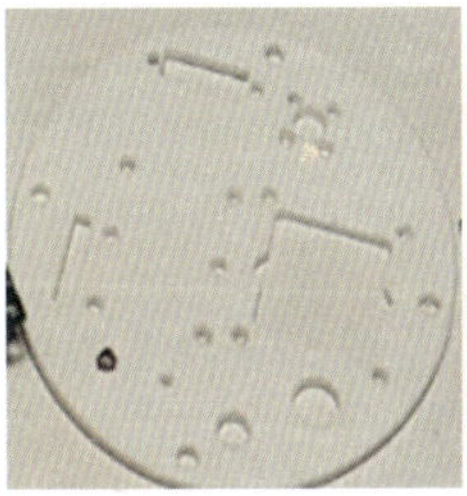

2. 1층 준비

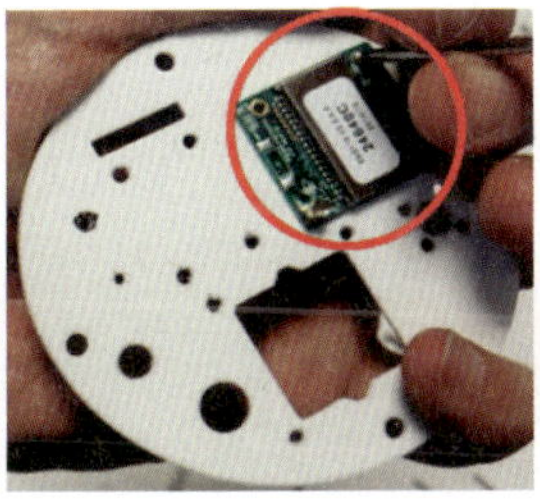

2.1 BT 고정

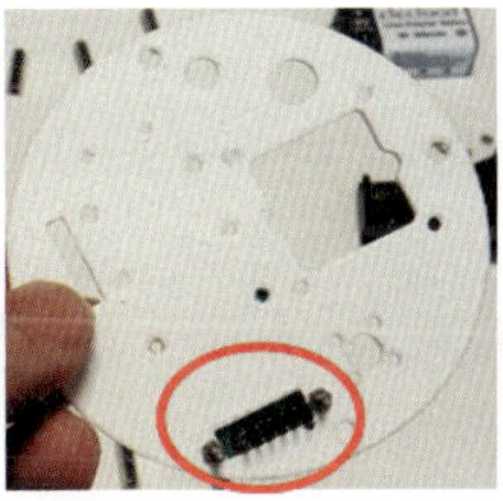

2.1 BT 고정 모습

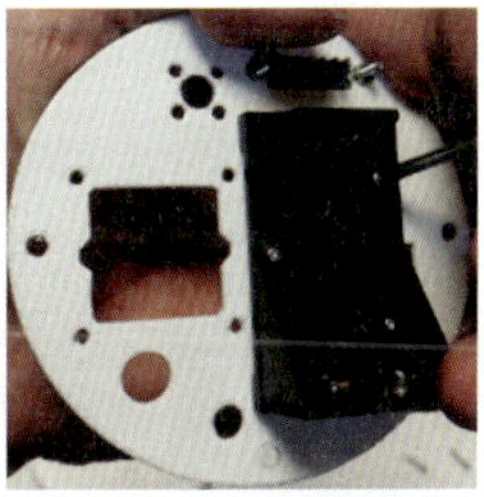

2.2 배터리 소켓 장착

2.3.1. 카메라 장착 준비

2.3.2 카메라 장착 준비

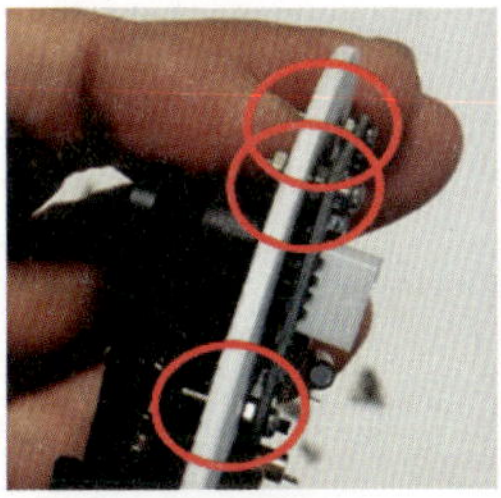

2.3.3 카메라 장착

2.3.4 카메라 고정

2.4.1. BT 안테나 선 고정

2.4.2 안테나 장착 전

2.4.3 안테나 장착

그림은 1층 모듈 장착 과정이다. 1층에 고정될 모듈로는 블루투스, 배터리 소켓, 카메라, 블루투스 안테나가 있다.

[2]는 1층 모듈 장착을 위한 구조물이다.

[2.1]은 블루투스 모듈을 장착하는 모습이다. 2×10mm 볼트와 너트 2쌍을 이용하여 블루투스 모듈을 장착한다.

[2.2]는 배터리 소켓을 장착하는 모습이다. 2×10mm 볼트와 너트 3쌍을 이용하여 배터리 소켓을 장착한다. 이때 한 쌍은 블루투스 남은 홀과 같이 장착한다.

[2.3]은 카메라 고정하는 모습이다. 카메라의 고정은 2×10mm 볼트 1개에 너트 2개를 사용하며, 너트 1개는 카메라와 보드 사이의 공간을 띄우기 위하여 사용한다.

[2.3.1]는 카메라 고정을 위해서 2×10mm 볼트를 채우는 모습이다.

[2.3.2]는 카메라와 보드 사이에 공간을 띄우기 위해 볼트를 카메라 구멍에 넣고 너트를 살짝 연결한 상태이다.

[2.3.3]은 준비한 카메라를 보드에 넣고 너트를 살짝 연결한 상태이다.

[2.3.4]는 볼트를 조여서 카메라를 보드에 고정하는 모습이다.

[2.4]는 블루투스 안테나를 장착하는 모습이다. 2×10mm 볼트와 너트 4쌍을 이용하여 안테나 케이블을 고정한다.

[2.4.1]은 안테나 선을 볼트로 고정하는 모습이다.

[2.4.2]는 안테나 선이 고정된 모습이다.

[2.4.3]은 안테나를 장착한 모습이다.

## 2층 모듈 장착 과정

그림은 2층 모듈 장착 과정이다. 2층에 고정될 모듈로는 오렌지보드 컴팩트가 있다.

**그림 10** 2층 모듈 장착 과정

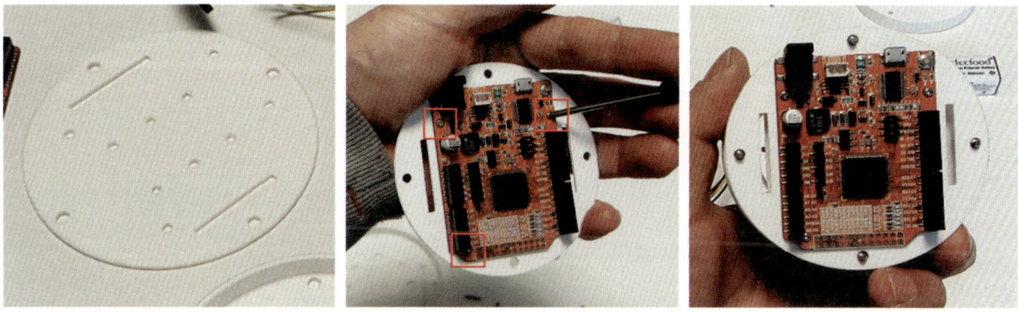

[3.1]은 2층 모듈 장착을 위한 구조물이다

[3.2]은 고정할 오렌지보드 컴팩트를 준비하고, 2×10mm 볼트와 너트 3쌍을 이용하여 보드를 고정하는 모습이다.

[3.3]은 2층에 오렌지보드 컴팩트가 장착된 모습이다.

## 윗면 모듈 장착 과정

**그림 11** 윗면 모듈 장착 과정

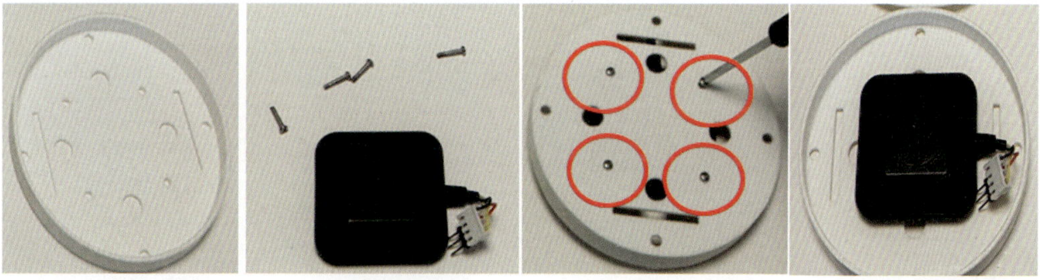

4.1 윗면 준비　4.2 GPS 준비　4.3 GPS 고정　4.4 GPS 고정 모습

그림은 윗면 모듈 장착 과정이다. 윗면에 고정될 모듈로는 GPS가 있다.

[4.1]은 윗면 모듈 장착을 위한 구조물이다.

[4.2]는 고정할 GPS와 2×10mm 볼트 4개를 준비한다.

[4.3]은 볼트를 이용하여 GPS를 고정하는 모습이다.

[4.4]는 GPS가 체결되어 고정된 모습이다.

# 8.10 캔위성조립

1.1 윗면 준비

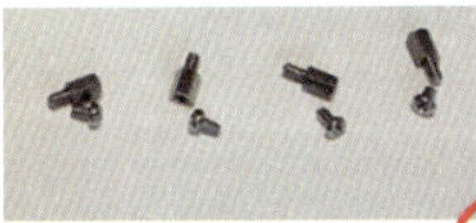
1.2 볼트 & 서포트 준비

1.3 볼트 & 서포트 체결

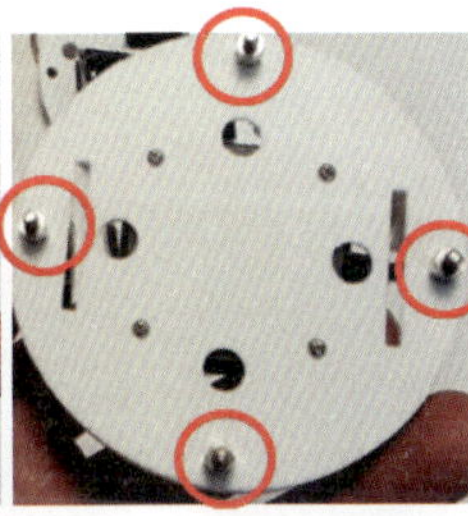
1.4 윗면 모습

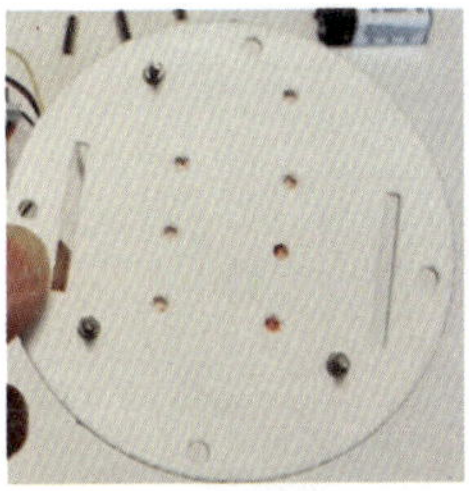
2.1 2층 준비

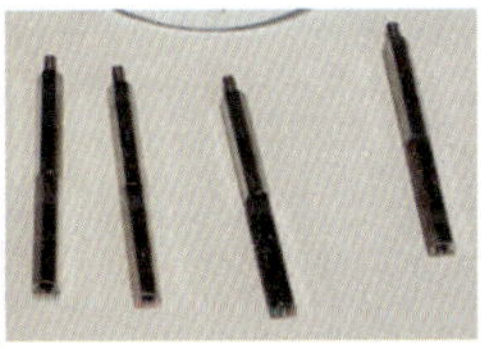
2.2 서포트 준비

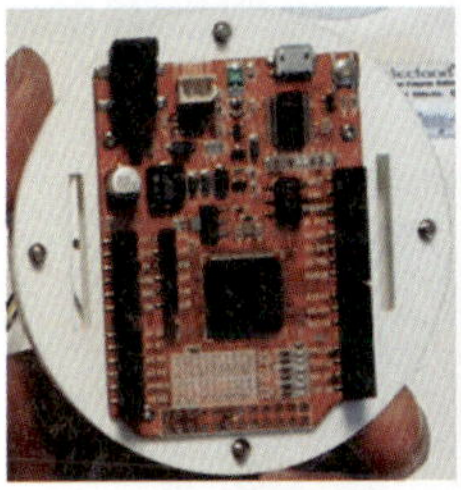
2.3 윗면과 결합준비

2.4 서포트로 고정

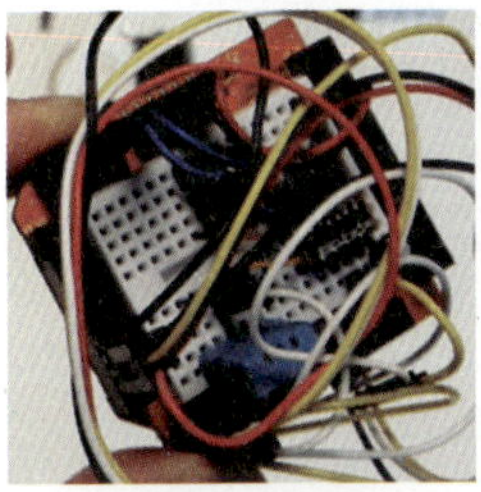
2.5 회로 준비

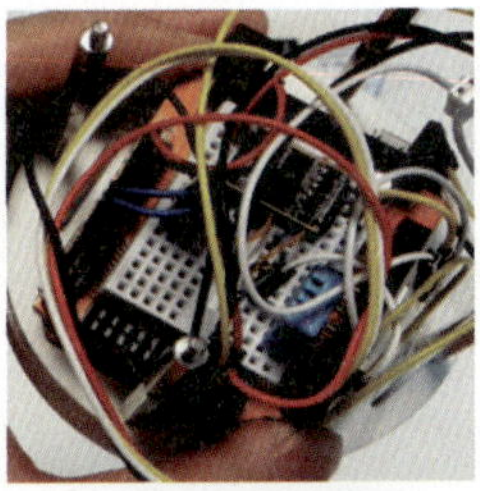
2.6 회로 2층 장착

3.1 GPS 접속 준비

3.2 GPS 접속

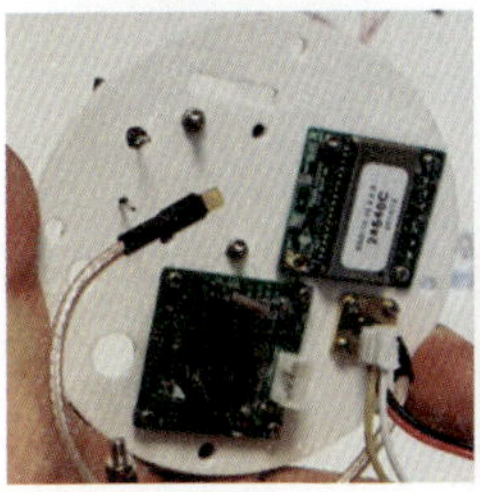
4.1 1층 준비

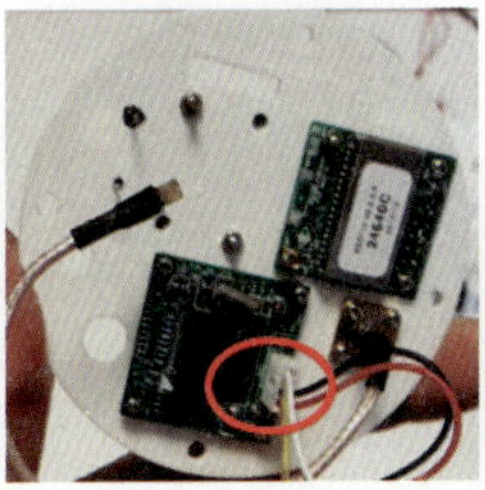
4.2 카메라 케이블 접속

4.3 BT 안테나 접속

4.4 BT 케이블 접속

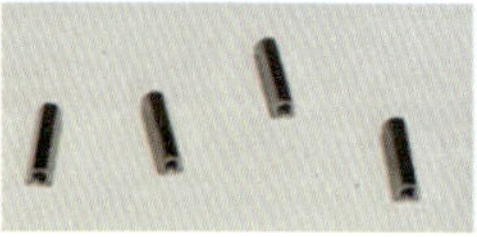

5.1 서포트 준비

5.2 서포트 체결

5.3 배터리 장착

6.1 밑면 준비

6.2 밑면 배선 준비

6.3 케이블 정리

6.4 배터리 연결

6.5 스위치 연결 준비

6.6 스위치 연결

6.7 전원 연결

7.1 볼트 준비

7.2 체결 준비

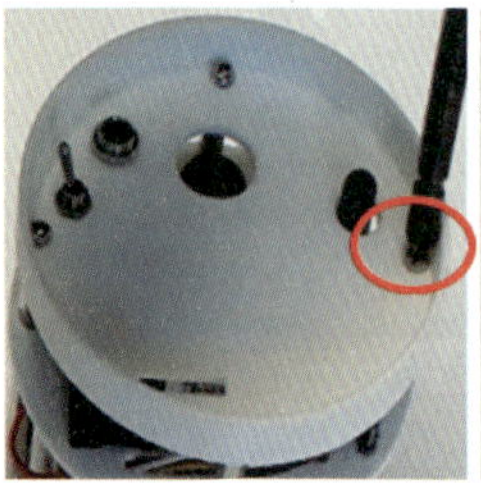

7.3 볼트 체결

7.4 조립 완성

그림은 캔위성을 위에서 아래로 구조물과 케이블을 조립하는 과정을 나타낸다.

[1]은 GPS와 연결된 윗면, 3×5mm 볼트와 +7mm 서포트 4쌍을 이용하여 조립하는 과정이다.

[2]는 아두이노보드와 연결된 2층과 3×25mm 서포트를 연결한 3×50mm 서포트 4개를 이용하여 윗면과 연결하고, 회로 구성한 미니브레드 보드 쉴드를 아두이노 보드에 장착하는 과정이다.

[3]은 회로의 GPS케이블과 GPS를 윗면에서 연결하는 과정이다. 이때 GPS의 노란색, 흰색, 빨간색 3선은 회로의 노란색, 흰색, 검정색 순으로 연결한다.

[4]는 1층에 카메라 케이블, 안테나 케이블, 블루투스 연결 케이블을 접촉하는 과정이다. 이때 블루투스 연결 케이블의 경우 바깥쪽 라인을 사용하며, 접촉하는 순은 검정색, 흰색, 노란색, No Connect, No Connect, 빨간색 순으로 연결한다.

[5]는 2mm 서포트 4개와 배터리를 장착하는 과정이다. 이 경우 회로에 전원이 공급될 수 있으므로 전원 공급 전에 점검사항에 따라 회로를 점검하고 배터리를 장착한다.

[6]은 준비된 밑면을 이용하여 배터리 연결, 스위치 연결, 전원 연결하는 과정이다. 이때 배터리 극성이나, 보드 전원 극성이 바뀌지 않도록 주의하여야 한다. 이를 위해 배터리 − 쪽에 검정색으로 표시하는 것도 도움이 된다.

[7]은 3×5mm 볼트를 이용하여 조립을 완성하는 과정이다.

# 8.11 전원 공급 전 점검 사항

1. 단선확인 준비

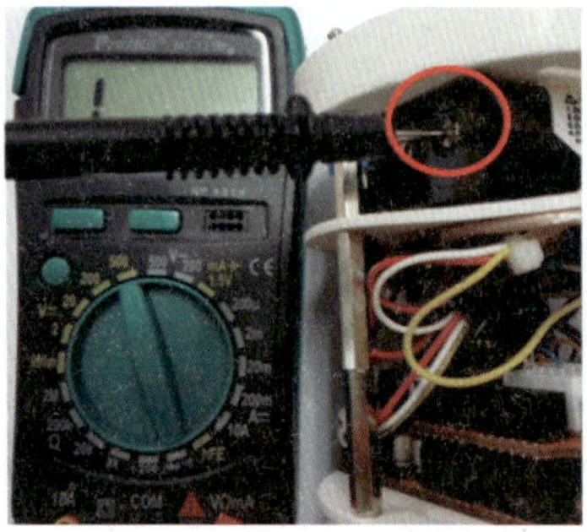

2. GND 고정 연결

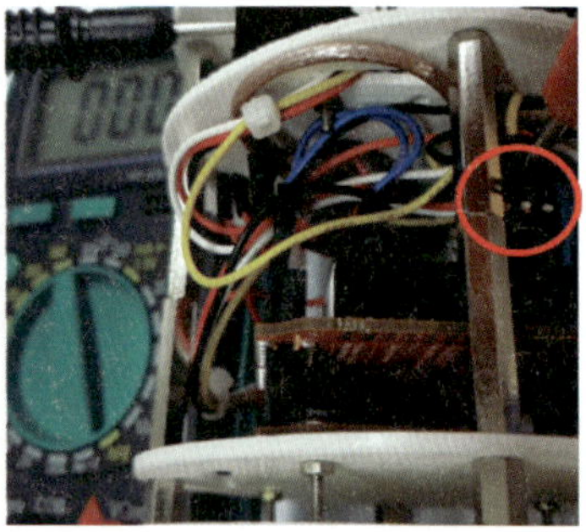

3. GND 연결(검정색, 소리확인)

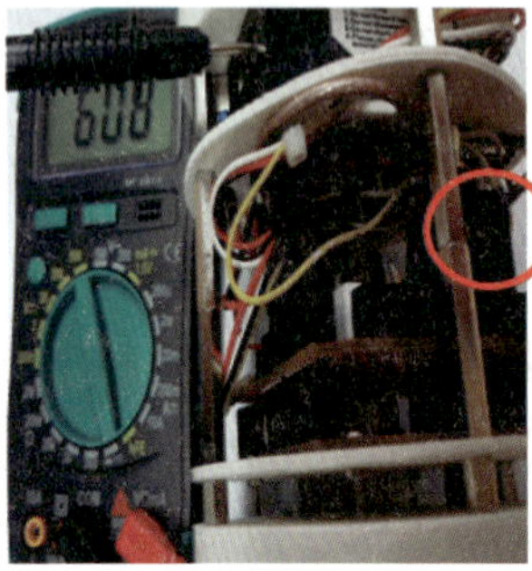

4. 3.3V 확인(빨간색)

5. 5V 확인(노란색)

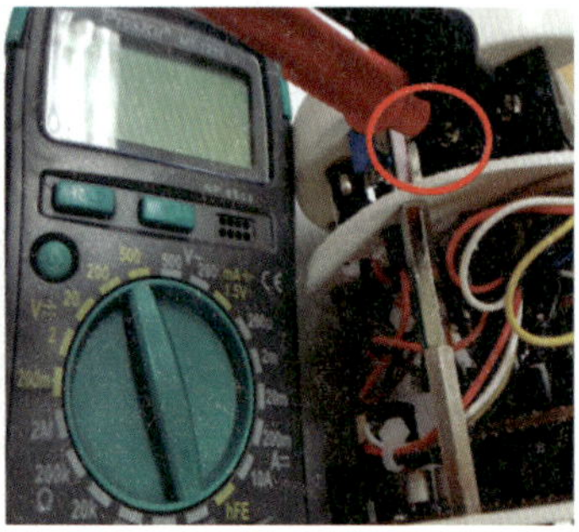

6. 배터리 전원

7. 배터리 전압 확인 준비

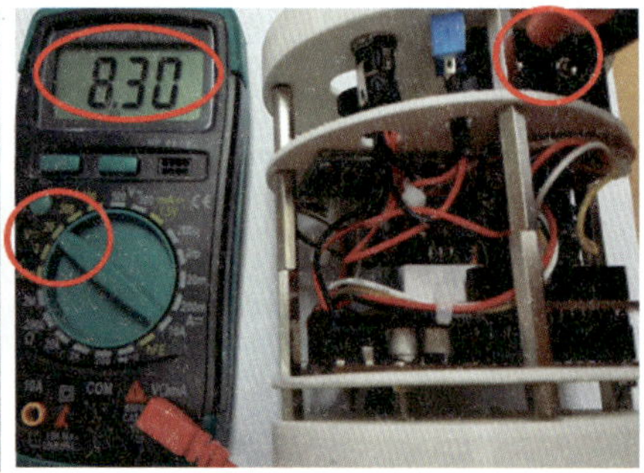

8. 배터리 전압 확인

캔위성에서 사용한 전자 부품들은 민감한 기기로서 회로 구성이 잘못된 상태에서 전원을 공급하면 고장의 원인이 될 수 있다. 그러므로, 몇가지 점검을 수행한 이후에 배터리를 장착하거나 전원을 공급하도록 한다.

[1] 멀티미터를 이용하여 단선을 확인할 수 있도록 설정한다. 선이 끊어져 있으면 소리가 나지 않으며, 선이 연결이 되어 있을 경우 소리가 난다.

[2] 캔위성의 배터리 소켓의 GND 단자에 멀티미터의 검정색을 연결한다.

[3] 캔위성 보드의 검정색 GND에 멀티미터의 빨간색을 접촉한다. 이때 '삐' 소리가 나면 선이 정상적으로 연결된 상태이다.

[4] 보드의 3.3V(빨간색)에 멀티미터의 빨간색을 접촉한다. 이때 소리가 나면 비 정상 상태이며, 이때 멀티미터 값을 확인한다. 그림에서는 608이다.

[5] 보드의 5V(노란색, 대부분 빨간색)에 멀티미터의 빨간색을 접촉한다. 이때 소리가 나면 비정상 상태이며, 이때 멀티미터 값을 확인한다. 그림에서 949이다. 만일 [4]에서 나온 값과 같은 값이면 비정상 상태이다.

[6] 배터리의 소켓의 + 단자에 멀티미터의 빨간색을 접촉한다. 이때 소리가 나면 비정상 상태이며, 이때 멀티미터의 값을 확인한다. 그림에서는 1이며, [4]의 값이나 [5]의 값과 같은 값이면 비정상 상태이다.

[3]~[6] 점검에서 비정상적인 상태에서 전원 인가시에 캔위성이 손상을 입을 수 있으니 주의한다.

[7] 배터리 전압을 측정하기 위해 멀티미터를 직류 전압을 측정할 수 있도록 설정한다. 보통 배터리 전압이 10V 이하이므로 그림에서는 20V까지 측정이 가능하도록 설정한 상태이다.

[8] 배터리 전압 측정하기 위해 배터리 + 단자에 빨간색을 접촉하고, - 단자에 검정색을 연결하여 배터리를 측정한다. 리튬폴리머 배터리의 경우 정상적인 경우 8.4V 이하이며, 그림에서는 8.3V를 나타내고 있는 상태이다.

## 8.12 전원 공급 후 LED 점검

1. 전원 스위치 ON

2. 5V, 3.3V, LED 확인

3. 통신 LED 확인

전원 공급 전 점검 이후 캔위성에 전원을 공급하고 LED로 점검하도록 한다.

[1]은 전원 공급 스위치를 토글하여 전원을 공급한다. 스위치의 방향은 장착 방향에 따라 달라 질 수 있다.

[2]는 전원 공급에 따른 보드의 LED가 켜지는 것을 나타낸다. 5V LED와 3.3V LED가 켜짐을 알 수 있다.

[3]은 통신 포트의 상태를 LED를 통하여 캔위성이 동작하는 지에 대해 알 수 있다. 오렌지보드 컴팩트의 경우 통신 포트 1, 2, 3의 동작 상태를 알 수 있는 LED가 장착되어 있고, 제작한 캔위성에서 포트 1은 지상국, 포트 2는 카메라, 포트 3은 IMU와 연결되어 있다. 그림에서는 TX1과 TX2가 LED가 켜져 있는 상태이므로, 캔위성이 카메라로부터 획득한 영상을 지상으로 전송하고 있음을 알 수 있다.

# 8.13 지상국과 통신하기

지상국과 연결하여 정상적으로 송수신로 전송하기 위한 과정은 캔위성 대회 홈페이지인 http://cansat.kaist.ac.kr/의 온라인 교육자료(2016 캔위성 기본키트 기초 통신 점검)를 참조하며, 본서에서는 간략히 기술한다.

## 지상국 HW 사용

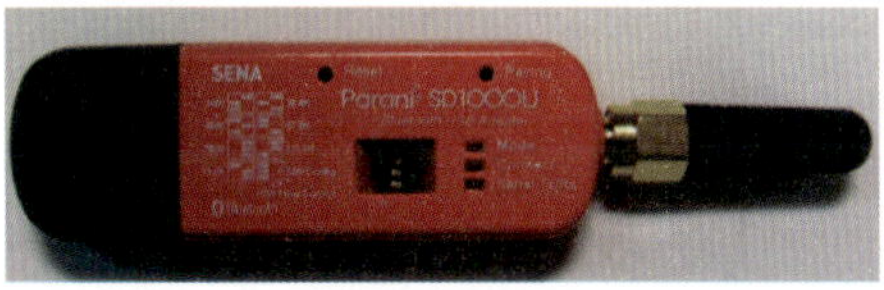


캔위성과 지상국은 블루투스를 통하여 연결되므로, 근거리 통신에서는 특별한 하드웨어 없이 일반적인 노트북의 블루투스와도 연결이 가능하다. 하지만 대회에서는 수백미터거리에서도 통신을 하여야 하기 때문에 전용 블루투스 기기를 사용하고 있다. 전용 블루투스인 경우 USB 기기로 PC에 장착할 경우 하나의 통신 포트로 인식되며, 캔위성에서는 115200bps의 속도로 통신을 하기 때문에 전용 블루투스 사용시 윗쪽 스위치 2개를 ON하여 115200bps로 설정하여 사용한다.

## 지상국 SW 설치하기

캔위성 지상국 SW는 대회 홈페이지 온라인 교육자료(캔위성 지상국 프로그램)에서 Cansat_gs.exe 프로그램을 다운 받아서 C:\Cansat에 복사하여 사용할 수 있다. PC 환경에 따라서는 Side by Side 오류가 발생할 수도 있는데, 이때는 커뮤니티 〉 Q&A에서 side-by-side 오류 답변을 참조하여 해당 파일을 다운받아서 설치한다.

## 지상국과 접속

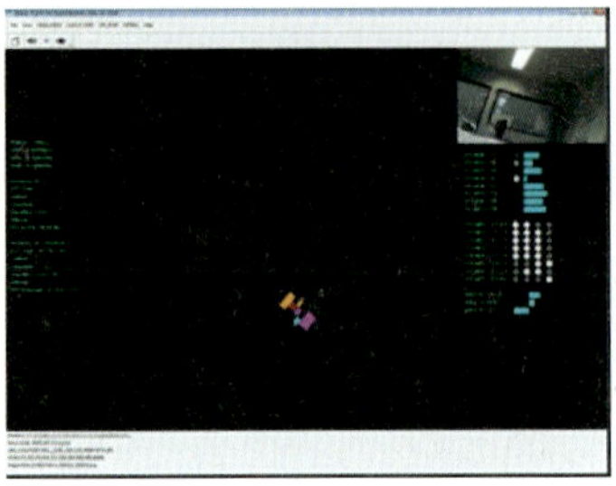

1. 지상국 프로그램 수행

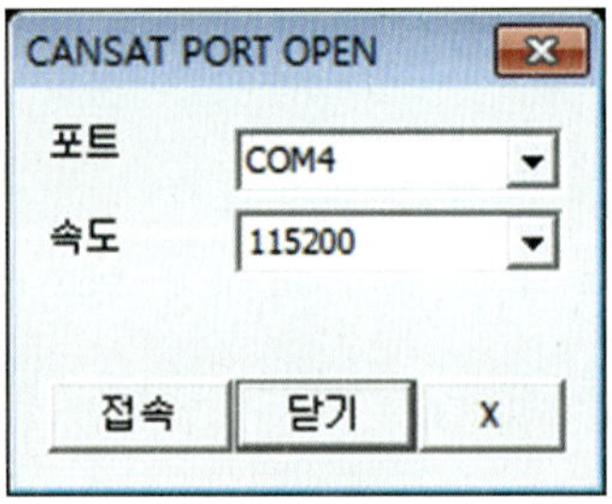


2. 포트 접속

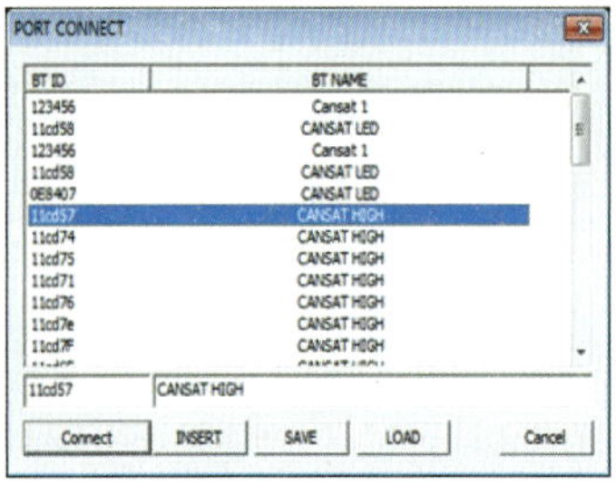


3. 블루투스 연결

캔위성과 접속하기 위하여 지상국 프로그램을 실행하고,

지상국 프로그램에 연결된 통신 포트를 알려주고, 지상국 통신기기와 통신할 블루투스의 고유번호(ID)를 알려주어 블루투스 통신이 가능하도록 한다.

[1] 다운받은 Cansat_Gs.exe를 실행하는 장면이다.

[2] 지상국 프로그램이 지상국 통신기기와 연결하기 위하여 포트에 접속하는 과정이다. [접속] 버튼을 클릭하면 통신 포트가 열리고, [닫기] 버튼을 클릭하면 통신포트가 닫히므로, 통신 포트를 선택하고, 속도를 115200bps로 선택한 후 [접속]을 클릭하여 포트를 연다.

[3] 지상국 통신기기과 (캔위성) 블루투스의 고유번호와 연결하는 과정이다. 왼쪽 아래 캔위성 블루투스 위에 굵게 쓰여진 번호를 왼쪽 하단에 입력하고 [Connect] 버튼을 클릭하여 블루투스와 연결을 수행한다.

```
DTLM4,1,1,1,1,1,1,1,0,0,0,0,0,0,0,0,0,0,0,0,0,0,0,0,1,0,0,0,0,0,0,0,0,
IMU,2.56,-0.88,5.9,f1,(F1)
GPS_GGA,,,,,,0,00,,,M,0.0,M,,0000*48*48,(48)
ATLM,083,083,083,076,066,061,255,255,0xC2,(0xC2)
ImageWrite,3684,Picture_160622_002453.jpg
```

## 지상국 데이터 확인

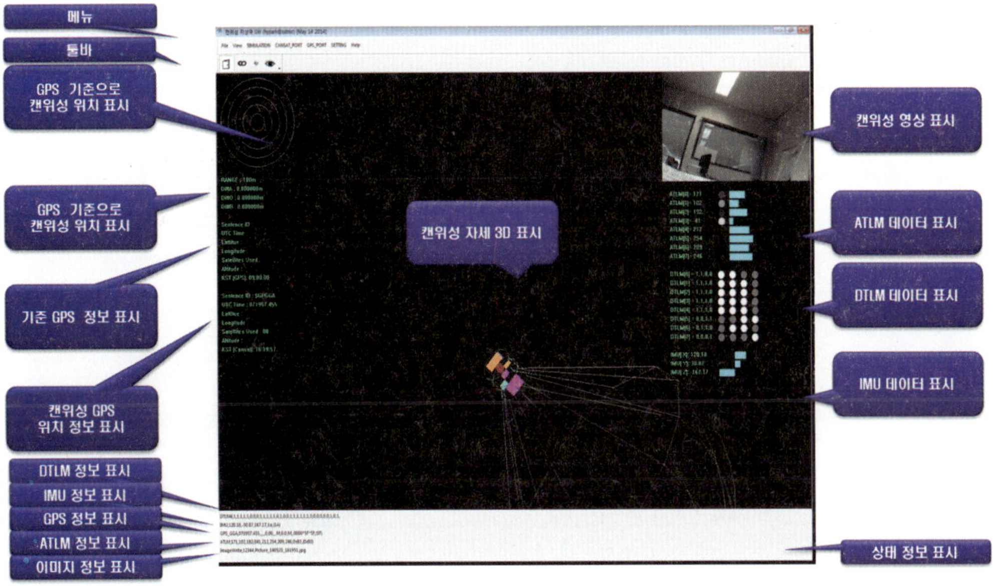


지상국 프로그램과 캔위성이 연결되면, 캔위성에서 보내는 자료를 확인할 수 있다. 캔위성에서 보내는 자료는 단순히 글자 형태로는 정보파일로도 알 수 있으며, 해독된 데이터는 각각 GPS는 왼쪽 위, 사진 데이터는 오른쪽 위, 아날로그 값은 오른쪽 2번째, 디지털 값은 오른쪽 3번째, IMU 값은 오른쪽 4번째와 이를 해독하여 캔위성의 모습을 가운데 보여준다.

수신된 자료는 캔위성 디렉토리 중 CansatLog 디렉토리에 csv 파일 형태로 저장되며, 이는 엑셀을 이용하여 데이터를 확인할 수 있다.

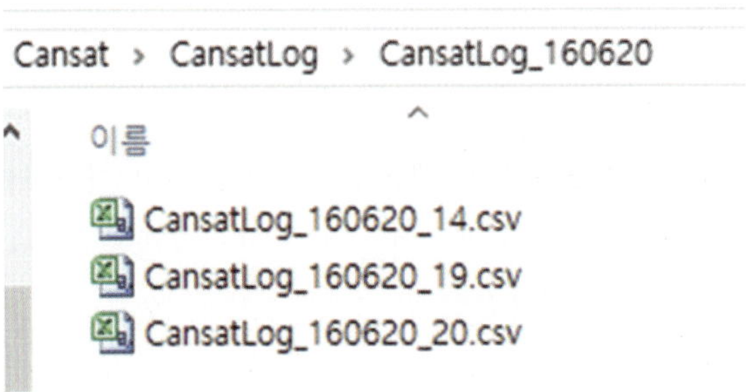

수신한 영상은 캔위성 디렉토리 중 CansatImage 디렉토리에 JPG 파일 형태로 저장된다.

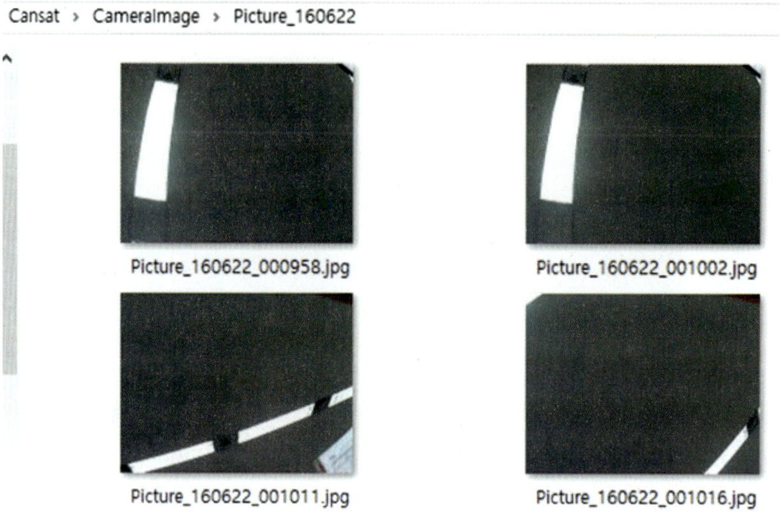


## 8.14 소스코드 확인하기

아두이노 보드를 활용한 캔위성 소스 코드는 아두이노 프로그래밍 환경에서 확인 가능하므로 필요시 아두이노 SW를 설치한다. 설치하는 과정은 온라인 교육자료(아두이노 설치 및 수행) 에서 아두이노 설치 과정을 참조하거나, https://www.arduino.cc/en/Main/Software를 참조한다.

캔위성 소스 프로그램은 대회 홈페이지 온라인 교육자료에서 기타자료에서 제공하는 "아두이노보드를 이용한 캔위성 만들기"에서 제공하는 소스 프로그램을 Cansat_Mega.ino 파일을 사용하여 컴파일하여 Upload 하여 사용한다.

프로그래밍 환경 설정은

1. Menu 〉 Tools 〉 Board 〉… Mega2560으로 보드를 선택한다.

2. Menu 〉 Tools 〉 Processor 〉 Atmega 2560으로 프로세서를 선택한다.

3. Menu 〉 Tools 〉 Port 〉 COMxx로 해당 프로그래밍 포트를 선택한다.

4. Menu 〉 Tools 〉 Programmer 〉 AVR ISP를 선택한다.

## 8.15 부품 List

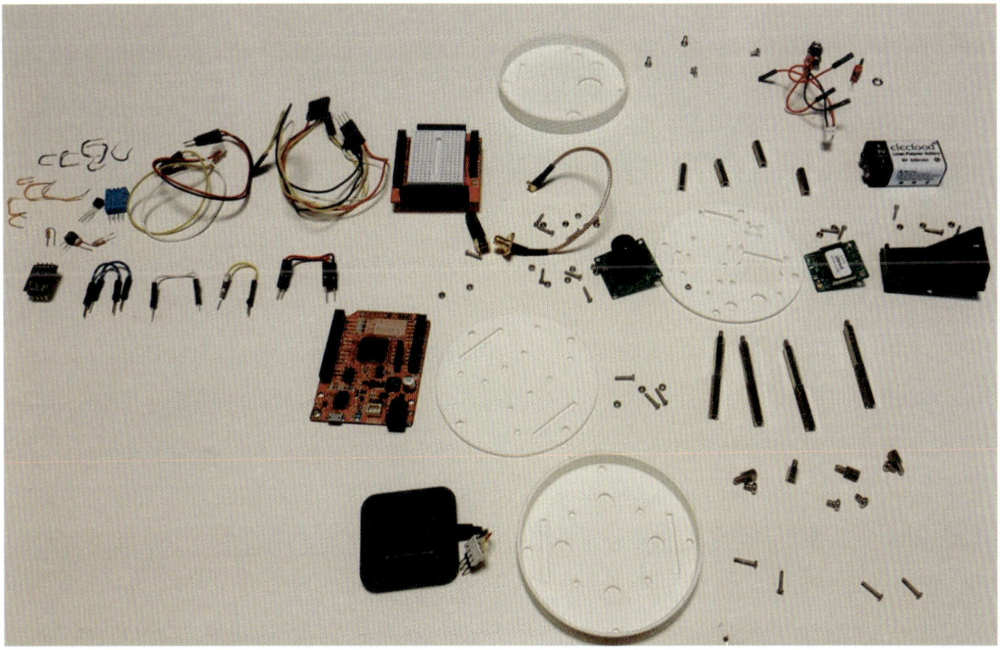

# CanSat_찾아보기